让人心想事成的

性格能量书

XingGeNengLiangShu

张丽君◎编著

左手血型星座 | 右手九型人格

江西人民出版社

图书在版编目(CIP)数据

让人心想事成的性格能量书/张丽君著.
--南昌:江西人民出版社,2011.4

ISBN 978-7-210-04753-7

Ⅰ.①让… Ⅱ.①张… Ⅲ.①性格-通俗读物
Ⅳ.①B848.6-49

中国版本图书馆CIP数据核字(2011)第031165号

让人心想事成的性格能量书

张丽君/编著
责任编辑/王华
出版发行/江西人民出版社
印刷/北京嘉业印刷厂
版次/2011年5月第1版
2011年5月第1次印刷
规格/710毫米×1000毫米 1/16 18.5印张
字数/220千字
书号/ISBN 978-7-210-04753-7
定价/28.00元
赣版权登字—01—2011—46

前言
内看血型星座，外读九型人格

人有两样东西与生俱来：一个是血型星座，另一个是人格类别，读懂它们，也就读懂了自己及周边的世界。

现在年轻人在聚会或者闲谈的时候，血型星座已经成为了他们开心或者放松的良剂。“血型星座好准，说的像极了我呢”、“读血型，看星座，让我重新对自己充满了梦想”……

我们出生到这个世界上的时候，血型与星座已经成为了专属于我们自己的标签。他们笼罩在神秘奇妙的色彩下，激发了人们发现自我、了解自我、提升自我的探索之旅。

在 12 种星座与 4 种血型的交织下，我们发现了潜伏在众生中的个性自我。在 A 型人尊崇完美主义、B 型人享受散漫热情、O 型人追求自由的乐观人生以及 AB 型人徘徊在 A 型与 B 型矛盾的纠结中时，星座这位朋友的加入，为我们的性格涂上了更加多样、生动的色彩。于是，我们轻松找到了属于自己的个性定位：A 型白羊拥有了职场行动先锋的执著及行动力，A 型金牛则被 A 型的稳重与金牛的憨厚勤恳所牵引着，A 型双子却选择了在内敛的表象下，迸发出无限生存活力以及创意的灵感火花……

神幻的血型星座，蕴含了多姿多彩的性格密码。内看血型星座，是为了读懂自己、发现真正有潜力的自己，但是潜力的释放却更加需要性格的识人指南术，九型人格的性格解读给我们的自我提升带来了柳暗花明的释然与惊喜。

九型人格是在婴儿时期就已经具备的九种气质，它按照人们的思维、情绪以及行为特点，将人分为九种性格：要做就要做最好的完美主义者；施比受更有福的给予者；只能成功，不准失败的成就者；浪漫不太足，悲情却有余的浪漫主义者；100% 用理性做人的观察者；我怀疑故我存在的怀疑论者；乐人之乐的享乐主义者；魄力十足的领导者以及讨一分和气的调停者。

从本质上来说，我们每个人的性格并没有绝对的好坏之分。因为每个人的性格中既有天使的一面，也有魔鬼的一面。庆幸的是，九型人格的出现，将引领我们挖掘天使的性格，战胜魔鬼的阴暗，还原给自己一个完美的能力达人。不仅如此，它还教会我们真正地知己知彼、深层次地洞悉他人，找到与不同人相处的最佳技巧。

在通往心想事成的梦想道路上，将血型星座的自我探究与九型人格的外在提升融会贯通，最终找到的不仅仅是一个对生活和工作充满自信与热情的自己，更是一个对成功充满无限挑战的自强的自己。

本书首度将血型星座与九型人格的职场能力提升相结合，以浅显易懂的语言特色，描述了以自我与本我为中心的识人、读人之术。在这部透析九型人格、血型星座神秘莫测之威力的秘籍中，你将能轻而易举地破译性格的真相，把握命运的玄机，探索全新的人生。在书中，你将会深深地被多元素的性格触动，透过解密自己与生俱来的内在与外在，可以如此轻松地搞好同事关系，搞定客户，搞定领导，甚至在交友、相亲时都可以让你得心应手。

内看血型星座，外读九型人格，一书在手，你将会当之无愧地成为生活与工作中真正具有影响力的人。

目录 CONTENTS

目录

目录

目录

目录

目录

目录

目录

PART ONE

破解你的血型星座密码

白羊：无活力，不入法眼

白羊的个性职场

白羊职场的特立独行

白羊（3.21～4.20）无时无刻不在展示着自己的与众不同与特立独行。即使上个班，也不会心甘情愿套着对自己有严重束缚感的工作制服，因此制度严格、风气略显死板的公司一般都不入他们的“法眼”。

他们非常具有首创精神，最不喜欢的就是因循守旧、按部就班的生活与工作方式，习惯在工作中尽善尽美、无拘无束地表现自己。作为职场上的先锋，白羊经常在工作中表现出急躁、好胜、没耐心等性格缺陷。但是，这些丝毫不会影响到他们的积极主动。如果工作的环境足够自由、宽松，那么白羊的自我才能会更出色地表现出来。

是的，这就是白羊的风格。这种特别之处或许多数是因为他们位居十二星座之首，全身上下都散发着创新冒险的气息，当然偶尔也会表现出很强的领导欲。白羊在工作中，往往精力充沛，不管做任何事情都会全力以赴，力争上风。他们的坦诚、直率、正义、热情（尽管也会带些自我主义的风气），对身边的人很有影响力。由于总是坦诚地表达自己的想法，因而很容易获得同事的信任和尊重。

总之，白羊在为人处世中的特立独行与善于表现同推崇自我且思想叛逆的朋克族不谋而合。这一性格特色也在潜移默化着职场白羊的就业，以及与上司、同事的相处等职场环节。

白羊就业的迷津指点

●白羊面试指点

白羊，由于生性好动、善于表现自己，往往会给面试官一种积极进取的精神面貌。但是，任何事情的优势都需要把握住一个度，否则，优势反而会成为致命伤。因此，如果白羊在面试中表现太过积极，如对自己的优点侃侃而谈，看不到自己的缺点等，会让面试官感觉你是个自大的人，而自大往往是团队发展的绊脚石，面试的结果可想而知。

想要最大可能地得到面试官的青睐，白羊应该扬长避短。在面试中，适度表现出自己对工作的积极热情，在保证对自己拥有充分自信的同时，切忌自夸。无论是回答问题还是向面试官提问，要传达给面试官一种理性成熟的感觉，如表现自己耐磨、耐心、耐苦的一面。

●职场表现指点

职场白羊，尤其是刚入职场不久的白羊，由于不懂职场流言的“水深火热”，对于自己心直口快、大大咧咧的作风往往不知收敛。每每和同事聊天，还是保持着头脑发热的状态侃侃而谈，尽管自己没有害人之心，但是缺乏防人之心，难免会搞得流言四飞，人气大跌。

因此，聪明的白羊应该时刻提醒自己管好自己的嘴巴，该说的说，不该说的打死也不说。既要少参与办公室的无聊议论，也不要散布谣言，保持沉默的白羊，方能远离是非的旋涡。

在工作中，白羊是个地地道道的拼命三郎，什么事都不愿意落在别人的屁股后面。尽管能干，但是他们的失业指数是六颗星，在十二星座中仅次于天秤和双鱼。究其根本，是因为职场白羊在工作中总是难以很好地做到公私分明，总喜欢把对其他人的不良情绪表现出来，让人避而远之。

因此，如果喜欢你现在的工作，就学着控制一下自己的情绪吧。

白羊老板的领导风格

职场中，如何与领导和谐相处是永远值得关注的话题。大家都知道，在做好一件事情之前，应该先要了解自己的处事对象。同样的道理，与老板和谐相处，了解老板的领导风格是重点，只有了解才会理解，只有理解才会认真执行。

●白羊领导风格：雷厉风行

白羊老板做事情的最大特点就是性急，他们喜欢反应敏捷、行动迅速的员工。白羊老板最注重下属的工作成果，而不会关注他们的工作细节，因此作为白羊老板的下属，在向老板汇报的时候，切忌啰唆，要简明扼要；如果有什么异议，最好直接向老板讲出来，因为白羊老板最不能领会下属的暗示与提醒。

尽管白羊老板不善于以情感去关怀下属，但是他们欣赏工作勤奋的下属，并往往对他们实行慷慨解囊的奖赏。他们不是很抠的老板，却是典型的具有英雄主义情节的老板，他们为了能够创造出奇迹，甚至都可以冒着破产的风险。

与白羊同事的和谐相处

职场白羊是很懂得融入团体的上班族。他们积极活跃，常参加各种集体活动，在公司露面的机会比较多，受人关注的程度也比较高。再加上他们喜欢侃侃而谈的直爽，比较吸引同事们靠近。即使是刚进公司不久的白羊，也能很快与公司人员打成一片。

但是，职场白羊由于生性好强，比较喜欢尽情地展现自我，在团队中难免有点刺眼，但是有他们在的地方都会充满刺激与快乐。大家往往是在习惯中慢慢适应他们的活跃。尤其是在团队遇到困难的时候，职场白羊会毫不犹豫地迎接挑战，让同事们在佩服之余，也会受之鼓动，士气大振。

白羊与月光族只差1厘米

白羊与月光族只差1厘米，白羊与月光族很是结缘，只要白羊头脑一冲动，就会把银行卡大刷特刷，这很容易突破与月光族1厘米之隔的城墙。

月光族，是上班族早就耳熟能详的代指名词，它与储蓄族的消费观完全不同，主张“能花才更能赚，花光用光自得其乐”。用星座来衡量职场白羊的收入与支出或许不会太准确，毕竟每个人的收支情况受太多因素的影响。这里只是相对而言，职场白羊由于在日常生活中花钱大方，成为“月光族”的可能性相对会很大。

白羊很豪爽，一个月有那么一次一掷千金的机会就能让他们成为“月光族”。白羊很讲义气，又很冲动，常会在朋友身上花钱，买一些不必要的东西，根本不懂得节俭。

职场白羊应该对自己的花钱消费加以节制，尽管花光用光是在刺激着社会经济的增长，但月有阴晴圆缺，未雨绸缪，为自己存下一点保障总不是什么坏事情。

如何装扮最有气质的职场白羊

每一位上班族都希望能够在气质上打动别人，都希望能够成为路上、办公室乃至世界每一个角落中的关注焦点。这里所讲的关注焦点并非是缺乏内涵的虚空感觉，而是一个人无论是由内而外，还是由外而内，都能够散发出的迷人的个性气质与魅力。

十二星座中的白羊，往往具有利落、精力充沛的个性，对他们来说，时尚的装扮需要突出对比中的鲜艳，外加简略的穿衣风格，衬托出白羊的时尚中性风格。白羊会跟着自己的感觉和冲动穿衣，时尚也就不约而至。

他们在穿衣上喜欢穿出属于自己的特色，即找到符合自己形象的时尚。一般能够讨他们欢心的色调多为温暖、青春等比较鲜艳的色调，例如红色等。

简单而又直接的服饰风格非常适合白羊的率直。因此，时尚的白羊女性更适合选择略显男性或中性的装扮，时尚的白羊男性也适合选择线条简单、颜色比较素净的衣服。

白羊小资，诗情画意的纯净生活

就像女人不能只有美丽一样，作为一个上班族更不能一味工作。一个出色的上班族往往会在上班时间发挥充分的工作效率，除去办公室的 8 小时，明智的上班族会选择享受一下生活的馈赠，比如和朋友们拼车到郊区潇洒游玩一下，或者到瑜伽室放松一下绷紧的神经。给自己一个良性的规划，劳逸结合，才会让自己每天都能够神采奕奕地坐在办公室，坦然迎接工作中的挑战。

过腻了快得让人头疼的快生活，现在的上班族已经越来越多地开始接受慢生活、慢工作的工作态度。因为习惯“慢生活”，才不至于在忙碌中迷失自己，从而错失很多有意义的事物。白羊上班族，如何在充满忙碌的中疏解内心的不安呢？由于白羊女性最爱美，每天不照镜子绝对不会出门的。所以，对于爱美的白羊来说，选择一个 SPA 会所或许是最佳选择。另外，白羊也不是只顾外表而不顾内涵的，“书中自有黄金屋”是他们牢记的名言警句。所以，书店对白羊来说并不陌生，他们会在闲暇时候，选择去小书屋一个安静的角落，翻看着自己喜欢的书籍，此时的白羊女显得知性唯美，白羊男性则一副文静的书生气，样子甚是得到异性的喜欢。当然，如果这时候放些音乐就更完美了！

职场白羊最想知道的“十万个为什么”

●白羊职场的行为指南

为什么白羊面试的时候最好不要穿红色？

面试是求职者全面展示自身素质、能力、品质的最好时机。面试发挥出色，可以弥补先前笔试或是其他条件如学历、专业上的不足。在整个应聘过程中，面试无疑是最具有决定性意义的一环，事关成败。

白羊行动起来风风火火，步频很快，不用担心给面试官留下拖拖拉拉的感觉，但需要注意的是，要学会倾听面试官的问题，想好了再答。在穿着上，白羊千万不要穿色彩鲜艳的衣服，尤其不要穿红色，穿上红色会让他们本身开放的气质更加显得招摇，会给面试官留下不够稳定的印象。

为什么职场白羊细心一点就可能被加薪？

俗话说：“一分耕耘，一分收获。”但事实往往并非如此，白羊则可以不用很费劲，只需细心一点就能够得到老板的加薪。

白羊很有冲劲，但是有时候很莽撞。如果在老板特别关注的事情上，突然表现出很细心的一面，这样就会让老板有把他们培养起来的成就感，以后自然会对他们委以重任。在老板对白羊刮目相看的时候，再提加薪的要求比较合适。如果老板不答应，千万不要和他争辩，要留有余地，反正自己的要求老板已经知道，就会引起老板的关注，老板也会在继续的考察中实现对白羊的认可的。

为什么职场白羊喜欢跳槽？

“人往高处走，水往低处流”，这固然没错，但白羊罗列出的跳槽理由让人“大开眼界”。

白羊想趁着年轻，换个新地方再闯一闯。他们总是喜欢开始而不喜欢结尾，所以他们喜欢多换几个地方，多开始几次新生活。

为什么职场白羊很有拼搏精神？

讲起拼搏心，白羊首屈一指。白羊行动果敢，一旦定下目标就会马上实施，绝不会拖拖拉拉。挑战越大，他们的斗志就会越高，这是他们的本性使然。不过，白羊有时候会陶醉于自己的胜利，有时候还喜欢逞能，做些力所不及的事情。

为什么与白羊客户洽谈最好先不要提细节的话题？

与客户谈判，一次错误行为会使以往100次的努力前功尽弃。若要巧妙应对客户顺利完成工作，最好根据星座采取应付措施。

白羊是火相星座，他们急躁，没有耐心，因此一些细节性的东西先不要和他提起，应先把一些主要的东西敲定，下次再谈细节不迟。另外，对于白羊客户，应多接触，每次会谈的时间不要太长，一次解决一点问题。会谈的环境也非常重要，千万不要到嘈杂的地方和白羊谈生意上的事情。白羊的客户，你给他留下的第一印象非常重要，如果不合他的胃口，就可能再也没有机会了。

为什么与职场白羊沟通最顺畅的方式是少说话？

不可否认，与人沟通是一项非常有技术含量的事，那么能不能从占星学的角度大致了解和每个星座沟通的技巧呢？答案是肯定的。

与白羊谈话，最重要的技巧是四个字：言简意赅。原因很简单，他们没有耐心听你讲些事情的枝枝叶叶，如果想要与白羊在沟通上及早达到和谐，那就尽快切入主题，讲主要内容。讲话拖泥带水，会让白羊厌倦你。

为什么职场白羊会获得好人缘？

一个人的人际关系状况是否良好，是否有好人缘，直接影响到工作、学习、生活顺畅与否。那么为何白羊常常得罪人却能获得好人缘呢？不妨向白羊学习一下他们的处事方式。

白羊的好朋友非常多，是因为白羊内心非常单纯，虽然性格上有点急躁，但是对人可谓一片至诚，很多人有了白羊的朋友后就会不自觉地和他深交。你不用担心白羊会和你耍什么花招，不用怕他们会出卖你，也不用和他拐弯抹角地讲话，有什么话可以坦诚地交流。白羊非常讲义气，对朋友真的能做到两肋插刀，更可贵的是，他们行动力十足，如果答应你什么事，绝不会拖拖拉拉的，真是雷厉风行。

为什么职场白羊会招同事骂？

白羊比较粗心大意，得罪了人自己还不知道。他们不知道自省，不懂得收敛，加上急躁的脾气，很容易得罪人，因此经常遭到同事们在背地的暗骂。可以说白羊是处女的另一个极端，他们评判事物的尺度比大众认可的尺度只是低了那么一点点。

为什么职场白羊最好不要与天秤同事成为好朋友？

真正的友谊是一种不计成本的人与人之间的坦诚相待，它经得起任何考验。但是白羊与天秤的搭配组合，却因各种原因，很难有天长地久的友谊。

白羊冲劲十足，而天秤非常镇静，沉得住气，在初期两个人的配合会让双方都耳目一新，也比较依赖对方。但是时间一长，白羊就会首先对天秤不满，因为天秤会让白羊有被控制、被指使的感觉，如果有什么起因让白羊感觉天秤虚伪、矫情的话，两个人的友谊就会结束了，天秤也会对白羊的粗鲁、暴躁感到头痛，渐渐地对白羊冷淡起来。

为什么职场白羊适合开体育类网店？

网上开店成本比较低一点，所以可以多做尝试，即使不以此为主业，也可以给自己增加一点人生体验。

虽然白羊的运动成绩不怎么样，但是他们对体育器材是相当敏感的，竞技类体育也好、健身类体育也好，都是白羊所热衷的体育运动。因此他们对与体育有关的常识了解甚多，能给予顾客们合适的运动建议。

●白羊的健康秘籍

为什么职场白羊的瘦身重在减腰？

现在是一个以瘦为美的时代，尤其是女性，骨感比肉感更能得到异性的青睐。苗条的身材是怎么来的，白羊有什么妙法来瘦身呢？

白羊减肥迫切性：★★

关键部位：腰部、腿部

原因分析：白羊精力充沛、天生体质健壮，加上比较热情，办事冲动，行动力十足，喜欢到处跑来跑去，所以腿部会比较粗壮，尤其是小腿，可能是全身最难减下来的部位。而白羊的人比较贪吃零食，很喜欢在闲谈、看电视的时候拿零食往嘴里塞，久而久之，不胖才怪。另外，白羊对减肥没什么热情，即使开始减肥，也会很快就放弃，所以专心减肥、持久减肥，对白羊都很难以实现。如果白羊实在肥胖得厉害，可以采用一些手术的方法来瘦身，如果情况不那么严重，就只有在平时多注意一些小秘诀了。

小处方：

（1）少吃容易让人发胖的食物。

（2）不要买零食放在家里，更不要带到办公室里。

(3) 多给腿部按摩。

为什么职场白羊应该多补充维生素H?

白羊是十二星座之首，根据白羊对营养的特殊需求，要多给白羊补充维生素H。所以白羊们平时要多吃牛奶、蛋黄、动物肾脏、水果、糙米等富含维生素H的食品，预防自身的用脑过度。

为什么职场白羊睡深色的床最舒服?

人的一生有1/3的时间是在床上度过。床，是人恢复元气，吸收日月星辰精华的地方，各个星座在选择睡床的时候都有讲究，那么白羊适合睡什么样子的床?

白羊精力充沛，具有战斗力，即使上了床也不是那么容易入睡。烦躁的白羊在床上不折腾个筋疲力尽是不会安然入睡的，而且一旦醒来，白羊就会露出柔弱的一面，这时候的白羊比较喜欢赖床。所以，白羊适合选择黑色、咖啡色等深色的卧床，床的线条要简洁大气，色调要柔和高贵。

●白羊的理财情报站

为什么跟职场白羊能轻易借到钱?

鲁迅先生曾说，越有钱越小气。这话是有道理的，也是没办法的事情。因为你手里有点小钱之后，惦记你钱的人就多了，那么当别人借钱时，白羊有何表现呢?

白羊没有什么理财计划，最好的情况就是把钱交给另一半管理，他们重情义，性情豪爽，一旦有人向他们开口借钱，绝大多数情况下，他们都会慷慨解囊。

为什么职场白羊适合短线投资?

职场白羊投资短线最适合，因为个性冲动，坐不住的白羊对于股市里的风起云涌无法完全接受。他们会在最初投资股票时取得一定的成绩，但一旦长期投资开始，白羊就会因为冲动的性格而遭受损失。

●白羊的情感喜好

为什么职场白羊与网恋无缘?

生活节奏如此之快，我们每个人心底都有一份很深的情感不愿向朋友、亲人倾诉，而网络为我们提供了倾诉的对象。网恋也就应运而生了。为何白羊星座容易发生网恋，却又与网恋无缘呢?

因为，白羊很快就会和别人谈起隐私内容，小时候的相片在第二次聊天时就会拿出来给别人看，第三次聊天就要约人见面，结果总是见光死。

为什么性感可以俘获白羊男？

新时代的女性为了自己的幸福要大胆一点，喜欢他，就要表现出来。

火相星座的白羊精力充沛，很冲动，他们的爱情往往开始于性的吸引，所以面对白羊男时，要打扮得性感一点。白羊对女人身上的香味尤其没有抵抗力，时不时用你的体香去诱惑他，他很快就会拜倒在你的石榴裙下。

血型+星座——解读真实职场白羊

A型白羊：职场中亟需锻造淡定的力量

●A型白羊的职场特征

A型的稳重与白羊招摇的个性组合在一起，虽说在性格上容易导致矛盾与冲突，但也造就了A型白羊的才华横溢。虽然A型白羊天生具有强烈的目标意识，总是充满活力与干劲，对于认定的工作目标会不顾一切地立刻行动，但是如果遇到了一些始料未及的挫折，往往会显得焦躁不安、失去冷静，甚至会自暴自弃，这将严重威胁A型白羊的职场命运。

A型白羊应尽力克服这一性格缺陷，遇事要沉着冷静，让自己深呼吸一下。这样的话，加上优异的才能、勇于挑战的干劲，职场就是为A型白羊的精彩而设置的舞台。

【职场贴士】工作中，追求稳中有妥，戒焦戒躁，凡事冷静分析，切忌性格的冲动。

B型白羊：职业在挑战中扩展维度

●B型白羊的职场特征

B型的活力加上白羊的无限创意，简直就是个天生才子。因此，B型白羊应该选择一个充满活力、有压力、有很大发展空间的工作环境，这样才能把自己的才华激发出来。如果B型白羊觉得现在的工作让自己有气无力，有才华而没处发挥，那么就要衡量一下是不是该换一个职业了，以免埋没自己的才华，耽误一生。

工作上，B 型白羊有唐突地采取行动、耐心不够的缺点，所以建议 B 型白羊在事前提前拟订工作方案，在工作进行的过程中给自己多一些信心与支持，相信凡事没那么糟糕，相信自己不比任何人差，甚至比大多数人还好，勇敢地面对工作中的一切暂时性的困难。其实 B 型白羊的潜能是无限的，只要克服一些心理弱点，就可以把自己的潜能优势很好地发挥出来。

【职场贴士】选准适合自己的职业，就是搭上人生的顺风车；谦逊一点、低调一些，你才能在职场上游刃有余。

O 型白羊：职场交际的“领头羊”

●O 型白羊的职场特征

O 型白羊社会交往能力强，颇具交际手腕。白羊有极强的进取心，在新环境中也能很快适应。所以，O 型白羊对有挑战性和有弹性的工作比较感兴趣。因为，他们认为工作是自我能力的一种体现，是对人生经历的一项重大考验。在职场中，管理严格的公司并不适合他们。假若 O 型白羊有机会找到一个大的发展平台，找到那些可以充分发挥智慧以及才能的工作，就应该尽可能选择这样的工作，比如业务部门和开发部门等，对于财务或总务这样的工作，O 型白羊最好还是不要考虑了。

总的来说，O 型白羊富有开拓者的精神和强烈的自主性。因此，自己独立经营生意，并掌握一技之长才是他们最好的选择。其次，如果达到学有专长，能够做到一个自由的学者的高度，当然专家更好。一旦所有的天时地利人和都具备，O 型白羊一定能在工作中有所成就。

【职场贴士】工作变动在 35 岁以前，胆识要过人，在转行之前，要经过再三的考虑再行动。但是不要顾虑太多，有了努力的目标后朝着目标不断前进，才有可能获得更大的成功。

AB 型白羊：果敢的领导范儿

●AB 型白羊的职场特征

AB 型白羊十分聪明，反应敏捷，处理工作高效有序。AB 型白羊领导人，能积极应对激烈的竞争和工作压力，可以充分发挥白羊的个性优势。

AB 型白羊最好能够自己创业，或在大企业中寻找发展的舞台。若是屈居他人，要想发挥自己的才干可能会很困难。

AB 型白羊生性活泼开朗，所以很适合与人打交道的职业，比如公关、顾问、政治家、出版人员、广告文案者、演艺人员、美容师等。

值得注意的是，AB 型白羊具有很强大的第六感，如果充分发挥第六感的作用，会给自己的职业生涯带来许多机遇。

【职场贴士】好好把握自己的机遇，不然空有才华却得不到发挥。

金牛：成长就是憨实却不随性

金牛的个性职场

金牛职场低调的背后

金牛（4.21～5.21），十二宫的第二个星座，代表成长。给人沉静、勤奋、诚实、作风积极的印象，人情味很浓厚。一般金牛具有很强的自控力、能勇敢面对挫折，也具有很强的自立意识而不愿意依附他人过活，但是在这个越来越现实的世界中，金牛由于其感官很强，他们对物质的要求比较强烈，一旦物质出现不充裕的时候，空虚就会像沙尘暴一般呼啸而来。因此，在金牛勤勤恳恳的背后，偶尔也暗藏着一颗为金钱而悸动的内心。

金牛就业的迷津指点

●金牛面试指点

对于金牛来说，克服面试是进入职场的关键课题。金牛个性谨慎、反应较慢、口才表达不佳，很难在面试的时候将自己的优点表达出来，给面试官一种怯生生的、不够自信的感觉。

既然金牛在面试过程中的临场反应不佳，那么最直接的应对方法就是事前做够充分的准备，将公司的境况、企业文化、价值理念等熟记于心，将面试中经常遇到的问题答案事先陈述几遍。面试过程中，说话应该简洁有力，语气坚定、有自信，避免思考太久。

●职场表现指点

金牛新人在进入职场后，往往表现出悲观、不自信的一面，他们在面对挑战时总是缺乏应对困难的勇气。工作中，经常想得太多，工作的方法常常落入俗套，不懂得创新与变通。金牛在职场前期应加强心理素质的锻炼，凡事多往乐观的方向去想。

职场中，金牛工作比较稳重，且很具原则，再加上情绪、工作态度没有白羊那么风云善变，因此更容易得到公司的器重。

职场金牛的失业指数是三颗星，虽然星不多，但不能够大意。职场金牛想要让失业指数降到更低的话，那就丢掉固执的包袱，圆融一点，积极一点，主动一点，多与别人沟通，才会让自己事业亨通。

金牛老板的领导风格

●金牛领导风格：讲求实际

与白羊老板的雷厉风行截然不同，金牛老板最大的特点是实事求是。他们做事趋向耐心、稳定以及缓慢的特质，对下属习惯进行长久的考验，最青睐能够用业绩说话的员工。

金牛老板习惯按照自己的思维出牌，不会轻易被人说服，他们善于事必躬亲，是不折不扣的实干型老板。虽说金牛的反应一般比较缓慢，可是他们仍然属于精明至极的老板。金牛老板不会过度放手授权不说，还会对财会账目无师自通。凡是在金钱或者态度、行为上发现有不忠于公司的人，金牛老板会非常刻薄地对待他们，甚至让他们走人。金牛老板最不能忍受的就是被欺骗。

尽管金牛老板对待员工不会很大方，但是他们公私分明、赏罚严格，员工有多少付出，就会给予多少薪酬。

与金牛同事的和谐相处

和金牛同事在一个办公室中和睦相处，并不是什么难事。如果能够抓住金牛同事的处事作风与原则，就可以顺应其意、避免不必要的冲突。

与金牛同事相处，首先应该清楚他们是一群需要将理性与尊重作为前提的“倔牛”。在工作的沟通中，只要有充分的道理与证据说明，他们会认可；但如果不分青红皂白，对他们的工作说三道四的话，会严重激起他们的牛脾气，与你叫劲到底。职场金牛最讨厌散播流言的人，在他们面前最好不要搬弄任何是非。

金牛同事一般具有明智、清晰的头脑，在工作中考虑问题往往周详、全面。当与他们在观点上存在分歧的时候，切忌劈头盖脸的对他们批评一通，应先等他们陈述完观点后，再行提出有力又有理的论据，这样职场金牛还是会让步的，因为他们看重以理服人，同时也希望别人能够以理让他们服气。

十二星座中，务实坚毅的摩羯是职场金牛最默契的工作搭档，而处女应该是最能够了解金牛心情的人。即使不小心得罪了职场金牛也不用太担心，只要诚恳、坦白的道歉，一般还是会得到金牛的原谅的。

如何装扮最有气质的职场金牛

金牛在职场中最适合的气质类型是温婉含蓄，金牛注重服饰的品质与格调。对于他们来说，时尚不只是流行，而是用来展现美的工具。职场金牛认为，时尚是可以随着季节的改变而变化的。在夏季，娇艳是一种时尚；在冬季，保暖与温馨也是一种时尚。

金牛更加注重衣服的质感、颜色、品位等，因为它们最能够衬托出金牛的气质与性感。

金牛在追求时尚品位的同时，喜欢各种可以装饰自己的饰品。比如，高雅的香水味、诱人魅惑的蕾丝等。披肩，是最适合点缀金牛气质的配件。至于鞋子，娇艳的夹脚鞋或者优质皮质的凉鞋都比较适合衬托金牛女的气质。

对于金牛男来说，标准的西装最能体现金牛务实及节省的性格，如果想要展现一下风格的变化，穿一件立领的素色衬衫搭上一条领带，会显得简单而又干练。

金牛小资，鸡尾酒的浪漫趣味

职场金牛，虽然会带有一些功利性的选择趁早结婚，但是不可否认，金牛女生注定是个好妻子，因为他们具有超高的烹饪技术，并且乐于研究美食，并享乐其中，这与金牛女生稳重的性格有关。金牛女生爱恋厨房并不影响她的小资情调，鸡尾酒也许是金牛女饭桌上必不可少的一道浪漫风景。

晚饭过后，小调曲子响起，金牛女生伴着音乐闭上眼睛，靠在沙发上回忆着往事，思考着明天，也别具一番风味。毕竟工作不能是生活的全部，偶尔惬意一下，给自己一个享受生活的机会。

对金牛男生来说，小资调调没有什么值得太多关注，因为他们是非常实际的人，只要能够安安静静的过着自己的小生活，就是无与伦比的幸福浪漫。

职场金牛最想知道的“十万个为什么”

●金牛职场的行为指南

为什么厚重的鞋子会影响金牛面试？

面试需要讲究的技巧虽然很多，但是清新、明快的气质总会在面试中为自己增色不少。

金牛喜欢稳稳当当，做事慢条斯理，需要注意的是时间观念要强，别迟到了。穿着上要特别注意不要穿那种很厚重的鞋子，会给人笨重的感觉，鞋子一定要轻盈，给人飘逸的感觉来弥补自己略显木讷的神态。

为什么“默默耕耘”还是加不了薪？

职场金牛其实很在乎钱，但是又不愿意流露出来，总觉得开口要求加薪，有点难以启齿。他们认为，只要自己拼命工作，总有一天能引起老板的关注，得到老板的认可。其实，这种做法行不通，老板认可是一回事，给你加薪又是另一回事。有的老板很会假装睁一只眼闭一只眼，若想加薪，应大胆地提出自己的要求。

为什么职场金牛要跳槽？

职场金牛对金钱的概念比较敏感，因此对于工资的计较往往也非常认真。尽管对于每一次的跳槽，职场金牛都会大声借口说“这份工作与我的职业规划挂不上钩”，其实他们就是对薪水不满，什么人生价值、理想，统统都是借口。

为什么金牛同事会比较阴险？

金牛的问题在于嫉妒心，他们最看不惯别人高调的样子，如果谁洋洋得意，金牛就会把他记在心里，伺机给予打击。他们很懂得办公室政治，拍起马屁来也很有技巧，可以说完全不着痕迹，让上司很受用。金牛有时候会说谎话骗人，虽然谎话数量不多，但是质量很高，往往用在关键点上。在同事之间的竞争中，金牛是个非常厉害的角色，千万不要被他们的外表麻痹了。

为什么殷勤会让金牛客户反感？

金牛比较好说话，需要注意的是不要对金牛过于殷勤，否则会引起他们的疑心。另外，金牛对钱财比较敏感，在他们面前一定要表现得财大气粗，这样他们的戒备心才会直线下降。

为什么流行语会造成与职场金牛的沟通困难？

与职场金牛在工作中打交道的时候，要用平实形象的语言来描绘事物，千万不要用些时髦或生僻的词汇，更不要时不时夹点外语，因为金牛是不喜欢捕风捉影、跟随潮流的人，太新潮的词儿会弄得金牛转不过弯来，产生误会，那样沟通就会产生障碍，不但达不成最后的协议，反而会弄得不欢而散。

为什么职场金牛亟待工作压力的缓解？

金牛在职场中，往往承担着比较大的工作压力，而这压力的来源不仅仅在于工作，也在于自己内心的纠结，即外在的沉稳与内在的心绪经常出现冲突，但是金牛还是不愿意把内心的想法表现出来。因此，繁重的工作量再加上扭曲的心理，压力不大才怪。

当然，金牛没有射手那么洒脱，不过，务实的金牛也有独特的面对压力的方法。金牛对付压力的方法说起来很简单，就是硬扛。稳重踏实的金牛对压力的负重能力远远超过其他星座，有点泰山压顶不弯腰的意思。退缩、失败的后果是金牛绝不能接受的，所以死扛，“挺一挺就过去了”是金牛的座右铭。

为什么金牛适合开保健营养品的网店？

想拥有牛一样强壮结实的身体吗？怎么选择种类繁多的营养品？金牛中肯、慢条斯理的答复一定会带来很多的买家。

这是因为，金牛天生对吃的东西比较有天赋，敏锐的味觉使他们从来不会放弃任何美味佳肴，由此对保健营养品也很有研究。

●金牛的健康秘籍

为什么职场金牛全身都需要减肥？

减肥，一直是上班族比较关心的话题，尤其是上班族整天坐在办公室中，户外活动很少。容易造成脂肪的堆积，对健康的保障有着很不好的影响。职场金牛如何根据自身的特色达到最好的瘦身效果呢？

减肥迫切性：★★★★☆

关键部位：全身上下

原因分析：金牛是十二星座中最容易得天生肥胖症的星座，即使金牛中少有的瘦子，也大多是因为生活状态比较糟糕导致的，这样也容易得上别的疾病。如果生活条件比较优越，尤其是长期从事运动量低的工作，金牛要想不胖很难。不过，金牛的胖是那种很壮实的胖，很少出现一身赘肉的情况。即便如此，金牛的人也应该比别的星座的人更注意控制体重，如果家里有人烧得一手好菜的话，对金牛来说可不是件什么好事。

小处方：

(1) 少吃多动是金牛很有效的减肥手段。

(2) 不要吃高热量的食物。

(3) 不要去附近的小餐馆。

为什么职场金牛需要多补充维生素D?

金牛是十二星座中最稳重的星座，他们需要结实的骨骼和富有弹性的肌肉，因此需要多补充维生素D。建议金牛除了多吃富含维生素D的食物外，还要经常去户外晒晒太阳。

为什么职场金牛睡结实的床最舒适?

职场金牛，沉稳但是脾气比较倔强，所以对床的要求大而结实。金牛不适宜过于柔软的床铺，颜色也要求冷色，床架不宜过高。

总的来说，就是要让金牛有睡在大地上一样稳当的感觉的床，就是最好的床。

●金牛的理财情报站

为什么不容易从金牛同事那里借到钱?

金牛即使有钱，也并不是那么好借，他会仔细考虑对方的偿还能力和人品，只有合格后他才能出手相助，不然他能找到一堆冠冕堂皇的理由来加以拒绝。

另外，要向金牛借钱，最好主动提到加利息，那样成功率会高不少。

为什么职场金牛适合投资股票?

个性沉稳的金牛是土星星系里沉稳和耐性的代表星座。金牛具有的这两个优点令其十分适合投资股票，格雷厄姆便是成功的代表人物，守护星金星代表财富，能为金牛带来财运，所以，对于金牛来说，长线短线都可以挣钱。

天生就是理财专家的金牛具有这方面的潜质。沉稳的性格令其不会被股市的起伏而影响心情。

为什么职场金牛可能一生富贵？

综合十二星座的性格特色与运势来讲，金牛在金钱运上是比较积聚财气的，难道这与他们生来就对金钱计较有关？

金牛早期的奋斗可能会有一点艰苦，可是只要小有积蓄，金牛就能玩起他们那最拿手的把戏——以钱滚钱。他们简直就是天生的金融学家，投资理财手段一流。如此一来，想不富贵似乎都很难。

●金牛的情感喜好

为什么职场金牛不会受到网恋的迷惑？

职场金牛是最不可能网恋的星座，即使是同城很容易就见面的网友，最多也就成为生活中的朋友，当恋人的几率非常低。这与金牛的爱情观有很大的关系。除非遇到可以托付终身的另一半，否则很难动情。尤其对网恋这种新潮又捉摸不定的恋情，金牛往往是避而远之。

为什么成熟可以打动金牛男？

金牛的男人，喜欢知性的女人，所以要表现出你的书卷气来。但是不要弄成女学生的模样，打扮得太嫩了会让稳重的金牛犹豫是不是该下手，还是打扮得成熟一点为好。

血型+星座——解读真实职场金牛

A型金牛：一头耕耘在职场的“牛”

●A型金牛的职场特征

A型的内向加之金牛的憨实，促使A型金牛在工作中勤勤恳恳、务实求真，可以认真地完成每一项工作任务。但是，生在职场，除了尽心工作外，还应尽力经营好自己的人际关系。要想赢在职场，请务必扩大自己的交友圈，对于集体的活动热心参与，积极的心态将会是打通人际命脉的法宝。

A 型金牛，虽然保有稳健、踏实的做事风格，有时候却表现得太过死板，甚至偶尔会担心结局的糟糕，导致自己畏缩不敢向前。因此 A 型金牛应该果断舍弃胆怯，勇敢向前，这样才会得到自己想要的成功。

缺乏变通，不懂随机应变也是阻碍 A 型金牛前进的绊脚石，要想在职场赢得成功，就让自己不要总像牛一样闷着了，应该适时学学猴子的机灵。

【职场贴士】正确认识自己的心性，打败心性中的弱点，迎合职场，必能成功。

B 型金牛：职场典型的后起之秀

●B 型金牛的职场特征

B 型金牛由于个性上不喜与人争，爱好悠游自在的生活，因此，个性沉稳、内敛的他们在经济、金融方面的发展将大有可为，从事与不动产相关的职业也会有相当不错的成绩。

另外，因为 B 型金牛对美具有一定的敏锐度，所以他们适合从事艺术方面的工作。如果 B 型金牛本来就具有不凡的才华，再加上稳重的性格，从事珠宝鉴定及经营美术品等，通常都能争取到广大的顾客。在美术方面，B 型金牛可朝雕刻、工艺方面发展。在音乐方面，B 型金牛学习声乐可能比玩乐器更容易出人头地。此外，从事烹饪，也有可能使 B 型金牛成为一流的美食专家。如果能定下心来专心朝艺术事业而努力，将会有一番佳绩。

由于性格上的原因，B 型金牛不适合从事需要辩才和协调能力的外交工作，而那些要求一流口才说服别人的推销员当然也不适合他们。

总的来说，适合 B 型金牛的职业有具有专才的画商、宝石鉴定师、画刊编辑、医师、药剂师、教师、建筑师、卫生技师等。可以尝试的职业有厨师、雕刻、工艺服务业、律师等。而不合适 B 型金牛的工作是外交官、推销员、大众传播等。总之，由于 B 型金牛懂得坚持不懈，在实力堆积到一定程度的时候定能够爆发，成为典型的后起之秀。

【职场贴士】工作可以平凡，但态度不能平庸。

O 型金牛：付出 = 职场成功可能性

●O 型金牛的职场特征

O 型的实干特性与金牛的勤恳组合在一起，使得 O 型金牛成为踏实稳重的行动者。O 型金牛是职场中的老好人，同事们遇到什么技术上的难题、情绪上的波动、心态上的不平衡等会找他们倾诉。但 O 型金牛固执己见的个性得罪不少人，因此要学会圆融变通，处世灵活，不然只能看着本该属于自己的机会从眼前溜走，甚至被自己信任的人夺走。

O 型金牛要试着从别人的角度考虑，接纳不同的意见。O 型金牛做事谦虚谨慎，但有时过度的谦虚显得他们很自卑。正确地评价自己对 O 型金牛来说很重要。

O 型金牛最适合在金融机构和财务部门工作，他们的事业倾向是大器晚成。如果遇到合适的工作，他们通常能够发挥自己的才能，而且多半会取得成功。对于他们的成功，最重要的就是他们一直在努力地付出自己的心血。

【职场贴士】不要看轻自己的能力，妄自菲薄，了解自己的才能所在，就是成功的开始。发挥金牛坚毅的个性，对于认定的工作要坚定不移地干下去，唯有埋头苦干才是成功的关键。

AB 型金牛：不爱说“No”的职场人

●AB 型金牛的职场特征

AB 型金牛属于勤勤恳恳、踏踏实实的员工，因为自己腼腆的个性，常常将工作的不满压抑起来，使不满的情绪得不到宣泄。可一旦爆发出来，就一发不可收拾，老好人的形象也随之毁于一旦。

AB 型金牛要学会做事，更要学会宣泄自己的情绪。和与自己志同道合的同事交流，在工作上学会说“不”，学会提出自己合理的要求，关键时刻学会隐身，让同事和领导发现自己的闪光点。如此，在职场中就会有不一样的成就感。

【职场贴士】持之以恒，超越巅峰。选定目标，坚定不移，累积实力，不要总是想要成为全才，成为专才更能够让你的职业生涯更加辉煌。

双子：才思与活力的集结号

双子的个性职场

双子职场的超强适应

双子（5.22~6.21），兴趣广泛、多才多艺、思维敏捷是双子典型的性格特征概括。

双子想象力丰富，适应能力强，兼备活力和聪慧。对任何事物具有极敏锐的观察力、强烈的好奇心和不断汲取新知识的欲望。这使他们在职场中经常保持年轻、精力充沛且富有魅力的特征，很多同事喜欢和他们交往，经常围绕在他们的周围。

双子性格的优点是善解人意、乐于助人、宽容大度，能适应任何环境，并能尽力保持独立的个性。然而，即使双子的外表很热诚，心中却很冷，他们深受理智控制，不容易动真感情。在双重性格的外衣下，一个是个性乖戾的艺术家态度，另一个是乐观明朗的社交家，这种双重性格使其生活常常发生矛盾，耽于幻想，易满足于沉思和白日梦，有时甚至悲观厌世。

在双子的脾性中，职场表现最为明显的是强有力的适应性，即无论走到哪里，都能够很快地将自己融入环境的需要当中去。

双子就业的迷津指点

●双子面试指点

双子总爱像跳蚤一样地忙着换工作，那么针对自身特色的面试技巧，值得拥有并加以掌握。

双子在求职的面试中，说起话来总是头头是道，在让人佩服他们的良好口才的同时，却也让人深觉其思考的浅显而不够周延。因为双子在流利地说出一句话之前，并没有认真地经过大脑程序的筛选。

因此，双子在面试的时候，应充分展现自己个性主动、活泼又健谈、机灵过人的优点，首先给面试官留下一个更好的印象。此外，轮到自己提问的时候，可以提问面试官比较有深度的问题，比如公司文化、公司的长远规划，等等。与面试官进行一次较有深度的互动讨论，会让自己的深度与机敏完美呈现，从而会深得面试官的青睐。

同时，由于双子擅长沟通，懂得随机应变的技巧，从事业务或公关方面的工作，会更有利于促进事业成功。

●职场表现指点

双子初入职场，最应该警惕的是自己的势利眼。不能够只注重与上司搞好关系，遇到上司就点头哈腰；而对一般的同事却冷漠视之，一副爱答不理的样子。殊不知，上司看重的不是员工的奴才相，而是工作能力。

因此，工作中，双子对上司的“巴结”应懂得适可而止，关键是能够提供给上司满意的工作答卷。对待同事，不能像对待敌人一样冷漠。否则，对领导“太热”，对同事“太冷”，反而让同事们嗤之为“马屁精”，被同事们孤立，也难让自己心平气静地进行工作。

另外，职场双子也应该注意一下局势的变化，当今是一个竞争如此激烈的时代，尽管自身的工作能力超强，并很受老板的喜欢，但是如果没有一个安定的进取之心，小心英雄无用武之地。

双子老板的领导风格

●双子领导风格：朝令夕改

双子老板是一个很有意思的领导。在他们手底下工作，往往会有无所适从的感觉，比如说，他们这一刻承诺让你做这种风格的策划案，而当你已经有了整体框架的时候，老板又会突然把你叫到办公室，告诉你策划方案又有了全新的改变。

千万不要太过相信双子老板给予的承诺，因为他们总是会被新的想法所吸引。双子老板每天都在产生新主意不说，还特别欣赏职员精彩的创意想法。单有想法还不够完善，他们还是愿意将这种新想法让员工在工作中付诸实施。由此，双子领导的机智随和、变化多端也就不足为怪。

变化归变化，双子老板却一直不乏民主、公正的风范。只要与员工共事一段时间，他们就会洞察了解每一位员工的才智状况，并总能够充分利用员工的能力，安排与能力相应的任务。他们是善于发现千里马的伯乐，一般不会埋没员工的才能，只要你有才，他们就会给你足够展现的自由和权力。

双子领导喜欢像他们一样机智、灵巧的员工，能够时刻用脑工作，在新思维的挖掘中，不断创造出高质、高产的工作业绩。

与双子同事的和谐相处

与双子同事和睦相处的关键是淡定看待双子的善变。双子在这一刻正与大家在办公室说笑话、聊娱乐八卦，下一秒或许一张笑逐颜开的脸就已经变成了一副死鱼脸。

不过不必为此过度担心，双子并不总是这样，双子在职场中的表现理智多于情绪。他们做事情讲求的是逻辑推理，而非总是“变脸”式的无聊与无奈。

与双子同事在一起，往往会被他们的那种创意的活力而打动。他们面对工作运用的是一颗游戏般的心，但却无不表现出了对工作的强大适应力，以及在创意与沟通方面存在的天赋。更可贵地是，他们在自由的工作环境下，常常快乐的面对工作。

工作对他们来说并不是什么负担，而是可以体现自己创意天分的舞台。

与双子一起工作应该注意，正因为他们崇尚自由、创意，所以他们在需要耐心的烦琐工作中，严重缺乏责任感，从而也会让自己心情烦躁。这时候，作为同事莫不可给予批评、埋怨，如果不能给予指导，那就保持沉默最好。

因此，双子在工作中，往往对讨厌的事完全没有行动力，而对有兴趣的工作，却表现出惊人的专注。另外他们很容易在同事面前说错话，虽然不是有意，却会让自己在同事心目中的信任度逐渐减少。

如何装扮最有气质的职场双子

双子的机智、灵活，让双子在工作、生活中充溢着鲜亮的时代感。

双子在职场上，总是喜欢呈现给大家不同的面貌，尽情地展现自己的聪慧以及灵活的创意。因此，对于时尚的理解，双子总会因时因地改变穿衣的风格。在他们看来，与时俱进的装扮，就是一种时尚。

青春是双子的星座气质，在时尚的潮流中，任何一种潮流风格，他们都要尝试一下。昨天还是豪华军装，今天就是一身辣妹装。即使工作的日程很紧，双子们也总会挤出时间去逛一下精品小店，最新的流行信息是他们非常关注的内容。

因此，双子的职场气质，便在这种百般变换中凸显着时尚与潮流的气息。让人们在赞叹他们的百变活力的同时，更为他们恰到好处的时尚装扮而惊叹不已。

双子小资，在琐细中寻找甜蜜

工作上的双子，如此具有多变的魔力，那么下班之后，又是怎样一副生活情境？

双子最怕寂寞，友情与爱情是生活中重要的调味剂。双子爱朋友，喜欢热闹，常常疯狂地做出一些举动。虽然逛夜市、唱KTV、和大帮朋友去吃街边小吃与“小资”情调似乎不搭边儿，但是双子的小资生活体现在他们能够在这些热闹的环境中找到属于自己的甜蜜细节，比如与朋友在夜市中边逛边摆弄一些小挂饰或者在KTV边唱歌边和自己的知心朋友来次交心的聊天。

最具青春与活力的职场双子，永远都是精神气儿十足。

职场双子最想知道的“十万个为什么”

●双子职场的行为指南

为什么穿着稳重会为面试加分？

双子很会对付面试官，甚至能化被动为主动，所以谈吐方面不会出现什么问题。但是穿着上要讲究稳重，否则会给面试官留下轻浮的感觉，再加上双子对答如流，就会给人很不牢靠的印象。

因此，作为时尚风向标的双子在面试的时候，不妨先放下自己的百变装束，穿上稳重、干练的衣服，回答问题语速慢一些，面试成功的几率会更大。

为什么职场双子的“蜻蜓点水”能够加薪？

职场双子外交能力比较强，喜欢在捞外快上动脑筋，即使要求加薪，也是嘻嘻哈哈，让老板感觉不给加也没什么。不过，双子往往是老板的智囊团成员，如果老板问起一些管理意见的时候，不妨谈一下薪水上的事情，这样“蜻蜓点水”式的提示会显示出自己对能力的自信，从而会渐渐引起老板对你平时表现的关注。因此，双子在出色的职场表现之后，对老板多些暗示性的加薪意愿，会有很大的加薪可能。

为什么职场双子爱跳槽？

双子看起来很有抱负，好像在通过跳槽来调整自己的位置，学习新的知识。其实，他们喜欢东一榔头、西一棒子。这就是他们的天性。

为什么双子老板给人的压力比较大？

双子老板给人的压力，仅次于十二星座中的天蝎与狮子。

其实，双子根本不适合做老板，如果造化弄人，让他坐上了那个位置，你可要小心了。双子的下属大多有点活得晕头转向，摸不到方向。一会儿要这样干，一会儿要那样干，这个问题没解决，又去搞那个问题，这是双子指挥下的常态。一旦失败，双子有一大堆借口推卸责任，你就等着当替罪羊吧！这样的老板真是让下属感觉到有些无奈与抓狂。

为什么职场双子会招同事骂？

表面上双子在哪里都很受欢迎，很讨人喜欢，但是他们一转身，背后就有人开始说他们的坏话。高调、热情的双子确实比较招人嫉恨，所谓言多必失，双子就是因为平时说话太多，从而总是很不经意给别人留下打击自己的把柄。

为什么最好不要得罪双子同事？

不要得罪双子同事，是因为双子的报复心很强。

双子口才很好，如果你得罪了他，他就会添油加醋，到处说你的坏话，而且会让大家都相信他，将你搞得众叛亲离，孤独无援。而且双子的性格非常多变，他们这会儿原谅了你，不定什么时候又记起恨来，给已没有防备的你以报复。所以，双子实在得罪不起。

为什么应对双子客户需要抓住关键点？

双子非常难缠，他们总是闪烁其词，顾左右而言他，让你很难对他形成影响，而且他们自己发挥起来，又会滔滔不绝，连你插嘴的机会都没有。谈判时，你不妨顺着他一点，抓住一个关键点来扭转局势。

同时，谈判时不要试图和双子比口才，那样会没有好结果，也不要被双子牵引着你的思维走，那也没有好果子吃。和双子讲话一定要保持高度冷静，不要被他们夸夸其谈的架势将谈话的主动权抢走了。否则，连讲话的机会都失去了，又怎么会谈得下合同？

为什么职场双子最好不要与射手同事成为好朋友？

双子和射手，两个活泼的人在一起，彼此性格上相互吸引，足以让双方成为好朋友。但是时间长了，双子就受不了射手的直截了当；另外，双子既嫌射手有点傻里傻气，又有点嫉妒射手的好人缘。而射手，最受不了双子的善变和拐弯抹角了。

所以他们俩要是成为朋友的话，在很大程度上会影响他们的工作心情，毕竟在同一个办公室，低头不见抬头见。双子与射手之间，有距离才会"唯美"。

为什么职场双子利用朋友的概率较高？

双子很懂得煽动别人，他们不仅口才出众，而且善于察言观色，轻易就能找到别人的弱点。他们拖朋友一起干坏事的时候，特别的亢奋，全身每个毛孔都发出诱惑的光彩。

他们的心眼并不见得就是多么的坏，其实是在干坏事的时候心虚，需要找人壮胆。而且他们干的坏事，并不见得有多罪恶，往往是出于好奇心，要尝试一下。

为什么双子适合开通讯网店？

手机，没有谁比双子更适合卖这人与人沟通的工具了。双子就是这样一种以沟通为乐的通讯专家。所以说，开通讯网店能够让双子在娱乐的同时，换取工作的价值。

为什么双子在职场中控制不住自己的坏脾气？

双子的脾气用火暴来形容不太贴切，确切地来说，双子的脾气是急躁。他们总是希望用最高的效率来得到最好的结果，慢腾腾的办事风格很容易激怒双子。有时候，双子发脾气又会纯粹是孩子气的表现，心底有一点点不高兴就会乱发一通脾气。不过，他们发完脾气就什么事都没有了，不会持续很长时间。

为什么职场双子需要不停变换环境？

思维多变是双子在性格上的主要特征。他是个心神不定、总想到"别处"去的人。其思维敏捷，但有时也会缺乏冷静的权衡。双子需要不断地变换环境，例如，外出旅行、与别人交流思想，或者在各个方面表现自己，否则他们会感到烦躁不安。

双子聪明伶俐，有些轻率和神经质。他们常常沉湎于令人难以理解的意念之中，只喜欢做他感兴趣和使他开心的事。

●双子的健康秘籍

为什么职场双子的瘦身重在腰部?

职场双子减肥迫切性：★☆

关键部位：腰部、手部

原因分析：双子肥胖的概率非常低，但是如果胖起来的话，会显得特别魁梧。一般来说，多才多艺的双子手臂比较发达，肩膀比较宽阔，一旦胖起来，上围会比较惊人，如果个子较高带一点勾背的话，就会非常难看。所以，对双子来说，减肥的过程，更多的是一个塑身的过程，是一个保持线条的过程。

小处方：

（1）多活动筋骨，可以在休息的时候稍微做几下扩胸运动。

（2）吃高纤维的食物有利于保持身材。

（3）多喝茶、嚼口香糖，不要吃零食。

为什么职场双子需要多补充维生素 B_{12}?

双子是十二星座中最敏捷的星座，有强烈的好奇心和求知欲，因此对维生素 B_{12} 的营养需求量比较大，因为维生素 B_{12} 能帮助他们更好地集中注意力，所以建议双子平时在饮食上要多吃些肝、瘦肉、鱼、牛奶、鸡蛋等。

为什么职场双子睡暖色调的床最舒服?

双子对别人的依赖比较强，很在乎温馨的感觉。所以，冷色调对双子就不那么合适了，应该多用艳丽的颜色，让卧室变得比较紧密，千万不要给双子空旷的感觉，他们非常害怕寂寞。另外，对双子来说，一部床头电话也是必不可少的。

●双子的理财情报站

为什么从职场双子那里不容易借到钱?

双子很会找别人借钱，花言巧语很快打消对方的顾虑。如果别人找他借钱，最好要给点高利息，不然除非是很特别的朋友，一般人找他是借不到钱的。因为他们会常常担忧别人借了钱万一不还怎么办。

为什么职场双子适合短期投资?

风向星座的双子头脑聪明、灵活，但是，聪明不代表适合投资，俗话说，聪明反被聪明误，双子便是如此，他们精明的头脑令他们可以短期获得投资市场里的利润，但摇摆不定和过于精明是他们的大忌，也是投资股票的大忌。双子缺少金牛的沉稳和白羊的大气，因而还是少碰股票为妙。

●双子的情感喜好

为什么职场双子不愿意与喜欢的同事发生办公室恋情？

别看双子甜言蜜语，在办公室里到处灌迷魂汤，好像和这个有点意思，和那个有点暧昧。其实，他的算盘打得叮当响，早就把办公室恋情的种种弊端考虑得清清楚楚，要和他发展办公室恋情，除非你是他工作上的垫脚石。

为什么职场双子很容易发生网恋？

双子是很容易网恋的星座，能说会道的双子很讨异性的欢心。只是他们明白网恋与现实的差异，纵然网上情人一大堆，也很少会有真正走向生活的。不过，如果对方非常主动，双子也是很乐意接受的，成功的概率也会很大。可是要双子付出真心很难，所以和双子网恋的朋友们，要小心受到伤害。

为什么职场双子是不怕做“剩女”的星女郎？

还没玩够是双子女成为剩女的理由，相夫教子的生活令双子的女性感到恐惧，一想到厨房，她们就会皱起眉头。

所以，对双子女来说，能玩就先玩着，得拖延时且拖延。何况，不同的男人总是带来不同的感觉，每个男人都是一本书，她要多读几本才肯毕业呢。

血型＋星座——解读真实职场双子

A 型双子：创意点亮你的职业潜力

●A 型双子的职场特征

A 型双子在事业上的成败关键在于对职业的选择。A 型双子往往由于性格上的随意与毅力的缺乏，以及创造力的丰富，于是他们不适合从事需要耐性的单调工作，以及没有灵活性的工作。

如果不能够好好发挥 A 型双子的优势，即没能够好好利用自己敏捷的应变能力的话，恐怕在事业上很难有太大的成就。

但是，A型双子身怀其他星座所不具备的能力，即对情报的搜集及运用的能力。因为双子的守护神被称为“传播之星”，它赋予双子卓越的有关通讯及传达的能力。在信息化飞速发展的当代，A型双子恰好能在现代信息世界中大显身手，他们可谓是天生的“媒体宠儿”。在新闻、电视、杂志等有关舆论的工作，以及律师、外交官等工作领域，A型双子的加盟都会让自己的才能得到淋漓尽致的发挥。

【职场贴士】凡是适合自己的就是最好的，选择适合自己的职业，才会发挥自己最大的潜能。

B型双子：双职业，让你和成功面对面

●B型双子的职场特征

择业如同择偶，选择正确的职业对B型双子的事业，甚至前途和命运，有着举足轻重的作用。所以，在择业时，你一定要做好长远的规划。

对B型双子来说，选择了一个适合自己职业，会越干越有劲，将来的事业发展前景也会越来越好；而选择了一个不适合自己的职业，就有可能一事无成，或者事倍功半。按照B型双子的性格，平凡的工作根本无法令他们满足，甚至可能埋没他们难得的才华。但他们有时候会因为过于追求新鲜的事物，而把一些本来很不错的工作丢掉。

另外，B型双子如果能在本业之外，再从事一些副业，则不仅副业能做得不错甚至连本业也能跟着发达起来。如果B型双子拥有多种工作，他们都能以灵巧的方式应付得宜。他们个性开朗，很容易与人打成一片，喜欢旅行，到各地去增广见闻，乐于和别人分享知识，再加上他们语言表达很强，不论是外语或是沟通能力，都足以让他们走遍世界各地，所以从事旅游业如做旅行文学作家、导游等都应该是一个不错的选择。另外，B型双子吸收能力极强，新闻记者、广播、公共关系、信息媒体人及业务推销，都比较适合。和语言有关的其他职业，也可以考虑，例如，广告方案设计、编辑、律师、播音员、甚至翻译工作都相当适合。不过千万要记住，选择更好的工作环境需要经过周密的规划，随意地地转换职业则会妨碍你成功。

B型双子不适合从事刻板，甚至需要一个面对孤独的工作，比如研究工作、司机、手工艺、公务员、银行员等等，这些保守而无趣的工作，绝对无法让他们一展才华。而且，B型双子的人也不会喜欢从事这类工作。

【职场贴士】适合自己的工作很多，但不是工作选择自己，而是自己要去选择工作。

O 型双子：与“朝九晚五”作对的职业人

●O 型双子的职场特征

O 型双子具有协调一切事务的能力，思维敏捷、反应迅速，他们不喜欢受约束，不太适合规律的朝九晚五的工作。O 型双子是天生的劳碌命，许多事情都事必躬亲。有时因压力过大，会带来工作上的重大失误。O 型双子必须以一颗放松的心态来面对工作，这才能让自己充分发挥出能力与水平。

O 型双子擅长协调各方面关系，和同事在工作上的合作会很顺利，只是他们为人较为刻薄，说话不太讲究技巧，常常会得罪同事，可是活泼开朗的个性会对此有一定的弥补。

才艺双全的 O 型双子，具备广泛的知识及敏捷的行动力，最适合富于变化的职业，对一切需要判断能力与应对能力的工作都会处理得游刃有余，随着经历的不断丰富，终有一日能取得事业上的成功。

【职场贴士】不要常立志，应该立长志，O 型双子最好在三十岁之前坚定自己的目标，一旦确立目标之后就不要轻易改变，即使遇到再大的困难也要逆风而上，这便是成功的要诀。

AB 型双子：定性，让职场成败只有一线之隔

●AB 型双子的职场特征

AB 型双子思维敏捷，脑子里总会有很多新奇的想法冒出来。由于神经而又好动的个性，AB 型双子很难沉下心认真来做一件事。往往还没等新主意付出实践，就已经将注意力转移到另外一个点上了。这导致 AB 型双子很难事业有成。

如果能够冷静下来，权衡利弊，克服心神难宁的缺点，做事情有始有终，真正专注地发挥自己的想象力与创造力，AB 型双子定能在职场中取得相应的成绩。

AB 型双子适合不受拘束的工作，能够最大限度地满足自由的工作环境，更能激发自己的潜能。只是由于他们的定性不够，总是很难稳定的长期工作。虽然 AB 型双子的能力很强，但若不能够坚持，那么以前所有的付出都将为零。因此，对于 AB 型双子来说成功离不开坚持。

【职场贴士】真正专注地去做事，成功的机会更大。

巨蟹：月光照耀下的巨蟹

巨蟹的个性职场

巨蟹职场的憨实与偏执

职场中的巨蟹（6.22～7.23），月亮落在巨蟹上，此时的巨蟹情绪常常起伏不定，忽而爽朗，忽而阴郁，非常地多愁善感。他们喜欢在温柔中沉淀憨实的脾性与偏执的特性，他们具有很好的领悟力和观察力；喜欢静静地沉思，勤于分析自己的思想和冲动，想象力异常活跃，比较怀旧；喜欢默想过去发生的事，有敏锐的直觉，有一颗敏感但是保守的心，不常直接表露真情。对外亲和谦恭，颇有公众意识，对内自我保护倾向很强烈，具有传统及情绪化的特点。偶尔，也会为自己想要得到的东西而不惜一切代价去争取。

巨蟹就业的迷津指点

●巨蟹面试指点

面试这一关对于巨蟹来说，着实是一场大考验。巨蟹生性害羞，不善于表现自己，尤其在面试的时候，加上紧张的神经反射，使巨蟹更加一副不知所措的样子，这将会给面试官留下不够积极的印象。

面试的时候，巨蟹不妨硬着头皮让自己大胆一次，把拘谨、害羞，统统都放在脑后，只要能够顺利进军职场，亮一下胆量并没有什么，很多时候人的潜能会在逼迫中被激发。巨蟹如果试着逼迫自己在面试时开怀畅谈、并保持一副积极向上的良好情绪，职场大门将为你打开。

●职场表现指点

巨蟹在工作和生活中一样，亟需一种安全感的护佑。巨蟹每每进入一个新的工作环境的时候，他们总在企盼着自己的保护神的出现，比如当他们感觉到对自己亲和、友善的上司或者同事的时候，他们在心存感激的同时，会迫切抓住这个可以给自己带来安全感的机会，与他们接近，以便成为朋友。有了朋友，他们在新环境中也就不会有空虚与被冷落的感觉了。

职场巨蟹由于做事细心、工作态度严谨，比较容易得到老板的赏识，再加上职场巨蟹把失业看得很严重，失去了工作也就意味着没有了安全感。因此在工作中，他们喜欢踏踏实实、勤勤恳恳地干，保住工作就如保护自己的蟹壳一样重要。职场巨蟹的失业指数是四颗星。

工作中，职场巨蟹很善于察言观色，这不是因为他们想要通过观察来服务于职场人际，而是希望通过观察让自己发发敏感的牢骚。可能别人不经意的一句话、一个表情都会让他们浮想联翩：是不是他对我有意见？是不是他以后不会再理我了？

因此，职场巨蟹，虽然你对工作也算是恪尽职守，可是整天胡思乱想毕竟会影响到工作的效率以及质量。不妨把精力专注于工作，不要指望身边的每一个人时刻都对你微笑。只要自己做到问心无愧，何必太在乎外人的眼光。不要忘记，老板真正看重的是你的工作业绩而非无聊的察言观色。

巨蟹老板的领导风格

●巨蟹领导风格：追求认同

巨蟹老板同样是一个追求安全感的人，习惯追寻下属对于自己决断的认同感。尽管巨蟹老板表面为人亲和，但是内心却拥有着矛盾、敏感的纠结。对他们来说，能够得到支持、理解与尊重，是最值得欣慰的事情。因此，巨蟹老板很欣赏那些亲近自己的下属。

巨蟹老板，天生具有博爱的胸怀，对于下属的关怀也是体贴入微，他们经常与下属进行情感沟通，对于有难处的下属，一般会尽心帮助解决。在巨蟹老板手下做事情，常常会被他们那温情化的管理而感动，进而将感动转化为工作的动力。

不要因为巨蟹老板的和蔼，就放松了警惕。巨蟹老板对于每一个员工的努力程度、工作状态乃至工作目标差不多都能够做到心中有数。他们最看重的是那些除了认同自己之外，还能够埋头苦干的下属。对于这样的下属，他们会公正地给予相应的关怀与奖励。

另外，巨蟹老板凭借其强大的情商以及敏锐的观察力，绝对有实力看穿那些态度、行为不轨的下属。因此，作为下属踏踏实实工作才是硬道理，整天想着怎么偷懒、钻空子，势必有一天会现出原形。

与巨蟹同事的和谐相处

整个巨蟹家族属于温和系列，巨蟹同事也包括其中。与巨蟹同事一起工作或者成为朋友，简直就是一种精神的享受，当然，前提是不去计较他们敏感的神经。

巨蟹同事生性比较内敛、羞涩，喜欢在办公室里营造家的气氛，渴望得到其他同事的关心与叮嘱，同时也会对其投桃报李。如此良性循环，巨蟹与同事之间基本保有恒定的情谊。但是如果巨蟹所在的是一种凝滞、没有人气的工作环境，那么巨蟹会不假思索地选择辞职。

巨蟹在职场中做事的时候，最不喜欢受到别人的压制与催促，他们喜欢自由，讨厌那种不是承受工作压力而是承受时间压力的工作。因此，如果安排他们开展很具时效性的工作，不仅给巨蟹带来令其抓狂的无奈，也会让上司在反反复复的催促中承受巨蟹的不良情绪映射。不过不用担心，尽管巨蟹偶尔会因为闹情绪而影响工作，但是巨蟹从骨子里对工作很负责，所以最终会以不错的质量完成工作任务。

如果有机会与巨蟹合作，最好在合作过程中提前将任务分配好，约定最终完成时间，期间除了沟通任务进程之外，最好不要反复敦促，尤其是不要用比较强势的态度，那会让巨蟹感到愤怒而分散工作精力。

如何装扮最有气质的职场巨蟹

在巨蟹眼里，时尚是一种复古，即对过去的依恋。他们最在意衣服的质料以及花色，因为那最能体现自己想要的怀旧风格。

巨蟹对时尚的直觉非常敏锐，对衣服的颜色、质料、款式等时尚元素能够把握得很好。他们的时尚装扮往往是按照自己的心意自主搭配，给自己带来时尚随意风的同时，也会给周围人带来开怀一笑的乐趣。

适合巨蟹女风格的经典款式为，上衣舒适贴身、腰部紧束、下身裙子如花朵般蓬松开来的古典风格。如果能偶尔淘到古式的经典大衣，她们也会一个劲儿地高兴好几天。

巨蟹男则喜欢隐藏自己，因此不受人关注的衣服对他们来说是最合适的，保持衣服的干净与整洁会让他们精神很多。另外，银白色调的服饰会给巨蟹男带来好运气。

这就是职场巨蟹的最佳气质装扮：经典衣韵衬托出雅致、柔性的古典美。

巨蟹小资，习惯自我陶醉

用一句话形容巨蟹，那就是“生活在自己的小世界里”。巨蟹为人处世比较低调，有心事的时候常常自己消化而不会轻易对别人倾诉。所以，巨蟹能耐得住寂寞，比较享受一个人的生活。

坐在咖啡厅或者茶楼，看着窗外的景色，遥望天际的星云或许是对巨蟹小资生活的最好诠释。但是也不要忘了，巨蟹的情感非常细腻，他们的情感世界容不得一点瑕疵。

职场巨蟹最想知道的“十万个为什么”

●巨蟹职场的行为指南

为什么首饰会助力于巨蟹的面试？

巨蟹从容的神态，祥和的面貌，平稳的步伐，给面试官的感觉非常好，建议戴点首饰，给自己加一点灵动之气，那样会更妙。但不要选择金属感很重的首饰，最好带玉制品或者珍珠玛瑙之类的。

为什么职场巨蟹的“爱家特长”能让自己加薪？

巨蟹很容易把公司当成一个大家庭，对公司的每一个人都很和善，是老板比较放心的员工，但放心就意味着给你额外加薪的可能性很小。这样的话，巨蟹可以多发挥爱家的特长，如果能和老板的家属多多接触，一定会得到老板的欢心，加薪也就是迟早的事。

为什么职场巨蟹要跳槽？

职场巨蟹是不喜欢频繁跳槽的类型，因为他们向来是把公司当成自己的依托，由此长时间“寄居”在公司就会形成一定的归属感与安全感。

如果巨蟹选择辞职，一定是公司里有人得罪了他，不然巨蟹不会轻易跳槽。

为什么巨蟹同事很阴险？

巨蟹和天蝎有点相似，但是巨蟹的程度比天蝎要轻，可以看做小一型人的天蝎。他们也很沉得住气，等到时机后就会反攻，虽然手段没有天蝎那么毒辣，但是他们更加不依不饶，没完没了。

巨蟹的攻击性来源于自我保护，他们观察力很敏锐，有一点风吹草动就会警惕起来，然后寻找对策。他们感情细腻，很乐意为别人奉献，但是一旦付出得不到回报，也就会产生报复。所以，巨蟹的同事最好不要得罪。

为什么轻松式谈话能够应对巨蟹客户？

巨蟹外表总是冷冰冰的，如果你也用很正式、很商业化的方式来和他会谈，很难谈得拢。巨蟹其实内心很温和，也很讲道理，如果用轻松点的方式来接待巨蟹，例如，从家庭方面来入手，打动巨蟹的难度就会降低。

为什么职场巨蟹会招同事骂？

巨蟹在和人交往的时候，很容易心不在焉，甚至有点魂不守舍，给别人留下的印象很不好。造成不愿意理睬别人的错觉，这对巨蟹来说比较冤。

为什么职场巨蟹最好不要与摩羯同事成为好朋友？

起初巨蟹的关怀能让摩羯非常感动，摩羯的冷静也很容易成为巨蟹依赖的对象。但是巨蟹对朋友无微不至的关怀会给摩羯造成很大的心理负担，不愿意欠别人太多的摩羯就会主动退避，巨蟹受到伤害就会把这段感情冷淡下来。

为什么职场巨蟹很值得结交？

结交哪些星座的朋友为好？其实这个问题很难说，既要考虑到实际情况，也要考虑同一个星座也有很大的差异性，更要考虑相互之间的契合度。综合来看，工作中与巨蟹结为好朋友是不错的享受。

如果你渴望得到朋友的关心、照顾，巨蟹一定不会让你失望。他们非常具有母性，很懂得照顾别人，本性善良，富有同情心，温柔体贴，很多你自己没考虑到的问题，他们都会为你安排好。有巨蟹做朋友，是一件很有福气的事。巨蟹就是那个让你感觉很温馨，有家的感觉的那个人。

为什么巨蟹适合开家居网店？

巨蟹，天生具有母性、生性恋家，对于家居布置很是讲究，不知不觉也就成为了家居知识的“研究者”。

于是，关于床上等家居用品，例如，蚕丝被、安神枕等，巨蟹都会很具体地告诉买家这些东西的好处，以及指导买家如何用家居搭配出一个温馨的家。

为什么职场巨蟹控制不住自己的坏脾气？

如果说十二星座对应七宗罪的话，那么巨蟹对应的就是愤怒。巨蟹的人，不论男女，情绪都很不稳定，一会儿哭，一会儿笑。

巨蟹的男人疑心都比较重，对谁都不放心，一旦发起脾气来，千万不要和他们对着干，否则就会遭到他疯狂的攻击。而巨蟹的女人比较爱唠叨，虽然她们心底比较善良，但是嘴上很厉害，所以不要和巨蟹的女人争口舌上的上风。

为什么职场巨蟹总是很忧郁？

与摩羯的忧郁不同，巨蟹的忧郁大多来自爱情或家庭。折磨自己，可以说是巨蟹忧郁的写照。

他们的忧郁一大半是自己瞎想出来的，一点点小事，就会放在心里反复琢磨，直到琢磨出严重的后果。即使暂时摆脱了忧郁，过不了几天，哪怕有一点点起因，他们又会把很久以前的那件小事重新拿出来琢磨，再次琢磨出让自己痛心的结果后，再次重度忧郁。

其实没有什么大不了，不要忘记心情是自己给的，生活的味道也是自己说了算的，不要给本来甜甜的生活硬是加入苦味。想要甩掉忧郁，可以选择让自己全身心投入忙碌的工作中去。

●巨蟹的健康秘籍

为什么职场巨蟹的瘦身计划是全身减肥？

职场巨蟹减肥迫切性：★★★★★

关键部位：全身

原因分析：巨蟹简直就是肥胖制造机。巨蟹的体质是天生粗壮的那种，骨架比较大，又有肉，所以会显得很富态，甚至连眼睑也总是微微水肿，加上他们很有爱心，也容易得到别人的回报，会有人时常送来好吃的，这也导致心情总比较愉快，正所谓心宽体胖。何况巨蟹往往厨艺还相当不错，胃口比较好。另外，巨蟹的人有点懒惰，这就更是雪上加霜了。总的来说，巨蟹具备了一切肥胖的要素，不仅自己胖，还会影响周围的人发胖呢！

小处方：

（1）高强度的锻炼对巨蟹最为重要，把肌肉练出来就会有很大改观。

（2）勤快一点，让自己忙起来。

（3）少下厨，吃简单一点。

为什么职场巨蟹需要多补充维生素 B_2？

巨蟹是十二星座中最有母性的星座，也是个非常爱吃的星座，因此要时刻注意保护自己的胃，防止饮食过量。

既然爱吃，那就需要多吸收些维生素 B_2 来帮助脂肪燃烧，促进身体的新陈代谢。富含维生素 B_2 的食物有谷物、蔬菜、牛乳和鱼等。

为什么职场巨蟹睡什么样的床都舒服？

巨蟹的人母性很强，很在意家的感觉，也比较恋床。但是他们可没有失眠的毛病，所以对床的要求比较低，适应性很强，差不多都行，只要不把卧室布置得和宾馆一样就行了。

●巨蟹的理财情报站

为什么职场巨蟹爱向同事哭穷？

巨蟹的钱总是不够用，家里的老人、小孩，还有另一半，巨蟹恨不得在每人身上都砸下一大笔钱，才能表达自己的爱心。即使已经存下来一大笔钱，他们还是会坚定不移地认为自己是穷人，未来不可预知的事情太多了，巨蟹只有通过哭穷的方式才能缓解自己对这种不可预知的恐惧。

为什么向巨蟹同事借钱不易？

虽然巨蟹把钱看得不是那么重，但也不会轻易把钱借给别人。他们要看的是关系亲不亲密，如果是超好朋友，即使没偿还能力，他们也会毫不犹豫地借钱给他。而关系一般的话，你就是给他再高的利息也向他借不到钱。

为什么职场巨蟹只愿意存钱不愿意投资？

巨蟹，土象星座，敏感度为百分之百，因为过分的敏感，巨蟹缺乏安全感。无法信任旁人的巨蟹自然也不会信任市场，他们宁愿把钱放入银行吃利息，也不肯轻易尝试投资，这样高风险的活动，是巨蟹们避而远之的。

●巨蟹的情感喜好

为什么职场巨蟹排斥网恋却还要尝试？

巨蟹对网恋有一点排斥心理，因为网络的不真实性让他们总是缺乏安全感。但是，喜欢窝在家里上网的巨蟹不知不觉谈起了网恋也没有什么好奇怪的。毕竟常常在河边走，就不能够保证鞋子半点都不会湿的。

为什么职场巨蟹男是女人眼里的香饽饽？

巨蟹男凭借其顾家的特性，成为女人眼睛里最香甜的饽饽。

在以前的年代，顾家会是没有出息的代名词，但是现在顾家好男人，却是女人眼里的最佳人选。也许是生活条件优厚了，也许是女性越来越独立了，没人说得清。

不过，话说回来，巨蟹的男士温柔、慈祥，确实给了女人更多的发挥空间，给了女性更多的自主权。在这个强调个性的年代，女士们纷纷选择顾家的男人，也是为了更多的自由。

为什么唠叨会让巨蟹动情?

想要争取到巨蟹的好感并不是什么难事。如果能烧一手好菜，先征服巨蟹的胃就好了，实在厨艺不精的话，也没关系，赞美他的厨艺也能起到同种效果。巨蟹比较耐烦，可以对他们多唠叨几句，他们不仅不会嫌你啰唆，还会非常感动呢。

血型 + 星座——解读真实职场巨蟹

A 型巨蟹：坚忍是职场的生存药方

●A 型巨蟹的职场特征

A 型巨蟹的职场命运与自己的性格特征息息相关。螃蟹习惯随遇而安的惬意，A 型巨蟹就如这只螃蟹一样，喜欢待在一个舒适、安全的环境里。所以，最适合 A 型巨蟹的工作是有关建筑或室内设计的工作。A 型巨蟹最大的性格特色就是拥有母性，看重家庭，懂得付出。A 型巨蟹也非常适合从事与感情关怀有关的工作，比如：护士、保姆、小儿科医生等。当然，对讲究饮食的 A 型巨蟹来说，从事一些厨师、烹饪师等的工作也很不错。

职场上，A 型巨蟹座给人以善于与领导沟通，乐于与团体合作的印象，再加上端正的工作态度让他们很容易得到公司同事的认可。他们有时候容易把工作的事情与私人情绪混合在一起，这会严重影响工作的进展。A 型巨蟹天生具有很强的忍耐力，做事贯彻始终。坚忍，增加了 A 型巨蟹成就职场的潜质。

【职场贴士】切忌做事感情用事、拖泥带水以及太过主观，这样才能让坚忍发挥它的优势。

B型巨蟹：不适合当老板的职业人

●B型巨蟹的职场特征

据对B型巨蟹能力的分析，与其挖空心思成为某个事业的开拓者，不如走在他人已开发好的道路上踏踏实实的谋生存。B型巨蟹比较擅长扮演辅佐的角色，具有卓越的实务经验，不适合自己创业当老板，从事大众化的职业是成功的关键。

B型巨蟹男性观念相当保守，想要改变自己原有的生活方式，有些不太可能。他们对职业、社会和国家永远忠心耿耿、矢志不渝，是企业里难得的榜样员工，他们的事业运势不错。

B型巨蟹女性的事业运势就没那么好，往往是家庭运势站在事业运势的前面。如果B型巨蟹非得把工作排在第一位，反而会破坏后者的运势。所以，顺其自然，不要刻意寻求事业的运势，家庭如果幸福美满的话，也算是对失意事业的一种弥补。

【职场贴士】失之东隅，收之桑榆，这是对B型巨蟹女性事业运势的最好概括。

O型巨蟹：潜在的一把手的左膀右臂

●O型巨蟹的职场特征

O型巨蟹具有很强的适应能力和学习能力，在任何工作岗位都能得到同事的认同和领导的赞赏，很有被提为领导的左膀右臂的潜质。O型巨蟹天生性格温和并且乐于助人，能赢得大家的信赖。但因为他们有极强的好奇心，说话不讲究方式，所以在隐私方面可能会伤害到别人。

O型巨蟹擅长人际交往，但会因为在人际上的纰漏给自己带来很大的麻烦。他们有时看人的能力不够强，喜欢凭借第一印象来判断人，如果能克服这方面的缺点，O型巨蟹将在职场中洞察出人际交往的规律，使自己在职场中更加得心应手。

【职场贴士】性格是把双刃剑，学会平衡。

AB型巨蟹：辛苦过度，反而让职位重新洗牌

●AB型巨蟹的职场特征

AB型巨蟹工作十分努力，再多的工作也要求尽善尽美地完成，这容易使

自己陷入过度劳累的怪圈。工作时的精神不振、心神不宁、脾气暴躁，和合作的同事与客户产生的争执，导致工作无法按照较高的要求完成，进而加班加点，使自己身心更加疲惫。

AB 型巨蟹在身心俱疲的时候，不妨休个小假，在家彻底地轻松一下，享受家庭生活给自己带来的愉快心情。这样，不但在工作上会事半功倍，也会赢得同事和领导的喜欢。

AB 型巨蟹是一个现实主义者，他们总是一切以现实为主，绝对不会不切实际，也不会做虚幻而脱离实际的美梦。他们在求职路上总是遭遇到挫折，因为他们择业考量的重点是家庭，爱家的他们通常不大愿意从事离家太远，或是长期在外的工作。但耐心与细心兼备的 AB 型巨蟹，可以选择从事服务业或是经营自家小店，这些能够使他们更快实现自己的职业规划。

【职场贴士】当求职事业遇到挫折时，一定不要灰心，要相信自己的能力，无论做什么都一定会闯出自己的天地来。

狮子：果敢放射王者光环

狮子的个性职场

狮子职场的王者风范

职场狮子（7.24～8.23），精力旺盛，个性就像狮子一样，充满仲夏般的热情，自由独立，是典型的行动派。他们个性冲动，热情，诚实而忠心，理想很高，庄严又伟大，有幽默感，天性乐观，会吸引很多人，对人很有礼貌而体贴。职场狮子还比较任性，冲动而且做事夸张，也有自私、自大、喜怒无常、虚荣、浪费等缺点，容易被自己的情绪左右。其实他们喜欢以自己的魅力和才能开创出一片天地，很热衷于权力地位。狮子在处事时厌恶卑劣的小人行径，总是采用光明磊落全力以赴的做法。他们有演戏的才华，对自己充满自信，甚至近乎自恋。

狮子的人性情高傲，充满贵族气质，心地纯洁高尚，厌恶卑鄙的勾当。本性富于冒险精神，能够面对任何追求理想时所遭遇的危险。但非常自负，以为自己本身的一切都是世界上最优秀的。

狮子就业的迷津指点

●狮子面试指点

优势在一定的条件下，可能会转化成最大的劣势，比如狮子的自信与抱负。凭借狮子对自己的充分认可，对面试官的提问总能够胸有成竹的对答如流。但是当面试官问道：“你都能够做些什么？”狮子底气十足地说：“我什么都能做！”面试官又问：“那你认为你最大的缺点是什么？”狮子来一句：“至今没有发现什么太大的缺点。”面试的结果可想而知，公司不需要一个什么都不需要学习的人。

因此，建议狮子在面试的时候，在拥有充分的积极、自信的前提下，切不可让自信过分膨胀为自负。当被面试官表扬的时候，切记不要得意过早；当被面试官提意见的时候，应该用谦虚的姿态接纳。适当的谦虚、谨慎，是狮子面试过关的砝码。

●职场表现指点

狮子受到“太阳神”的庇护，天生一副心高气傲、无所不能的自信。当他们刚到一个新工作环境的时候，对于打杂等的基础工作，总是抱怨声迭起，他们认为自己的能力足够强大，怎么能够做这些没有任何技术含量的小事情呢。

狮子新人应该抛弃好高骛远的心态，凡事从小事做起，即使不愿意做的事情，也要积极做出好成绩，用一颗谦逊的心去适应工作环境。当把根基打牢了，加上天生的领导力、影响力与号召力，想不晋升都难。

工作中，狮子往往更具有上进心，尤其是当他们在从事自己喜欢的工作的时候，因此工作成绩一般都很出色。他们常常带有暴躁的脾气，忍受不了的事情就会让他们在一气之下自动离职。狮子的失业指数是六颗星，但失业之后很快就能够找到新的工作，因为有工作能力的证明。

狮子老板的领导风格

●狮子领导风格：唯我独尊

狮子老板在十二星座中是最集霸道、专制于一身的领导。

狮子老板喜欢支配下属，对于吩咐给下属要办的事情，希望下属能以最好、最快的速度完成。狮子领导打心底里就认准："我说了算，我的话就是权威。"对于他们的命令，最好少提反对意见，并且时常夸赞一下老板英明的决策，会让狮子老板窃喜不已。

虽然狮子老板好大喜功，但是他们对于虚心求教的下属，总会耐心给予指导。对于有能力、有眼光、有奉献的下属，总会给予慷慨的薪酬回报。狮子老板自信、热情、慷慨的人格魅力，让下属尊重他们的权威的同时，能够更加卖力地工作。但是，狮子老板很难容忍失败的打击，失败会严重刺痛他们的自尊心与自信心。

不过，由于狮子老板喜欢听好话，应提防会被有心计的下属操纵。

与狮子同事的和谐相处

虽然狮子同事有自己的小个性与小脾气，但他们是最不愁交际的一类人。狮子同事个性爽朗，在光鲜亮丽的修饰下，喜欢与同事开玩笑、活跃办公室气氛。即使是刚入公司不久的新人，也能很快与大家打成一片。他们不愁说话、不愁没热闹、不愁没朋友，他们无时无刻不在给自己寻找说话的机会、热闹的余地、交友的圈子。

别看狮子同事爱闹腾，他们的工作表现却还是一流的。他们追求工作的"没有最好，只有更好"，于是他们宁肯没日没夜的加班、劳碌。他们的工作热情会让每一位身边的人为之感叹。

与狮子同事相处，你绝对不会觉得闷，也不会觉得拧巴。在狮子同事的身上你每时每刻都能够发掘出新的乐趣，同时他们对待朋友从来不会斤斤计较。朋友中，无论是谁有难，他们一般都会慷慨解囊。

另外，与狮子同事在一起，你完全可以放心的说话、做事，因为狮子同事从来都是痛恨背后说坏话、耍计谋的小人行径。尽管他们有时候说话太不懂得绕弯子，但是他们做事情绝对光明正大。

如何装扮最有气质的职场狮子

狮子天生具备爱出风头的性格，他们喜欢吸引别人的注意，穿着打扮也不例外。时尚给了他们一个很好的展示自己的机会，他们也给时尚一个很炫的张扬。

狮子比较看重衣服的品牌，对他们来说，夸张而绚丽的华服能够在吸引他人目光的同时，更能够满足他们的自尊与虚荣。他们喜欢尝试各种衣服，并乐意到处炫耀自己的时尚。

因此，想要让别人忽视，都不太可能，因为在时尚流行的世界里，狮子永远都不会忘记让自己最抢眼。在狮子的眼睛里，最气质源于最闪耀。

狮子小资，热衷逛街与美食

狮子有着天生的领导气场，会使自己不知不觉便成为人群中的焦点人物。走在大街上的一排人中边走路边夸张地叙述，或者张牙舞爪地比划动作的多数都是狮子。

狮子虽然天生具有一种霸气，但是他们内心世界十分丰富，经常会为电影里的某些情节所打动。外表坚强的狮子有着内心最脆弱的一面，他们非常依恋朋友与亲人，重视人与人之间的情谊。

但是无论如何，大大咧咧还是狮子的总体特征。他们似乎永远不知疲倦，永远喜欢追求时尚前沿，并喜欢玩起“隐约性感”的服饰。所以，和朋友逛街、去品尝各种新开的小店美食是狮子不得不有的小资情调。

职场狮子最想知道的“十万个为什么”

●狮子职场的行为指南

为什么谦虚是狮子面试成功的必备？

初次见面，狮子还是比较收敛的，也会弄出比较谦虚的样子。但要注意不要露出马脚，打扮上注意不要把头发弄得太蓬松，尤其是女士不要卷发，也不要把毛发染成醒目的颜色，还是乌黑笔直的头发比较好。

为什么职场狮子“功不高”才有望加薪？

狮子需要注意的问题是：不要功高震主。要收敛你的荣誉感，不要把什么功劳都往自己身上揽，那样做的结果就会适得其反，很可能被扫地出门。记得你的英明神武都是老板领导有方，是老板的洪福齐天，遵循这个规则，有领导力的狮子离加薪的日子就不远了。

为什么职场狮子要跳槽？

寻求更好的发展机会。如果狮子发现在公司很难得到提升的机会，那么他们就会萌生去意。

为什么职场狮子不愿迎合他人？

相对于水瓶对自己的才华的自信，狮子更多的是对自己性格的自信。好发号施令的狮子容不得别人来干涉自己的行动，他们勇于反抗，行动最激烈。

不过也有例外的时候，因为狮子有爱慕虚荣、追求名利的一面，所以有的狮子的人会把迎合当成一种手段，其实，心里是很不服气的，一旦自己的目的达到，狮子就会恢复自己的本性。

为什么职场狮子很有拼搏精神？

狮子表面上看起来没有白羊那么疯狂，但相比于白羊，狮子一般有远大的抱负，是属于为理想而奋斗的一类人。当然，他们的表现欲望很强烈，不会错过任何展示自己才华的机会。狮子最大的问题是遇到挫折就很容易放弃，所以对于狮子的人要多鼓励。

为什么“务实”是拿下狮子客户的关键？

狮子很乐意接受吹捧，但是往往收效甚微，有点软硬不吃。对狮子客户要从具体的事情，以务实的态度入手。当然，适当、得体的赞美必不可少，更不能伤狮子的面子，那样必定会把事情搞砸。

为什么口才并非说服狮子的沟通要诀？

狮子很固执，要想打动狮子，仅用嘴恐怕是不行的，要多拿出点实在的东西来，至少要多站在他们的立场上为他们考虑。

为什么狮子老板给人的压力很大？

狮子老板给职员的压力仅次于天蝎，狮子发起火来，有点不分青红皂白，就和他们的狮子吼绝技一样，很容易殃及无辜，所以看势头不对，还是躲着点好。如果你还看不惯他们那颐指气使、高高在上的姿态，还是赶快跳槽吧。

为什么职场狮子需要适当缓解工作压力？

狮子是最好面子的星座，要他们认输简直不可能。他们会把征服压力当成显示自己能力的一种方式。说到底，不服气就是狮子面对压力时的心态。要知道，在别人面前抬不起头是狮子最不能接受的事情。

因此，狮子需要做的是放低心态，在职场中逞强好胜固然具有很大的进取动力，但是如果为了面子，让自己的身心俱疲，实质上是得不偿失。

为什么职场狮子最好不要与水瓶同事成为朋友？

狮子的领导力是水瓶很仰慕的，而水瓶的才华是狮子想占有的，两人自然会一拍即合。但时间一长，高傲的双方就都会为对方所伤害，造成关系疏远。

为什么职场狮子很怕没朋友？

狮子希望成为众人关注的焦点，需要有人来倾听他的吹嘘，如果能时不时得到一两声赞叹那就更好了。

总之，他们喜欢自己表现给别人看，特别需要别人的关注，很怕没有朋友。不过，他们需要的朋友，不一定要有多么深厚的友谊，只要是和他认识的人就行。

为什么狮子适合开首饰网店？

珠宝首饰，狮子本就很关注这些东西，对奢侈品行业了解得非常透彻。所以，他们既有进货渠道，又能找到这些东西的卖点。

为什么职场狮子会是时尚风向标？

喜欢炫耀自己，爱慕虚荣的狮子当然不会落在时尚的后边。对于他们来说，时尚是一种实现自己优越感的重要手段，再加上他们热情和咄咄逼人的气势，想不成为别人关注的焦点都很难。

支配欲强的狮子很容易变成购物狂，如果经济条件许可的话，狮子的人就会把自己喜欢的东西买回家，他们除了会买很多漂亮的衣服，任何新潮的玩意儿都不会放过。另外，狮子需要注意的是，衣物的颜色不要过度艳丽。

为什么职场狮子是十二星座里的自恋狂？

与双子的自恋不同，狮子的自恋则更多地表现在工作和事业中孤芳自赏、高高在上、好发号施令等形式上。狮子的自恋是建立在自信的基础上的，虽然有时候这种自信很盲目。

狮子的自恋有时候给自己很强的进取心，有时候又会引起周围人的反感。要知道，狮子的自恋会使他排斥别人的意见，而如果别人都对他言听计从的话，他又会瞧不起别人，越发自恋。

为什么职场狮子控制不住自己的坏脾气？

俗话说气大伤身，不利健康，但是职场狮子依旧常常控制不住自己的脾气。

和狮子的名称一样，狮子发起火来就是“狮子吼”，可见其惊人程度。火爆脾气的狮子最不能容忍工作上的失误，如果有人在工作上麻痹大意，支配欲强的狮子就会对这种失去控制的局面极为不满。另一个令狮子发火的事情就是让他丢面子，如果不给足他面子，他就会发作起来。

狮子发火的时候，其他人最好保持沉默，不论是辩解还是认错，都会引来他的新一轮轰炸。不听劝解，是狮子脾气里的另一个重要特质。

为什么职场中狮子容易出口伤人？

“良言一句三冬暖，恶语一句六月寒。”但狮子总会无意间说出令人心寒的话。

高高在上的狮子姿态已经很讨厌了，但是他们依旧对人呼来唤去，或者对人大声斥责，青筋暴起，气焰嚣张，根本不管会对别人造成什么样的伤害。出口伤人，对他们来说，并不是什么可以放在心上的大事，但是，长此以往下去，小心自己的威望指数会大幅降低，没有人再愿意听你的指令了。

因而，如果狮子在职场中能够稍微懂得谦逊一点、包容一点，那么影响力将会有增无减。

●狮子的健康秘籍

为什么职场狮子的瘦身计划重在减腹？

职场狮子减肥迫切性：★★☆

关键部位：腹部

原因分析：天生注重外表、身材高挑的狮子肥胖的概率并不高，即使肥胖，也不会十分严重。不过，养尊处优的生活倒是容易给腹部带来赘肉。如果狮子的你确实胖了，千万不要听信别人的话，如果别人恭维你的身材的话，不过是在敷衍你罢了。要知道，你平时的所作所为不会让人乐意对你来个当头棒喝“哎呀，你胖了，要减肥了”这种话，即使你最好的朋友恐怕也不会轻易对你讲出来。

小处方：

（1）这是一绝招：告诉你周围的人你要减肥，特别要让那个讨厌你的人知道。

（2）找到那张你最满意的照片，放在经常可以看到的地方。

为什么职场狮子需要多补充维生素A？

狮子模拟于人体的眼睛，因此，狮子的人应多膳食维生素A，有助眼内感光色素的形成。富含维生素A的食物包括动物肝、胡萝卜、奶油和鸡蛋等。

为什么职场狮子睡大床最舒服？

狮子工作一天下来，如果能够在家好好睡一觉，对狮子来说是个不小的满足。狮子对床的要求也比较简单：大床即可。

豪华、气派的大床一定可以让狮子睡个好觉，如果卧室里能摆上一些名贵的奢侈品那就更好了，满足了虚荣心的狮子一定会睡得十分香甜。

●狮子的理财情报站

为什么职场狮子是十二星座里的“月光族”？

狮子讲面子、讲排场，容易做些超出能力范围的事。一个月5000元的薪水，他却要拿出5万元的排场，自然是入不敷出。到月末那几天，狮子一定是囊中羞涩，连说话的声音都小了不少。

说到这里，大家可能已经发现了，怎么说的都是火相星座啊。没错，火相星座的人花钱大手大脚，而土相星座的人就是另一个极端，金牛、处女、摩羯成为“月光族”的可能性几乎为零。

为什么借了狮子的钱必须还？

狮子的钱比较好借，基本上只要不是让他太为难，他都会想尽办法满足你。不过，借钱不还是不行的，他会追着你要，而且会大发脾气，从此不会再愿意借钱给你。

为什么职场狮子适合投资人脉？

狮子的性子急，是十二星座里焦躁的星座之一，固执的狮子不适合研究股票，更何况他们认为钱财乃身外之物，不必费心。所以狮子座的人宁愿去投资政坛上的人脉关系也不想将时间浪费在投资市场中。

● 狮子的情感喜好

为什么职场狮子绝不谈办公室恋情？

就地取材固然方便，但是给人很节俭的感觉。找一个办公室恋人，会不会给别人无能的感觉呢，是不是生活圈子太小了，小得只有在熟人里下手呢？这可太没有面子了。狮子可不干这样的事，要找还是找一个外面的，特别是和自己的行业差很远的，那样同事聚会的时候带出来才有面子，至少也多出很多话题。

为什么职场狮子不容易受网恋诱惑？

狮子不容易网恋，甚至根本不喜欢上网，即使和人交往，也是心不在焉的样子，有时候话说到一半就跑得无影无踪了。

为什么职场狮子女不怕当剩女？

狮子女性，总是渴望成为感情和家庭生活的主宰，但是，理想和现实总是有那么大的差距，女性要在现实生活中占据主动，谈何容易？久而久之，这事就拖下来了。

骄傲的狮子可不那么在乎，有大把的男人等着我去挑呢，这是狮子女性常说的话，至于几分真几分假就只有她们自己知道了。

血型+星座——解读真实职场狮子

A型狮子：谦逊的指令才中肯

●A型狮子的职场特征

A型狮子喜欢组织并领导别人，希望看到手下有一大批人在听自己指挥。但是，生性固执的A型狮子，不太乐意与别人进行沟通协调，这会严重影响自己的决策力。

A型狮子拥有自信的傲骨，喜欢用表演来将它淋漓尽致地表现出来，A型狮子倘若从事演员、歌手、模特儿等工作的话，会有所建树。此外，A型狮子天生爱好热闹华丽、对美有独到的欣赏与挑剔，如果从事珠宝、皮革等高级品事业也有不错的运气。A型狮子敏锐冷静的头脑和充沛的精力、体力，深有成为一名成功的企业家、政治家或商人的潜质。

所谓金无足赤，人无完人，A型狮子太过独断专行，不愿意接受别人的指导与建议，势必影响自己的事业。所以，要想事业名誉双丰收的话，就要在自己的性格中多发挥一下A型的气质。

【职场贴士】不要太过孤高自傲，尝试着虚心接受别人的指导与建议。

B型狮子：创业是就业的“先声”版

●B型狮子的职场特征

B型狮子的职业运不错，虽然他们工作经常变换，但是成功的希望还是非常大。B 型狮子讨厌被他人牵着鼻子走，喜欢坚持自己的主张。他们把工作看得比生活、婚姻重要。越是困难，越能激发他们奋斗的欲望。B 型狮子很好强，绝不在他人面前表现出懦弱。

依据 B 型狮子的个性，他们不可能心甘情愿地当一辈子领薪阶级的小职员。他们独立而卓越的能力，大胆冒险的性情，加上极强的策划组织能力，使 B 型狮子很有条件经营一家属于自己的公司，创业将比就业更能给他们带来好的提升。除了创业外，那些能充分发挥才能、氛围相当自由的工作也很适合他们。此外，B 型狮子应该避免从事单调、重复、乏味的工作，因为那可能会磨灭自己的朝气，使自己意志消沉，根本无法激发自己的职业潜能。

【职场贴士】职场命运在于开拓，请在这方面果敢一些。

O 型狮子：职场出位的幸运宠儿

●O 型狮子的职场特征

O 型狮子天生具有贵族气质和纵横天下的霸气，无论在什么场合，他们都散发出耀眼的光芒，职场更是他们表现自己的绝佳舞台。他们会不自觉地显现出领导气质，并且让大家服从自己的指挥。

O 型狮子拥有很强烈的责任心，属于加班狂的类型，只有在努力地工作才能让他们有归属感。O 型狮子拥有很强的组织能力和耐力，是天生的管理者。他们对待同事像家人一样，对待上级像兄弟一样。但他们有的时候过于独断专行，会忽略他人的意见，这常常让 O 型狮子成为众矢之的。要记住多听取他人的意见，也是一种领导艺术。

当 O 型狮子还没走上领导岗位时，因为他们不服输的个性，常常和领导起冲突，变成同事不喜欢、领导不待见的人。虽然他们很有实力，但心性不安定，容易受诱惑。最好不要从事副业，这样会分散自己的注意力，应将注意力投入一份固定的职业，才能在职场更加一帆风顺。

【职场贴士】多听取他人的意见，在领导岗位上会坐得更稳。

AB 型狮子：人脉是职场成功的催产素

●AB 型狮子的职场特征

AB 型狮子严于律己亦严于律人，聪明又有创造性。喜欢和志同道合的伙伴一起工作，容易赢得大家的信任，成为团队中的领导者，这是一个能成就大事业的干才。

AB 型狮子的主要特点是思想开放，会竭尽所能地战胜困难，去开创崭新的局面。对工作分外卖命，只为证明自己是最好的，拥有组织能力，在职场常成为一个很好的管理者。危急时会展现出过人的勇气，面对同事讲义气，处处透露着王者风范。AB 型狮子通常有远大的志向、坚韧不拔的毅力，谋略过人，为人坦坦荡荡，宽宏大量，富有激情。过分地相信自己的力量和优势，有以自我为中心的倾向。

AB 型狮子易受奉承者煽动从而成为他人所利用的工具。通常情况下 AB 型狮子都能轰轰烈烈地在众人的推崇和支持下完成自己的事业。

AB 型狮子能在职场中获得很高的地位，这常常让他们处世高调，经常赢得领导的夸奖，但也会招致小人的暗算。建议对身边的朋友、同事谦虚低调，避开小人，多交上真正的朋友，人脉的打通会极大促进自己事业的成功。

【职场贴士】眼里只有自己的人，别人眼里也没有他。

处女：坚守最给力的完美

处女的个性职场

处女职场的完美主义

职场处女（8.24～9.23），时时处处追求完美，是有名的工作狂人。他们对事业有着明确的定位，牺牲什么也不能够牺牲事业。

性格上，处女喜爱干净整洁，天性喜欢纯洁，有多愁善感，忧郁的倾向。性格特点是富于灵感及活泼的直觉，能了解别人的个性和动机，给人的感觉比较谦虚，不喜欢和他人竞争，表面好似消极，其实他们的作风十分坚定且脚踏实地。

处女很讨厌不合理的事，神经也非常敏感，有吹毛求疵的倾向，但这并不是在故意找麻烦，只是天性使然。处女喜欢沉思，很勤勉，非常热爱看书，大家都称赞处女是智慧和学问的心智贮藏者。处女的性情是善领会和容易感动，有一颗仁慈而悲悯的心，感情比较保守，专注于细节而易忽略整体。在处女受到攻击时处女会以强烈的姿态进行反击。

处女作为名副其实的完美主义者，喜欢把事情做得一丝不苟，喜欢把家收拾得井井有条，也习惯把工作做到尽善尽美。尽管也喜欢在同事中结交新的朋友，但真心的朋友只有几个而已。

处女就业的迷津指点

●处女面试指点

处女因为完美情怀，会对面试的细节尽量多地提前考虑到，结果往往会因为想得太多，造成面试压力更大，进而造成自信心不足。因此在面试过程中，通常会因为过度紧张而造成反应迟钝。

因此，处女应该在认识到自己的细致、谨慎的优势的同时，注重把握自身长处的分寸即做事情不要不太任性，面试准备固然是越详细、越全面愈好，但是切忌把细节强调过头，而忽略了问题的大方向。面对面试官的提问的时候，不妨先从细节分析，然后推出大的方向，这将会让面试官佩服你的分析力度。

●职场表现指点

处女初到公司的时候，总是喜欢打破沙锅问到底。他们对工作认真负责、虚心学习，生怕自己会落在别人的后头。

工作中，尽管处女理智的头脑、清晰的思维分析，会让老板比较赏识。但是，职场处女过分的吹毛求疵，经常让同事在心里记恨。于是，职场处女是让同事们敬而远之的类型。

尽管处女在职场中对别人比较苛刻，但是他们是很少失业的一群。失业指数有四颗星。因为他们通常从事烦琐但并不会有太大变化的工作，并且总是能够细致、谨慎地完成工作，因而他们的工作一般不太容易被别人替代，进而一般不会被列进裁员的行列。只是，处女在处理事情上偶尔会缺乏一点耐心。

因此，职场处女应该在工作中学着变通，对于烦琐的小事情只要不会影响大局，就不要非要追究到底了。有时候，装糊涂才是处事的大智慧。

处女老板的领导风格

●处女的领导风格：吹毛求疵

处女老板通常的都让手下的人深觉压力的无奈，因为处女老板的挑剔，以及对细微小节的把控，已经严重超出了下属所能够想象的范畴。

虽说他们没有狮子老板那样霸道与专制，虽说处女老板的外在表现看起来比较谦逊、温良，但是在他们的内心，却对工作的事情一直耿耿于怀。对自己，不容许出现半点的工作差错，对下属的分工、合作都能够按能力分配；对下属，不容许他们有应付工作的痕迹，既然是工作就应该高效高质地完成，而且作为公司一员，必须要注重着装整洁、举止端正。

当处女老板吩咐下属任务的时候，下属应该完全按照老板的意思进行，无论自己有多聪明、有多创意，只要没有按照处女老板的指令行事，势必会遭到强烈的批评，处女老板一直想当然地认为，只有自己的想法才是最完美的。

但是，在处女老板手下有一件益处，那就是处女老板一定会让你准时下班。

与处女同事的和谐相处

处女同事的最大优点是谨慎冷静，凡事追求完美；处女同事的最大缺点也是谨慎冷静，凡事追求完美。

处女同事对于上下班的区分非常明显，他们在上班时间里总是埋头苦干、不知疲倦，很少理会办公室的闲聊话题，他们虽然拥有挑剔的脾性、深刻的理念，但是他们的个性温和、思想保守，不喜欢让自己掺杂到复杂的人事纠纷中去，上班时间除了问一些关于工作的事情，其他的问题很少问津。然而到了下班时间，他们则会不由分说的关掉电脑，享受下班时间的生活时间。

处女同事，往往拥有睿智的大脑与高度的工责任心，与他们合作着实是一件需要小心把握的事情。尽管处女同事乐于助人，但是他们对工作追求完美，会时不时地给合作者提这提那的意见，多少会让合作者心里存点怨气。

如何装扮最有气质的职场处女

对处女而言，时尚应该是实际的，简洁大方的，适合大众场合的衣服。职场处女追求的是服饰在经典中演绎的完美。

虽然处女座的女性懂得如何用衣服去引诱别人，当然只是引诱个别令自己心仪的人，但是她们在大众场合更多表现出的是自己的保守、羞怯、谦逊的性格。于是，只有特定长度的裙子，处女才会穿。

看似保守的穿着装扮，与处女的顾忌心理有关。其实，如果她们敢于打破顾忌的犹疑，有勇气面对别人的眼光的话，她们会更加贴近时尚。实际上，并不是处女的装扮不足够奢华，而是她们的奢华不能够一下子被外人看出来。

处女看似朴素的装扮其实已经融入了完全时尚的元素。比如，她们会在穿着白色衬衫的时候，多解开一个或者两个扣子，让黑色的文胸在白色衬衫里面若隐若现。此时，古典、优雅的气质白领，会让人垂涎不止三尺。

处女座的男性，在穿衣上面最注重的是整洁，白衬衫搭上一条简单的领带是让处女男看起来最自然的服饰，若想要显示一下自己的新潮的话，可以尝试一下不同风格的白衬衫，如圆领、宽角领等。

处女小资，优雅的调调

追求完美与小小的洁癖是经常被用来形容处女的词语，但是你可能不知道处女还有另外一个明显的特质，就是对生活品质的挑剔，这种挑剔有点宁缺毋滥的气势。

处女凡事都喜欢追求完美，无论是对爱情还是对事业，“要做就做到最好，否则就不做”是经常被处女挂在嘴边的口头禅。小小的洁癖是处女对生活环境的要求，同时这也是对生活品质挑剔的体现之一。所以，对于处女来说，或逛夜市看电影都不是最佳的小资生活方式，而优雅的舞蹈课或者摄影会或者太极拳，是处女的可选小资情调。

职场处女最想知道的“十万个为什么”

●处女职场的行为指南

为什么“干脆”是处女面试成功的秘诀？

面试的时候，处女会比较紧张，回答问题也有点犹犹豫豫，喜欢用些模棱两可的词汇，音量也比较小。对处女来说，面试时注意要干脆一点，行或者不行，是什么而不是什么。否则，会给面试官带来不够自信的感觉，以致于不能引起面试官的好感。个人形象上切记别挎个鼓鼓囊囊的大包，那样会非常糟糕。

为什么“少工作”是处女加薪的条件？

处女很细心、很努力地为公司做牛做马，但是并不讨老板的喜欢，虽然老板也知道他们是最用心工作的员工，但是就是对他们不冷不热，这是为什么呢？当然是人缘不好啦，会有人在老板面前讲处女的坏话，老板起先还为他们抱不平几次，后来就会越来越讨厌他们，谁叫他们太挑剔、太折磨人了呢？所以，处女要加薪，反倒是要少做一点工作，少管一些闲事。

为什么职场处女要跳槽？

和上司关系不佳，基本是处女离开的唯一原因。一旦处女的热心付出遭到上司的冷遇的时候，处女就会伤透心。

为什么说职场处女适合做秘书？

处女十分看重细枝末节，常为了细节的完美而忽略了大局。他们工作勤奋、重实际。优秀处女不仅慎重，且具有乐于助人的天性，充分享受施予的乐趣。

处女具有洁癖的倾向，因而在情感生活上较难和别人建立起亲密的关系。当处女的人陷入情网时，很少直截了当地表达，而是以含蓄的方式去表达。

由于天生欠缺领导能力，处女很难成为出色的主管，但他们善谋略，最适合担任幕僚工作，给予领导者合宜而稳当的帮助。

处女的女性最适合从事秘书工作——永远是一身整洁高雅的服饰，办公桌也收拾得有条不紊，给人清爽利落的感觉，对老板交代的事情，更能够处理得条理分明。他们喜欢一成不变的例行公事，因为井然有序是他们所追求的目标。此外，凡是对任何有关分析方面的工作都能愉快地胜任。

为什么职场处女容易被人当垫脚石？

处女的人比较温柔，说话的声音不大，即使有什么不满的地方也只是自己发发牢骚，不会大动干戈。这就给人好欺负的感觉，容易被小人盯上。

工作中，处女要拿出一点霸气出来，多一点凶悍，不要一味地退避，自己偷偷发牢骚，有什么事情要大声讲出来，实在做不到的话，可以找一两个靠山，让别人来保护自己。

为什么细节是与处女客户沟通的要点？

与处女沟通的时候，处女往往会答应得比较爽快，但是实施起来，小状况不断，有时候甚至会让你有受骗的感觉，因为他们太抠细节了，要怪也只能怪你自己想得太少了，没跟上处女的节奏。

如果在工作洽谈中遇到的对象是处女的话，往往开始和处女的接触也会比较顺利，但是越往后越发现处女难缠，他们心思周密，对细节的要求很高，而且比较固执，认定了的绝不更改。若想要处女客户满意，自己还得把工作做得细致一点。

因此，与处女的沟通要点就是把握细节之处的完美。

为什么处女老板给人的压力很大？

都说处女型的老板爱挑刺，因此给下属带来很大的压力。于是经常会听到下属抱怨，给有完美主义倾向的处女老板打工很累人。这里还差一点，那里还没做好，是处女常说的话。

而且，他们啰唆起来没完没了，影响你的进展不说，还影响你的心情。如果处女老板在别的地方有烦恼，也会带到工作中来，那时候就不只是挑剔了，而是在骨头里挑刺，让你觉得很无奈。

为什么职场处女会招同事骂？

处女招到同事们的骂，有点在所难免的意味，因为处女挑剔完自己后，难免会去挑剔别人，常常搞得怨声载道，背后被人议论。其实，处女倒是没什么坏心眼，就是评判事物的尺度比大家公认的尺度高了那么一点点。

为什么处女适合小饰品的网店？

各类小玩意，例如，钱包、电话卡、手机饰品、显示器保护膜等。东西虽多，但是处女都能整理得井井有条，而且说起这些东西的好处来，也一定头头是道。他们的细心会带来很多客户，他们的精打细算会让这些小玩意儿也有不错的利润。

为什么说处女是十二星座里的自恋狂？

处女是很细腻的星座，他们最不能忍受马马虎虎，他们的细心会本能地产生对别的星座的随意的排斥。久而久之，他们就只会越来越相信自己，让别人办什么事都不会放心，总要自己亲自做才觉得可靠。所以，处女一旦看到别人犯错，就会说：“看，如果按我说的办该多好啊。”

为什么职场处女总爱忧郁？

所谓“杞人忧天”说的就是处女。对于未来，处女持有一种恐惧的心态。

所以，他们总是高瞻远瞩，对未来作出种种设想，规划出种种应对之策。而一旦事情的发展超出预计，哪怕只是一点点不够完美，也会让处女感到不安，会越来越担心。

而且，处女不会排解这种担心，只是闷在心里，如此，他们就会莫名其妙地发脾气，给人很毛躁的感觉。

为什么职场处女是时尚风向标？

与金牛座相反，处女座的人追求的是细节。所以，处女往往对一些小物件比较感兴趣，各种小商品或者首饰市场是他们最爱逛的地方，如何在哪里点缀一下，让自己变得更加光彩夺目，是处女的拿手好戏。

不过，他们普遍缺乏自信，所以买东西的时候会迟迟拿不定主意，需要别人的意见。

●处女的健康秘籍

为什么职场处女容易亚健康？

职场处女对工作几乎是一种本能，什么金钱、荣誉都是其次的，只要看到一件事情，处女就本能地去做。除了这种本能外，处女会过度劳累的一个重要原因在于，处女相信一鼓作气是最好的办事方法。所以，要他们把事情留到明天再做很难，这样处女就经常工作到很晚，影响休息。

为什么职场处女的瘦身并无太大针对性？

职场处女减肥迫切性：★★

关键部位：无

原因分析：处女基本上不会出现几个月或者一两年内胖了很多的情况。如果胖的话，大多是长期持续胖起来的，不过话说回来，处女肥胖的概率很低。但是，如果真的发胖了，处女的减肥往往以失败而告终，究其原因，无非是毅力不够。有点神经质的处女总是突然意识到自己要减肥了，就拼命的想尽办法减肥，过不了两天，就又把减肥的事抛到九霄云外了。而且，他们的减肥方法也往往不从根本下手，喜欢“头痛医头，脚痛医脚”。

小处方：

（1）做一个详尽的减肥计划表，不要计划效果，而是计划过程。

（2）照食谱饮食。

（3）不要有太重的精神压力。

为什么职场处女需要多补充维生素 B_6？

处女，由于自己彻底的完美主义倾向，对任何事情都过于较真，于是会让自己一辈子处于操劳之中。而长久的操劳势必会引发一些身体疾病，最明显的就是会导致焦虑、心神不宁、神经过敏等症状的出现。

因此，建议处女要多吃豆类、肝、瘦肉及谷物、卷心菜等食物。这些食物富含维生素 B_6，可以有效减缓完美主义的处女的焦虑、心神不宁等精神问题。

为什么职场处女睡多功能的床最舒服？

职场处女比较挑剔，对床的选择大到尺寸、线条，小到床头的花纹，都会十分在意。色调方面，白色或紫色会比较令处女满意，一盏床头灯也是必不可少的。如果有新的科技产品，处女也是非常乐意尝试的，所以一些新式样、多功能的床也是不错的选择。

●处女的理财情报站

为什么从处女同事那里很难借到钱？

处女非常小气，一毛不拔的铁公鸡大多出自这个星座。所以，千万不要向这个星座的人借钱，他们不仅会装得比你还穷，等你走后，他们心里还会鄙视你。

为什么职场处女最适合股票投资？

十二个星座里，最适合投资股票的星座之一，投资大师巴菲特便是这个星座。属于土象星座，和金牛座一样低调踏实，虽然没有金牛的天分，但也不是太差，再加上有智慧的水星守护，他们更倾向于长期与股市斗争，就好像巴菲特那样，“长线持有”。他们的头脑灵活稳定，耐性极佳。

●处女的情感喜好

为什么职场处女很少发生网恋？

处女网恋指数很低，即使有点动静，也持续不了几天，双方就会冷淡下来，网上开始，网上结束，根本没有走向现实的机会。

为什么能够看出处女男已经喜欢自己？

由于处女的自我保护意识很强，如果他对你没有什么防备之心的话，那么他们可能对你动心了。这一点可以从平时一些细小的动作看出来，例如，和你谈话时的距离，一起散步时的小动作。有点洁癖的处女要是不排斥你进入他的隐私空间，那就肯定是对你认可了。

为什么职场处女是不怕做“剩女”的星女郎？

谁说“剩女”就意味着感情暗淡，生活枯燥无味？看看处女，作为“剩女”的她们，生活依旧精彩且美丽。

处女成为剩女，归根结底在于她们太挑剔了。每个男人，在处女的眼里，都是缺点的集合。不论你的优点有多少，一个小毛病就会被处女剔除在外。你有再多的优点，处女也不会放在心上，你有多少缺点，她们可是记录得清清楚楚。如果社会、家庭的压力不够，处女就会自然当了剩女。

血型＋星座——解读真实职场处女

A 型处女：胆量，充实职场的存折

●A 型处女的职场特征

A 型处女工作勤奋、比较务实，不仅心思慎重，还有乐于助人的天性，天生具有服务精神。他们有一股来自精神的力量支撑其行动力，所以在职场上总是忙得不亦乐乎。大多数人在同一工作岗位上待久了，都会觉得无聊乏味，想要换个职业，但是 A 型处女往往会安之若素，乐在其中。

A 型处女天生便具有卓越的办事能力，做事一丝不苟，具有坚定踏实的作风，很适合秘书、会计等工作。他们在团队里属于默默耕耘的类型，虽不耀眼，却是不可缺少的角色。他们外表沉默，具有锐利的批判眼光，工作绝不草率行事，做事有始有终，因此能得到上司的认可和同事的肯定。但有时过于谨慎的个性，使得行动看起来不积极，在职场中可能会阻碍成功。

【职场贴士】做事情讲究分寸，谨慎固然好，但过于谨慎会阻碍成功。

B 型处女：理性，职场潜能的矿脉

●B 型处女的职场特征

B 型处女在实务方面具有卓越的能力，能够理性地看待工作中的问题。在计算方面的能力相当不错。但由于受 B 型粗犷、奔放的气质影响，使他们尽管在实务、计算方面表现良好，却无法真正喜欢这些工作。

B型处女可以从容地兼顾工作与家庭生活，他们的家会被打理得井井有条，而工作上的事情也不会怠慢，堪称鱼与熊掌兼得型。

当然，如果想让自己的事业更上一层楼，那么建议B型处女在工作中充分发挥已掌握的知识与技能。B型处女要理性地认清自己性格中的优缺点，并合理地利用到工作当中，好的要发扬光大，不好的要尽量规避。同时，要让自己的胸襟更开阔一些，不要为小事牵肠挂肚，要培养挑战的精神，以开放、舒畅的心情迈向更远大的目标。

【职场贴士】理性，让自己更具有干练的魅力。

O型处女：平凡的岗位中缔造不平凡

●O型处女的职场特征

O型处女做事认真，毫不含糊，让人信赖。在工作上臻于完美，让欣赏他们的人更加认同。但O型处女对自身的完美要求，会无意识地渗透到其他人身上，让人感觉他们过于冷血、过于苛刻。

如果O型处女的个性以积极、热情的方式表现出来，无论多平凡的工作岗位，他们都能既把自己的分内工作做好，又帮助合作伙伴共同做好工作以达到要求。若在人际交往上更加圆融一些，O型处女会成众人敬仰的对象。

O型处女的判断与分析能力强于常人，适合做分析研究类的工作，这让他们更能发挥自己的特长。若纠结于自己不喜欢的工作，会成为压力的主要来源。

【职场贴士】在人际交往上更加圆融一些，你会成众人敬仰的对象。

AB型处女：独立作业是成事的先决

●AB型处女的职场特征

AB型处女拥有本星座的典型个性，苛求完美。在职场中自己做事十分认真，对待合作的同事或者下属都要求极高。除个别脾气相投的同事会愿意与你合作，大多数同事会对你敬而远之。做事认真是一种优点，建议AB型处女用自身的严要求感染身边的人，而不是自己对他们提出要求。

AB型处女的分析能力在十二星座中是数一数二的，有着其他星座难以比拟的敏锐和深刻。当他们遇到问题时，就会用自己的方式去分析和判断，这往往能够得到让人非常满意的结果。所以，独立作业是AB型处女成功的先决条件。

但是他们对整体缺乏概念，太注意细节的成败，以至于无法顾全大局，使得智慧局限于细节，但以AB型处女的敏锐思维能力和清晰的逻辑思维加之对细节非常在意，在研究型的工作上，一定会有非常好的表现。但是一定要遏制自己完美主义的发作和对细节的过分关注，学会用大局的思维来看待事物。

【职场贴士】亦步亦趋会让人很难信赖，处理事情要有自己的主见。

天秤：在平衡中寻求平静

天秤的个性职场

天秤职场的“以才升迁”

天秤（9.24～10.23）在职场中的确才气了得，他们善于交际，喜欢融合于集体之中，对于善恶两极的想法总是保持着很平衡的状态。在与人共处时，懂得在不同场合说话的分寸，能够掌握现场的和谐气氛。天秤的个性稳健而理智，会永远保持八面玲珑、圆滑态度，能游刃有余地处理好各方面的关系，但是很少表现出内心的真实想法。

他们不喜欢以暴力解决争端，而总会以巧妙的手腕，在对等的权利和利害中找出平衡点。工作的方法则喜欢讲求逻辑和策略，然后总能够高质量地完成。如此多才多艺、聪明能干的下属，怎会得不到老板的赏识？怎会不升迁？

另外，天秤座的人有强烈的求知欲，领悟力，想象力，和直觉力，也有平衡的心智和迷人的身材，天生喜欢表现，更喜欢受人钦佩和赞扬。他们珍惜和谐愉快的生活环境，平易近人，罗曼蒂克的理想主义，擅长交际，不喜争执，有避重就轻的倾向以及优柔寡断、犹疑不定的缺点。

虽然天秤才华横溢，能够在晋升中实现薪资的不断提高。

天秤就业的迷津指点

●天秤面试指点

天秤做人做事都很小心，也很中庸，他们不愿意得罪任何人，以至于在面试的时候，想考虑太多，即使有什么意见也不够胆量勇敢地说出来，会让面试官觉得天秤太过唯唯诺诺。

因此，天秤在面试的时候，不仅要全面展现自己的亲和力，而且更要勇敢地提出自己的意见和想法，对于面试官的意见乐于汲取。回答问题的时候，要懂得正视面试官的眼睛，多表达出带有自己独特见解的思想。这样，不仅能够给面试官给来良好的印象，同时也会让面试官钦佩你的睿智与果敢。

●职场表现指点

天秤新人很容易郁闷，因为他们总是感觉到付出与得到不一定成正比。作为公司新人，他们需要做很多日常、繁杂的工作，但是一到月底结算工资的时候，居然发现比自己工作量少很多的同事却拿着比自己高很多的工资。“不公平，简直就是不公平！”天秤愤愤不平地抱怨。

殊不知，初入公司，就被老板安排很多任务，是老板对他的一种信任与器重。又殊不知，对于新人来说，最重要的是经验的学习、能力的提升，而非完全可以数得清的票子。因为经验的丰富，在一定程度上会成为无法数得清的财富。

职场天秤的失业指数是七颗星，较高的失业风险源于天秤难以区分现实与理想之间的差距。尽管职场天秤拥有非凡的创造力以及丰富的想象力，但是他们总是将现实期待成公平的样子，总是喜欢等待机会而不会争取机会，因而导致就业的好机会一次又一次流失。

天秤老板的领导风格

●天秤领导风格：客观公正

天秤领导就如他所指代的形象代表秤子一样，天生具有平衡、公正的能力。天秤领导的公正并不会是绝对的公正，毕竟绝对的事情并不存在。天秤领导追寻的是在相对环境中的绝对公正、公平。

天秤领导喜欢具有独特见解并能够运用超常规方式分析问题、解决问题的员工，他希望自己手下的每一位下属都能够拥有着不一样的创造灵感，从而为企业的发展插上创意的翅膀。

天秤领导懂得给自己的部下放权，尽管主张自己的决策是最佳的，但是在做决策之前，还是会召集下属开会讨论，听取一下大家的意见。同时，天秤领导相当重视下属之间的关系是否和谐，因为他们坚信只有团结才能实现“1 + 1 > 2”，才能够让公司恒久地发展下去。

天秤领导做事情不急于求成，稳中求妥，妥中求全。他们总是对任何一件事情，都能够用淡定、全面、理性的态度来权衡其中的利害。他们非常专注于工作，也希望自己的下属能够像自己一样拚命工作。对于工作突出的下属，天秤领导会给予公正、合理的薪酬奖励。

与天秤同事的和谐相处

天秤同事很风趣，也很友善。他们做事认真、谨慎，讲求稳扎稳打；讲话直率，讨厌夸大事实，更加鄙视哗众取宠之为。天秤同事喜欢在和睦的环境中工作，因为他们只有在和谐的工作环境中，方可做出更多的工作业绩。

天秤同事有一个很好玩的特色，就是无论大事小事都喜欢争辩一番。如果你说他买的衣服太耀眼，他会喋喋不休的给你讲上半天关于时尚的认知；如果你说工作不能有压力，他会一板一眼地告诉你“压力是动力的来源”等大道理。总之，别人反对的事情，他会支持，别人支持的事情，他又总会提出反驳的言论。不过，天秤同事一直不会忘记公平合理的原则，他讲出的道理一般具有比较有力的说服性。

实现与天秤同事的和谐相处，首先应对天秤同事的敏感做出一定的心理准备，天秤同事超级讨厌胡搅蛮缠、争吵之类事情的发生，尽管表面一副和事佬的模样，但内心却在暗骂着 ：“真是无聊透了的人!”其次，与天秤同事最有效的沟通方法是保持冷静好好说。再次，虽然天秤同事一直否认自己存在优柔寡断的毛病，但他们着实存在着严重的“磨叽”心理，买饭时候轮到他了，他也会犹豫半天才说出自己想买的，然而后面的长队已经在心里暗自埋怨啦。因此，如果你与天秤同事关系不错，时常提醒一下他的“磨叽”，他不但不会反感，反而会感激你的。

如何装扮最有气质的职场天秤

天秤往往是美貌与魅力并存的化身，独特的吸引力就是天秤与生俱来的天赋。天秤所中意的服饰搭配往往精致而不会突兀。他们擅长在款式搭配中不断变换着衣服的风格，而这些变换的风格，也无不与时尚的潮流齐头并进。天秤娴雅温柔的装扮，在时尚的世界中屡试不爽。

天秤对于服饰拥有很好的眼光，因此他们懂得什么样子的衣服才是真正适合自己的，什么颜色可以让自己出众，什么样的配饰可以衬托出自己的优点。

天秤对于衣服的要求很是严格，他们只看重纯天然的质料，钟情于淡柔的混合色调，不能够允许自己的衣服具有剪裁不合理的缺陷。天秤的女性有一点与其他人不同的是，她们穿着男人的服装反而会在时尚中流露出十足的女人味。

天秤小资，酷爱酒吧小调

天秤在处理人际关系上总体现出与生俱来的能力，他们的亲和力会让身边聚满朋友。或许这与天秤本身爱热闹怕寂寞有关系。天秤在对待朋友和家人方面显得十分宽容与体谅，所以做天秤的朋友是件十分幸福的事。

对于天秤的小资方式，热闹的夜店与酒吧更适合。在舞池中疯狂地舞动、与朋友们 Happy Hours、大聊私密话语将会成为天秤非常惬意的放松方式。

职场天秤最想知道的“十万个为什么”

●天秤职场的行为指南

为什么阔气的装扮是天秤面试成功的秘诀?

天秤很有亲和力，面试官提问会比较随意。但天秤要注意培养应变能力，不要被面试官突然的一个怪问题弄得愣住。在外形上，天秤很容易给人留下平庸的印象，最好打扮得阔气一点，穿得华贵一点，不要穿廉价的衣服，还要特别注意不要穿那种肥大的裤子。

为什么专注能够让天秤实现加薪？

天秤是公司里的和事佬，但是也给老板留下不干正事的印象，疑心重的老板还会怀疑他们是不是在拉帮结派，专搞政治斗争。如果天秤把精力专注在工作上，做出几件出色的事情来改变老板对你的看法，那时候加薪就是水到渠成的事情了。

为什么职场天秤要跳槽？

已经通过朋友找到了更好的位置，虽然和这个公司的老板、同事还是有感情的，奈何心已动摇，还是去别处试一下才好。

为什么江湖义气能够应对天秤客户？

天秤天生亲和力高，很好接触。他们很讲义气，与他们进行生意往来，最好带一点江湖义气来解决。需要注意的是，不要和天秤耍花招，一旦被察觉，就没有任何商量的余地了。

为什么职场天秤会获得好人缘？

天秤会把交朋友当成一项重要的事业来经营，因此人缘非常好。他们往往是朋友中看起来不起眼的角色，但是真的有什么事，大家就会不自觉地把目光投到他的脸上。

他们大多性格温和，亲和力十足，而且三教九流认识的人很多，办起事来门路很多。他们不会一心巴结权贵，对处境不好的人也能给予帮助。天秤有两个发展方向：要么是单纯的和事佬，要么发展成带头大哥。

为什么职场天秤害怕没朋友？

生活中，有些人怕没钱花，有些人怕没工作，还有些人怕没房子，而有些人，他们最怕孤单、寂寞，最怕没有朋友。比如说天秤。

一般的人，事业和家庭比较重要，朋友不会是生活的第一要素。但是对于天秤来说，很喜欢把交朋友当成一项事业来苦心经营，吹嘘自己认识谁，和谁关系很好，是天秤常干的事情。这样的人要是没有朋友，绝对不可想象。独处对天秤是一件很困难的事，他们喜欢没事就到处跑跑，哪里热闹往哪里去。

为什么天秤适合开服装网店？

服装店，天秤很有品位，也懂得搭配，所以网店时间开得越长，忠诚的买家会越多，甚至有的会成为朋友。

为什么职场天秤是十二星座里的自恋狂？

天秤的自恋最容易表现为吹牛。因为他们总是沉溺于过去的小成就当中，然后用自己潜意识进行加工整理，最后夸大地讲出来，而且往往连自己都搞不清真假。所以，与其说他们爱自己，不如说他们爱自己的幻想。

●天秤的健康秘籍

为什么职场天秤瘦身的关键是下巴？

职场天秤减肥迫切性：★★★☆

关键部位：下巴、脖子

原因分析：天秤其实是俊男美女最多的星座，但是胖子的比例并不低，有时候会给人很惋惜的感觉，“某某某其实挺漂亮的，就是胖了一点”这样的话多半是形容天秤。天秤的胖不同于巨蟹的那种结实，大多数是虚胖，像水肿似的。不过，天秤胖都胖得比较匀称，甚至可以只是算肉感、丰满。但是减肥的话，天秤很难坚持下来，自己想办法减肥不会有什么成效，真要下定决心减肥，就去专业的减肥机构吧！

小处方：

(1) 如果减肥的话，找个伴大家一起互相鼓励比较好。

(2) 尽量不要去餐厅聚会。

(3) 不要吃甜食。

为什么职场天秤需要多补充维生素C？

天秤是处事最具中庸之道的组合，他们往往举止优雅、善于交际。对于天秤的人来说，多吃维生素C是非常有必要的，因为维生素C可以帮助他们保持光彩亮丽的个人形象，使与人交际更富活力与魅力。富含维生素C的食物有新鲜的蔬菜、水果或生拌菜等。

为什么职场天秤睡简约的床最舒服？

天秤一方面会要求床的线条本身简约大方，另一方面会非常在意床和卧室空间的搭配。他们很讲究设计的美感，也要求整个卧室的和谐。所以，天秤选择睡床的话，要依照卧室里的具体情况来进行选择。

●天秤的理财情报站

为什么找天秤同事借钱要靠运气？

如果他刚发了一笔小财，你去找他借钱，肯定能成功。如果他手头有点紧，那就不要指望他能帮你了。总得来说，天秤在钱上面比较理性，量力而行是他们的财务信条。

为什么职场天秤不懂投资？

慵懒，优雅的气质便是天秤的签名，自我意识令天秤不屑于钻研数据和图表，他们更多的时候是幻想挣大钱，慵懒令他们常错失良机，虽然天平有金星守护，但却无法获得更多的财富。因此，天秤的理财心得不多。

●天秤的情感喜好

为什么天秤容易发生网恋？

天秤打字速度很慢，但是游戏打得很好，尤其是那些需要团队合作的网络游戏，他们往往是组织者、带头大哥大姐，所以会有仰慕者。

为什么应该这样向天秤男表达自己的爱？

一定要拿出大嫂的风采，善待他的朋友，既要能下厨房做出一桌好菜，也要会热情地和人打招呼。如果他要和朋友去玩、去喝酒、去打牌，一定要表示支持。

其实这样做的道理很简单，因为天秤最重视朋友之间的感情，你给足了他朋友面子，也就是给足了他面子。

血型＋星座——解读真实职场天秤

A型天秤：积极主动，不做“按钮”式员工

●A型天秤的职场特征

由于A型天秤十分注重服饰及仪态的优雅，所以并不适合劳力型的工作，他们对工作环境的要求也相当高，必须置身于清静优雅的环境。A型天秤天生具有艺术细胞和创造力，有令人激赏的音乐及艺术天才，假使能控制对享乐的沉溺，必可获致此方面的成功。此外，任何需要专业技能和沟通能力的行业都能给A型天秤提供发挥天赋的舞台。

A型天秤绝不轻言放弃，他们要想使自身的能力获取他人的认同，关键是

将积极能干的形象展示给他人，用自己的工作实绩证明自己的才能。对于上司来说，大都喜欢工作有热情，接受任务时不打折扣，积极主动地克服困难的人，而A型天秤正是这种典型。他们始终是保持一种高昂的工作热情，留给上司的总是“积极而又能干”的形象。尽管他们的工作能力相当不错，但偶尔缺乏冲劲，以致会给人散漫、消极的感觉，在职场上这样可能不会被委以重任。

【职场贴士】在选择职业时，一定要找一个感兴趣的工作，如此才会积极主动，保持对工作的热忱，提高办事的效率。

B型天秤：不能“职业化”处事，就会被“边缘化”

●B型天秤的职场特征

大器晚成、稳定发展，这是B型天秤的职业运。所以B型天秤要相信，只要能把握适当的时机，就可发挥才干。

B型天秤头脑灵敏、事务处理起来非常迅速，这方面几乎是其他血型星座比不上的。如果在专业知识与技能上，B型天秤再加强一些，那么工作起来就如虎添翼，必能让自己的才能得到充分的发挥。尤其值得一提的是，B型天秤天生聪明，考试运非常好，考取各项技术资格认证也比一般人容易得多。

B型天秤容易在职场上陷入种种无聊的人事纷争当中，这样会浪费自己非常多的时间与精力。所以，要切记，不要把自己有限的精力花在与自己专长无关的事情上，如果不能“职业化”处事，就会被职场给“边缘化”。做事专注而高效，这是保证你在职场上能得心应手的最佳方法。

在你三十岁之后，你的职业运开始走上坡，可以一直持续到晚年。

【职场贴士】对B型天秤来说，做得越少、越精，越容易取得好的结果。

O型天秤：并非拼命三郎，却能职场得意

●O型天秤的职场特征

O型天秤很会协调人际关系，绝不会轻易和别人发生争执，即使发生不可避免的争执也能很妥善的处理。他们的事业心不是特别强，选择工作全凭自己的兴趣，他们不会强迫自己做不喜欢的事。

O型天秤在职场中属于中庸的人，对工作不是那么拼命，但他们很有责任心也很能吃苦，对自己分内的工作能够完成的很好。O型天秤在职场中属于受大家欢迎的类型。他们能够应对复杂的职场斗争，对职场潜规则有清醒的认识。若他们能深入培养自己的决断力，将能赢得更多的支持者。无论何种事业，O 型天秤若能够用灵活的头脑应对挑战的话，就离成功不远了。

【职场贴士】世上没有免费的午餐。凡事都要付出十分的努力，才会得到十分的回报。

AB 型天秤：团队是成就职场最大的本钱

● AB 型天秤的职场特征

AB 型天秤是社交达人，有很高超的社交手腕，能和各种各样的人打好关系，人缘相当好。若能充分利用自己的好人缘，在官场、职场都能如鱼得水。

需要注意的是，有时候 AB 型天秤会为了迎合对方，而委屈自己，甚至牺牲自己的利益。AB 型天秤很在乎别人对自己的评价，不喜欢和其他人起冲突。但当别人损毁了他们的利益的时候，他们又做不到无所谓，忧心忡忡，伤害身心。AB 型天秤一定要学会放宽心。

AB 型天秤喜欢轻松安逸又不失挑战的生活，因此，重复性较强的工作尤其不适合他们。他们天生属于交际达人，往往能在职场交流时给人留下好的印象，但是优柔寡断、犹豫不决却是职场最大的绊脚石，往往由于一时纠结，错过大好时机。喜好平衡的他们善于做沟通者和组织者，既能发挥自己的优秀天赋，也能够在职场中有着良好的晋升前途。

AB 型天秤非常适合团队合作，并在团队中发挥自己的沟通联系作用。他们也可发动广大的人脉资源，去做公关等相关工作，为很多企业牵线搭桥，帮着他们处理危机。AB 型天秤也可以选择做跟艺术美感相关的职业，强大的美感能够给他们带来不少的创意。

但要切忌在职场上露出自己散漫的一面，不要把抉择难断的毛病带到职场，学着果断些，这样才能为自己带来更多的机会。

【职场贴士】AB 型天秤比较适合的职业，是在集体中发挥你协调能力的工作。

天蝎：倔强在粗犷中萌生

天蝎的个性职场

天蝎职场的隐秘性格

大家眼中的天蝎（10.24～11.22），懂得爱憎分明，拥有非常复杂的个性，外表十分平静淡泊，但却拥有惊人的忍耐力和意志力，一旦锁定了猎物目标，就会主动出击，绝对不会轻易放手，可谓不达目的誓不罢休。天蝎的观察力敏锐，经常能够洞悉事情的真相，对事物有独到的见解。工作时，采用完全的破坏和创新方式，充满神秘的色彩。天蝎虽然彬彬有礼，慷慨，忠心，有怜悯之心，但是，一旦被激怒，天蝎的愤怒程度是无人能比的，甚至会失去理智，报复心很强。对于天蝎座的同事，最好不要得罪。

天蝎有神秘的倾向，偶尔有超强的“第六感”，能凭借直觉感受到他人所不能感受到的事情。他们比较敏感，有强烈感情，有好的记忆力，有自我表白能力，有活跃非凡的灵感。天蝎座的人爱憎分明，会尽量保护自己的朋友和所爱的人，与人相处时有危险的嫉妒心理。

天蝎就业的迷津指点

●天蝎面试指点

天蝎在面试中总是很给力，无论是言谈还是举止。因为就在面试官还沉浸在他们带来的稳重与神秘的气氛中的时候，他们突然会提出一个太过尖锐直接的问题，让面试官当场就会愣在那里，因为他们提出的问题往往连面试官都难以做出很合理的解答。

因此，天蝎的冷静深沉、观察力敏锐固然是值得学习的优点，但是在面试的过程中如果稳重过火的话，势必让阅人无数的面试官觉得你很有心机。另外，面试的时候给面试官一个面子，也是在给自己一个台阶下。

●职场表现指点

天蝎其实无论是作为新人还是公司的老员工，给人的感觉相差都不会很大。职场天蝎在工作中坚决遵循“快、狠、准”的处事原则，对于上司吩咐的事情从来都会以最快的速度优质完成。这一点深得上司的喜欢。

职场天蝎太注重自己在工作中的权威性，不容得别人的冒犯。如果别人与他在工作中发生冲突，他往往只是冷冷的去回应，也不会做太大的争吵，这让人感觉到很头大。其实这个时候，天蝎已经把恨记在心里了。

职场天蝎，最不愿意和人讲客套话，说话总是面无表情，直来直去，就算是他们有什么情绪波动，也不会表现在脸上，总给人冷冰冰的感觉，让人捉摸不透。

因此，职场天蝎应该明白职场如战场，建议天蝎多学习一些职场礼仪，学会与他人套近乎，学会圆融、变通地处理事情，这将会给自己的职业生涯带来意想不到的帮助，比如可以让职场天蝎的失业指数由五颗星降到两颗星。

天蝎老板的领导风格

●天蝎的领导风格：深藏不露

在天蝎老板的手下做事，非常具有挑战性。即使你有足够的聪明才智，也不要试图在天蝎老板掌管的范围下耍什么心机，否则最终受伤的只会是自己。当然更不要去找借口欺骗他们，否则就会被开掉也说不定，因为天蝎领导最最讨厌的就是不够诚实的人。毕竟天蝎老板生来具有福尔摩斯的天赋，他们几乎能洞察到每一位下属的心理动机，只是不去揭穿而已。

天蝎老板虽有霸权、专制的倾向，却经常不表现出来，留给下属的印象依旧是淡定、沉着、内敛。但是淡漠并不意味着无情，天蝎老板很懂得关心爱护自己的员工，尤其是那些能干、肯吃苦的员工，他们在给予精神上的慰藉之外们还会慷慨地给予物质奖励。

总之，天蝎老板是一个深藏不露却能看透他人的心理高手，作为天蝎老板的下属，最重要的是要勤勤恳恳、甘于付出，用强大的工作业绩说话胜过一切的讨好。因为天蝎老那么最憎恨的是工作上的弱者，最器重的当然属职场中的强者。

与天蝎同事的和谐相处

刚开始与天蝎同事接触，会感觉天蝎同事是个木头人，他们不经常说话，表情总是没有太大的变化，只会一心沉浸在自己做的事情当中。

跟这样的人一起共事，起先觉得他们怎么这么不合群，实际上相处久了，尤其是得到天蝎同事的信任的时候，你就能够感受到天蝎的热情与仗义。天蝎对朋友，从来不会太过计较，而会完全忠诚于自己的朋友。如果朋友有什么难处，天蝎只要有足够的能力，大多数时候会义无反顾地伸出援助之手。

职场天蝎非常忠心于自己的工作，每天总能看到他在办公室专注于工作的背影，甚至一整个早上都不会给自己去卫生间的时间，因为这个时候他的脑海中突然冒出了一个令他兴奋的新的策划方案，他们需要尽快完善下去。天蝎对工作的热忱，无疑是值得大家学习的标榜。

除此之外，天蝎同事一般心事重，心机也重，最好不要与他们有任何过节，他们可是十二星座中出了名的报复心最重的一个星座。你如果有意弄坏了他的手机，他会想方设法地把你电脑弄坏掉。

因此，与天蝎同事相处，和睦最重要，和睦的前提是能够互相尊重彼此的性格。

如何装扮最有气质的职场天蝎

天蝎的时尚，重在对性感的凸显。对天蝎来说，时尚是一种可以让自己沉醉的迷药。于是，时尚的表现，也会在自身的衣服上一试深浅。

天蝎女，生性热情、活泼，容易冲动，很多时候天蝎会因为没有克制住自己的购买欲而感觉到惭愧。但是惭愧归惭愧，如果再次遇到一下子令自己喜欢的衣服，还是会一如既往地冲动地买下。衣服的重要性已经不仅仅在于衣服了，衣服对于天蝎来说已经意味着第二种皮肤了。

天蝎女的性感、迷人，决定了越能够凸显身材的衣服就越适合她们的时尚品位。而她们的时尚女人味，在大街上总能够招致几乎100%的回头率。

天蝎男，喜欢在表面上显现出不愿意出风头的样子，但内心的表现热情却十分澎湃。对他们而言，大方而又整齐的衣服足够满足他们的这种心理。

天蝎小资，品味安静的自己

天蝎是典型的选择恐惧症携带者，虽然他们具有十足的个性，时不时地便会冒出怪异的想法，但外人看起来他们可是十分低调的。

外表的淡定与内心小宇宙的爆发经常发生冲突，这个时候也许情景而别致的小格调餐厅更加适合天蝎。安静的角落是告别城市浮躁的最好方式，而天蝎便会选择这样一种方式去品味着自己的生活。

职场天蝎最想知道的“十万个为什么”

●天蝎职场的行为指南

为什么天蝎能轻轻松松面试成功？

天蝎一般在外形上会给自己赢得不少的分数。但需要注意的是，不要穿过于前卫的衣服，色调最好深一点，特别不能搞得花花绿绿，且不能过于严肃，衣服上点缀一下最为适宜。至于谈吐方面天蝎早就计划好了。

为什么职场天蝎能否加薪完全取决于老板？

天蝎工作起来杀气腾腾的，样子比较吓人，老板都有点怕，加上老板和天蝎日常沟通的时候不会很多，所以，天蝎能不能得到加薪，就完全看老板的识人能力了。有的老板会非常欣赏天蝎的工作方式，有的老板却会忽略天蝎的努力。

为什么职场天蝎要跳槽？

对于心机较重的天蝎来说，阶段性的目标已经达到，该学到的知识已学到了，该积累的经验也积累得差不多了，是该到别处去寻找更好的发展空间了。天蝎要跳槽的时候，多半把新生活的一切都已经安排妥当。

为什么职场天蝎不愿迎合他人？

天蝎是个可怕的星座，他们很有主见，外表不露声色，让人捉摸不透。不论他们表现出乐不乐意迎合，他们的内心都是孤傲不屈的。而且，在天蝎的心里，委屈很容易转化为仇恨。天蝎要么不反抗，一反抗就是毁灭性的。

为什么天蝎同事最阴险？

职场如战场，有些同事宽容大度，有些同事却一丝一毫不容侵犯，更别说被人欺负，比如说天蝎。

天蝎的事业心很强，对工作是全心全意地投入，对于任何困难和挑战都不畏惧，非常适应激烈的竞争。他们自尊心强烈，不能容忍自己落在别人的后面，有时候会表现出很强的嫉妒心。当然，天蝎的厉害之处还是在于他那政治斗争的本事，他们不动声色，让人没有防备心，而且心狠手辣，可以为目的不惜一切代价，一击而中就会全身而退，不留任何痕迹。

为什么职场天蝎很有拼搏精神？

天蝎拼搏精神很强，但不会特别显著。如果说白羊的拼搏是在享受过程，那么天蝎的拼搏则完全是为了结果，他们为了目标可以不顾一切，不择手段，或者规划很久后才去猛然行动。所以，总是在积聚力量的天蝎是一个可怕的对手。

为什么实力是应对天蝎客户的终极方法？

应对天蝎的客户难度系数最大，他们城府很深，而且非常细致严谨。你有什么动作他都瞧在眼里，放在心里，洞察着一切可能的变化。如果你的客户是天蝎，还是不要做那些表面功夫了，以实力说话才是最终极的解决方法。

为什么很难与职场天蝎沟通顺畅？

天蝎很难沟通的一个星座。任你说上半天，他们就简单而斩钉截铁的一句话就能把你打发掉。不过，他们至少能听你把话说完，即使打动了他们，他们也要很长时间才能接受转变。

为什么天蝎老板给人的压力最大？

天蝎的老板平时话语不多，看起来也还比较和气，虽然有点神秘，但是并不是十分可怕。其实，他对你们的行动掌握得一清二楚，哪里有点风吹草动都瞒不过他的眼睛。如果有所松懈，就会被他教训，等他教训起人来，你就会惊讶地发现，他怎么这么能说，道理一套一套的，特别啰唆。

为什么职场天蝎控制不住自己的坏脾气？

如果说别的星座发脾气是被动的，是被别人冒犯的话，那么天蝎就是典型的没事找事型。天蝎天生带有攻击性，会主动挑衅别人，总希望别人按自己的想法来。

他们自以为是，又死不认错，即使意识到自己不对，也要和人争得面红耳赤，往往争到最后，事情的起因变得不重要，就是为了胜负。所以，天蝎发起脾气来很难缠。

为什么职场天蝎最容易出口伤人？

天蝎平时的话语不多，但是教训起人来，没完没了，啰唆至极，而且喜欢讲大道理，一套接着一套，这是天蝎对自己人的手段。如果是天蝎仇恨或讨厌的对象，天蝎就没那么多话，而是用一两句最伤人的话，一下子就命中对方最脆弱的地方。

为什么职场天蝎利用朋友的概率高？

天蝎比双鱼更阴险，他们不仅能蒙骗你一时，甚至能蒙骗你一世。当然，那是比较极端的情况。一般，天蝎就是胆小怕事，做什么事都不敢自己出头，需要有人担着点。

低调的天蝎不仅干正事怕出名，就是干起坏事来，也绝不会自己带头的，常常是怂恿别人打头阵，自己跟在后面。

为什么职场天蝎的报复心最强？

说起哪样的人得罪不起，在这个星座排行榜上天蝎高高在上，遥遥领先。敏感、小心谨慎的天蝎很神秘，很难猜透他们的心理。一件看起来不怎么要紧的事情，就可能深深刺痛天蝎的心。他们喜怒不形于色，把仇恨深深埋在心里，如果积累到一定程度，就会给予毁灭性的报复。

天蝎的报复非常可怕，往往是通过周密的计划，长时间的准备，最后给对手致命一击。阴险、谨慎、残酷是天蝎在复仇中展现出来的特征。

为什么职场天蝎适合开情趣网店？

情趣用品，很多人选择在网上购买情趣用品，天蝎对产品会有比较好的认识，而且他们也懂得保护买家的隐私，懂得什么该问，什么不该问，因此是12星座中最适合开情趣网店的主儿了。

●天蝎的健康秘籍

为什么职场天蝎容易亚健康？

天蝎一般身体很瘦，但是耐力惊人。他们体力极佳，抗击压力的能力超强，而且他们好胜心强，有主动性和侵略性，一旦制订计划，就会咬紧牙关坚持下来。他们仗着自己超强的韧性总是做一些难度很高的工作，久而久之，身体就会遭受伤害，积劳成疾。

为什么职场天蝎的瘦身重点在背部？

职场天蝎减肥迫切性：★★☆

关键部位：背部、屁股

原因分析：天蝎总是给人很粗犷的感觉，即使有点小肥胖也看不出来，而且即使肥胖，也不会肥胖在关键部位，最多就是背部、屁股、大腿上多长一点肉。所以，减肥的迫切性不高，就算不得不减肥，以天蝎的毅力，减肥也不是什么难事。

小处方：

（1）喜欢暗暗赌气的天蝎最怕“不经意”提到他的肥胖。

（2）多运动，把肥胖转化为力量。

为什么职场天蝎需要多补充维生素E?

天蝎是十二星座中，耐力和性欲望比较强的一个。因此，他们需要多吃一些富含维生素E的食物，以便可以通过维生素E来保持荷尔蒙正常的分泌。富含维生素E的食物包括花生、麦胚油、番瓜、豆类等。

为什么职场天蝎睡黑白色的床最舒服?

天蝎比较低调，所以不会对床有什么特别挑剔的，不过，如果床的形状比较怪异或者比较张扬的话，也会引起天蝎的排斥，或者花纹比较艳丽的话，也会让天蝎不安。至于床上用品，最好以黑白两色为佳。

●天蝎的理财情报站

为什么职场天蝎能一生富贵?

天蝎在金钱方面显出了一个字的厉害：准！其实，他们在金钱上的动作并不多，但是一两次关键性的投机就能让他们一辈子衣食无忧。看起来非常简单，但是只有天蝎自己才知道自己背地里付出了多少努力。

为什么跟天蝎同事借钱并不容易?

天蝎非常不愿意借钱给别人，但有时候碍于情面也会借钱出手。他们最怕的是死缠烂打，如果长时间找他们说好话，而他们也有一点余钱，他们借钱的可能性会很高。而如果你很腼腆地找他们借钱，多半不会成功。

为什么职场天蝎适合投资股票?

天蝎代表重生，这个星座的自救能力极强，就算投资失败了，也不会轻易放弃，他们会努力站起来，直到下一次胜利。敏锐的天蝎内心极其敏感，焦躁的性格令天蝎在投资股票时总会有不利的因素存在，只要放宽心，在投资股票中，也可以算是一把好手。

●天蝎的情感喜好

为什么天蝎容易发生网恋?

天蝎是最喜欢搞一夜情的星座。他们往往是网恋的主导者，诱惑着对方，控制着感情的冷暖。生活中比较压抑的天蝎在网上可是活跃分子，甚至会非常风趣幽默。他们很喜欢网恋，不过都是玩玩而已的心态，可以说是网络魔鬼。

为什么美是吸引天蝎的法宝?

基本上只有美女能吸引天蝎，所以一定要打扮得漂漂亮亮的，为他们整容也在所不惜，而且最好不要告诉他们。保持身材、学会化妆、对他忽冷忽热，很快就可以征服他了。

血型＋星座——解读真实职场天蝎

A 型天蝎：蛰伏职场的“狠角儿”

●A 型天蝎的职场特征

A 型天蝎需要不断地处于忙碌之中，喜欢亲自动手去做，喜欢改善自己的工作和生活环境；喜欢更新自己的想法，他们的工作环境绝不容许任何外人入侵。职场上的 A 型蝎子企图心旺盛、行事风格极端，但外表内敛沉稳、谨慎认真，其实明眼人能一下就看出他们是狠角色，野心很大，有强烈的权力欲。A 型蝎子总是不计代价想要成功，用尽全力去争取想要的东西，而且往往低调行事，擅长放冷箭，让同事中招了还不知道是谁干的。

对人性观察十分敏锐的 A 型天蝎，能在短短的时间里看出对方的整体性格特质。拥有这样的天赋，在职场生涯中当然是自信满满，一路高升。但是一定要切记，山外有山，人外有人，有时也会遇上高手，可能自以为了解别人，但到头来却发现还是被自以为了如指掌的人算计了一回。

【职场贴士】职场中可以自信满满，却不能够太过自以为是。

B 型天蝎：若要工作有所长，应先有所专

●B 型天蝎的职场特征

在职场上，B 型天蝎的需要经常把自己放在忙碌之中，喜欢亲自动手去做感兴趣的事，喜欢凭自己的力量去改善自己的工作和生活环境，喜欢不断更新自己的想法，但不喜欢无所事事和碌碌无为的生活，因为那样会使自己丧失生机和活力。

B 型天蝎，体力充沛，适合从事朝九晚五的工作，能留在大公司里工作，成功的概率会更大。在变化多端、竞争性强的职场中，B 型天蝎最好学习一项专门技术，拥有一技之长。B 型天蝎比较不适合跟人共同合作，所以最好能从事可独立作业的职务。他们对事情往往有独特的见解以及深刻的思考，调查能力颇强，所以从事研究工作，比那些竞争激烈、有很多潜规则的商业来得可靠。除此之外，不仅自己的精神，甚至自己的身体也有超人的耐力，所以，B 型天蝎可以尝试一下从事体能训练这类的职业。另外，还要学会推销自己，这样才能最大限度地抓住成功的机会。根据 B 型天蝎的个性，他们不适合创业。

总的来说，适合 B 型天蝎的工作是科学研究、技术开发、医生、编辑、警察、侦探、检察官或刑事干部等。另外还可以尝试一下职业运动员、医师、药品研究员、检察官、算命等工作。但是外交官、推销员、大众传播、裁判、服装设计等工作不适合你。

【职场贴士】一技在手，前程无忧。

O 型天蝎：人际的协调性是职场晋升的要诀

●O 型天蝎的职场特征

O 型和天蝎的结合，综合了敏感多情和顽固坚定的个性，这两种相反的气质使 O 型天蝎在别人眼中显得神秘。但 O 型天蝎能在适当的时机展现自己令人喜欢的一面，还需要将两者保持平衡，不至于过分矛盾。

O 型天蝎具有极强的责任心，做任何事都一丝不苟。凭借他们认真的态度，O 型天蝎可以获得某种程度的成绩。他们内心潜藏着强大的野心与意志力，促使他们制定详尽的计划，并坚定地朝着目标前进，破除成功道路上的任何障碍。

良好的人际关系的是 O 型天蝎成功的关键。O 型天蝎虽然有吃苦耐劳的精神，顽强拼搏的劲头，但他们容易忽视和别人的团结合作，有时对自己自视过高，忽略自己的众多缺点。在这个处处需要协作的时代，个人的力量是微不足道的，若你能重视和他人的团结合作，时刻发挥集体观念，才能更靠近成功一点。

O型天蝎对工作具有强烈的责任感，较适合从事敏锐性及洞察力强的职业，例如，医生、作家、心理学家、企业界限研究开发。其次，也可以凭借与生俱来的强健体魄，从事导游、警察、船员、职业运动选手等职业。

【职场贴士】改善自己有些封闭的个性，多和朋友联系，以扩大自己的交际圈，开阔自己的视野，必对事业有所帮助。

AB型天蝎：充电，让出人头地成为可能

●AB型天蝎的职场特征

AB型天蝎做事冷静而高效，生性循规蹈矩，领导交代的任务都完成得十分出色。偶尔会打破规章制度，按照自己的方法做，但也都是在合理范围之类，上级领导也会放任他们的偶尔“不规矩”，因为事实证明他们最终是对的。

AB型天蝎生性保守而谨慎，做事一步一个脚印，在社交方面不太擅长。找一份真正适合自己的职业是成功的起点。AB型天蝎不会在短期内和同事、领导打好关系，只有长期相处，大家才会了解他们的优点，才会慢慢信赖他们，建议AB型天蝎找准职业长期干下去，必能取得很大的成功。

若要赢在职场，AB型天蝎需要一个沉稳的工作，由于性格原因，他们能耐得住寂寞，不仅不会因为工作内容的枯燥而轻易放弃，还会为提升自己而不断地给自己充电。

适合AB型天蝎的职业有很多，比如律师、法官，因为他们有甘于寂寞的心和敏锐的洞察力以及自己内心独有的公平正义感，能够使自己十分适应这种职业。

如果AB型天蝎想改变，便可以适应任何职业。这就需要他们改变自己的人生性格，若是想要生活过得开心，不妨选择自己喜爱的职业，不必为了身外之物和他人的看法而委屈了自己的想法，毕竟行行出状元。

【职场贴士】建议AB型天蝎找准职业长期干下去，必能取得很大的成功。

射手：想象力如飞箭般迅捷

射手的个性职场

射手职场的全能人才

射手（11.23～12.21），勇猛而有胆识，乐观、忠诚、正直，具有充沛的活力和积极向上的个性。射手的自尊心很强，讨厌一切不文雅的举动，厌恶粗劣的东西。大家都承认射手心智反应很快，对任何事物都学得很快，能把灵活的想象力用于实际事物之上。射手比较理性，可以自主调节情绪，人们都喜欢向射手倾诉自己的苦恼，以寻求帮助和安慰。

射手的个性既有平静的一面，又有热烈的一面。他们生来好奇，想认识所有的人和事，思维天马行空，令人无法捉摸，也具有叛逆性，但会很快平静下来，恢复常态。他们有很好的幽默感，但生气的时候可能会变得很顽固。射手座的人喜欢通过旅行接近大自然，有高尚的理想和高度的梦想，但是有一部分人会有点工作狂的倾向。

职场中，射手是个不折不扣的全能王子，不仅工作热情高涨，而且做事效率快如闪电，对人豪爽、友善，跟同事、客户之间都能够维持很不错的交情，是公司的得力干将。

只不过，崇尚自由的射手多数时候难以忍受看人脸色工作的上班族生活，他们中意于在家办公，希望能在轻松的环境中完成自己的创意作品。他们对工作价值的追求、对自我能力的提升，也一直没有停止过。

射手就业的迷津指点

●射手面试指点

反应敏捷与积极热情是射手面试的主打招牌。再加上射手浑身上下透漏出的创意灵气，很容易引起面试官的好感。

不过，射手在面试的过程中有一个明显的缺点就是说话太直。他们说话仿佛完全不经过大脑，即使不该说的也会脱口而出，而且丝毫也不会感觉到自己已经说错话了。这样容易给面试官带来一种自夸、肤浅的感觉。

因此，说话应该注意语言的艺术，凡话三思而后说。

●职场表现指点

射手新人，在职场中的表现不够沉着。凭借较高的综合能力，他们总是太过自以为是地高估自己，自认为所在的公司不是能够提供广阔空间、美好前途的地方。可是，当再换到另一家公司的时候，又会有同样的感受。职场射手太过好高骛远，看不清工作在当下才是最重要的。

职场射手的失业指数是四颗星，对于他们来说，失业很难，可是想要达到理想的就业却更难。根本在于他们那颗永远不懂珍惜工作机会的焦躁之心。

工作中，射手是个太过坚持自我的固执派。如果与老板或者同事发生争执的话，他们会毫不含糊的责怪老板或者同事的不讲理，却几乎看不到自己的固执才是争执的导火线。殊不知，知错就改才有可能进步。殊不知，愈是有内涵、有能力的人愈能够以谦逊的姿态面对工作、面对生活。

射手在职场中应该学会踏踏实实做好自己分内的工作，然后逐步提升自己的职业含金量，才是立足于职场的生存之道。凡事多检讨自己，才有机会锻造出一个独一无二、无人能替代的自己。

射手老板的领导风格

●射手的领导风格：大包大揽

射手最大的性格特点是乐观开朗、积极热情、性情多变，射手的乐观造就了射手老板大包大揽的领导风格。

他们对于自己的承诺，好像从来不会认真地践行，不仅是因为在做承诺之前没有经过深度的思考，也因为他们不会考虑承诺的后果。在整个承诺的过程中，不是随意地改变了承诺的内容，就是早就已经忘记了还有一个承诺的存在。对于射手老板给予的承诺，不可不信，也不能全信。

射手老板做事情独具战略眼光，他们能够看到别人看不到的前景，他们能发现别人发现不了的商机，是个天才老板。同时，射手老板是个爱才之人，他们善于发现人才并利用人才，喜欢干练且富有创意的活跃分子，不太看好离群的下属。

射手老板是个大行不顾细谨之人，做事不拘小节，喜欢直来直去。无论是向射手老板做汇报还是提建议，需要注意直接表述胜过含蓄的表达。如果你足够出色，射手老板也是不会吝啬奖赏的。

与射手同事的和谐相处

射手同事的真诚直率、热情开朗总给人一种如沐春风的感觉，尤其是他们那股乐观进取的劲儿。与射手同事相处，没有什么太大的压力，反而是个值得倾诉心事的好伙伴。

射手同事对于自己喜欢的工作，绝对算得上是个工作狂。他们全神贯注地忙碌，工作产量也很高，他们对自己的付出要求得到相应的报酬，否则辛苦的白费是一种精神的打击，会让他们逐渐失去对工作的澎湃热情。

与射手同事合作，应该适度跟进他们的工作进展情况，射手在工作上偶尔还是比较随性的。别看他们在认真的时候兢兢业业，可是一旦打起马虎眼来，才不管什么工作进度的问题，会让人很无奈。

总之，与射手同事和谐相处的关键在于以诚相待，平时多注意沟通，偶尔可以在一起撮上一顿，那么射手同事也将以百分百的热情与真诚回馈给你。

如何装扮最有气质的职场射手

射手，不是喜欢追求时尚的人，却是喜欢引领时尚、超越时尚的雷人。所以，别人认为的性感，射手会觉得庸俗；别人追求的品牌，射手会觉得太过俗气的招摇。射手欣赏的是专属于自己的野性时尚。

由于受到众神之王朱彼特的掌控，射手比较青睐与充满野性、运动与休闲风格的服饰。他们的穿衣准则即是：最新款式 + 高格调 + 出人意料。他们喜欢打破常规来穿出自己的个性，于是他们会在直筒裤的腰际上围上印度的沙丽，也会在一种款式重回生活舞台之前，就已经再次将它穿出门去了。

射手小资，奔放中诠释自由

射手热爱自由，讨厌束缚，他们忍受不了一切牵制自由与思想的事务。精神饱满的射手喜欢蓝蓝的天空与碧绿的青草，喜欢奔跑在辽阔的海边或是坐上一个快艇直追落日。

虽然射手不安于平静的生活，但如果某些时候你发现他们安安静静地坐在书桌前看上一本言情小说，写上一段杂记散文，请你不要吃惊他们竟然还有这么有才情的一面。

职场射手最想知道的“十万个为什么”

●射手职场的行为指南

为什么反应迟钝是射手面试成功的秘诀?

射手面试前的准备工作最好长一点，要记得把需要带的东西准备好，最好带一公文包。但是由于射手才思敏捷，因此回答问题总会脱口而出，这样会给人讲话不经过大脑的印象。所以，即使对面试官的提问早就已经成竹在胸，也要做出思考的片刻，才会让面试官佩服自己的睿智。另外，射手要注意坐姿，不要松松垮垮的，站如松，坐如钟，是射手要记住的姿势。

为什么严肃是职场射手实现加薪的诀窍?

射手表面看起来和老板的关系很亲密，老板也很喜欢和射手在一起工作、娱乐，但是射手身上爱玩的特征太明显了，很容易遭到老板的误解，以为他们在工作中也在要宝，没有认真负责，这点让射手感到委屈。如果什么时候能严肃点，让老板知道你对工作其实也是很认真就会有很大的加薪可能。不过，依射手的个性，大多不会这么做，他们也不怎么在乎加不加薪。

为什么职场射手要跳槽?

射手没有什么计划性，一个很小的由头就能促使他跳槽，什么公司管理的太严，那边挖墙脚的人很有诚意，那边的环境很不错，这些小因素就能让射手远走高飞。至于到新地方会不会后悔就难说了，不过即使后悔，也持续不了几天。

为什么职场射手不愿迎合他人?

射手的不愿迎合，性质上来看，就是“无组织，无纪律”。不愿受到束缚，喜欢自由自在是射手的本性，迎合别人是他们非常讨厌的事。不过，他们的反抗精神不强，有时候也能勉强屈服一两次。大多数时候，他们是采取逃避的态度。

为什么职场射手最容易被人当垫脚石？

常言道：“马善被人骑，人善被人欺。”有些人因个性柔和、不善于与他人争论，且淡泊名利，因此，职场中总被他人利用，成为别人加薪升职的垫脚石。

射手有点大大咧咧的样子，往往成为别人利用的对象，但并不是因为他们傻，而是他们无心和人争斗。虽然他们在工作上很有战斗力，但是在利益分配上，他们就完全没有了战斗力，任人摆布，发觉被占便宜也无所谓，所以说射手是老好人。但是，如果做得太过分，射手也会奋起反击，他们可不是怕事胆小，也不是容易被蒙骗，不过是大方惯了。

为什么应对射手客户需要趁热打铁？

射手风趣幽默，也很大方，和他们的相处很愉快，但是在正事上，他们并不是那么容易对付，有着很狡猾的地方。虽然枝儿叶儿的事情他们不放在心上，但是对关键性的问题，他们是非常敏感的。而且，射手门路比较广，心思比较活，与他们打交道很多事情要趁热打铁，千万不要拖拖拉拉。

为什么“笑场”是与射手沟通顺畅的秘诀？

一件很严肃的事情，如果你能把射手说得笑起来，那么事情就成了一大半。这时，射手就很露出他们热情开朗的一面，自然什么事都好办了。

为什么职场射手需要缓解工作压力？

乐观的射手对于压力的处理比较有意思，那就是直接藐视压力。“没什么大不了的”是射手经常挂在嘴边的话。射手生性开朗活泼，总是能通过休息、娱乐来缓解压力，他们不会在心里埋怨什么，有什么想法就会坦率地讲出来。如此一来，他们不仅容易得到别人的谅解，也容易得到别人的帮助，所以，压力也就会真的变成像射手说的那样，没什么大不了的了。

为什么职场射手最能获得好人缘？

职场射手的个性开朗大方、活泼好动、爱玩会玩、风趣幽默、率真耿直、不拘小节、乐观阳光、可爱、热情、没有花花肠子、讲义气、出手阔绰、交游广阔、消息灵通……因此他们很有人缘。

为什么跟射手做朋友很好？

“益者三友，友直、友谅、友多闻。”意思是说：值得交往的朋友有三种：个性率真的朋友、个性宽厚的朋友、知识渊博的朋友。对照来看，射手的朋友这三项条件都满足。射手开朗大方、热情随和的性格配得上“友真、友谅”四个字，虽不一定知识渊博，但交游广阔、消息灵通的射手离“多闻”二字也不远矣。

为什么职场射手容易出口伤人？

射手很喜欢乱开玩笑，并会以为别人都能和自己一样经得起开玩笑，尤其是当他们情绪很高的时候，完全没有分寸。而且射手不太会察言观色，往往会因为没有分寸的玩笑弄得场面尴尬。

为什么射手适合开户外运动用品的网店？

由于射手天生乐观、崇尚自由，并钟情于户外运动与旅游，因此适合开户外运动用品的网店，他们可以将自己的实践心得传授给自己的买家，赢得买家的青睐。再加上射手比较爱玩，在网上卖一些玩具也会有不错的成就。

●射手的健康秘籍

为什么职场射手瘦身重点在大腿？

职场射手减肥迫切性：★★★

关键部位：屁股、大腿

原因分析：射手发胖的概率比较高，不过大多是微胖，这些快乐的小胖子在生活中比较多见。不过，以射手开朗活泼、精力充沛的特点，减肥的迫切性并不见高。如果减肥，一定不要用枯燥、痛苦的方法，那对射手不适用。射手男性可以多选择球类运动，射手女性可以跳健美操，做瑜伽。

小处方：

（1）不要往有好吃的东西的地方去。

（2）游泳、打球这类运动对射手有效。

为什么职场射手需要多补充维生素 B_1？

射手，是十二星座中最随意的星座，他们讨厌束缚，喜欢自由、放荡，即使是吃饭也主张马马虎虎、应付了事。因此，射手座的人可以多食用些富含维生素 B_1 的芝麻、玉米、黄豆、瘦肉、白菜、芹菜等食物，因为维生素 B_1 是经常吃快餐的人所需要的。

为什么射手睡什么样的床都不会不舒服？

射手对床没有什么要求，床上没钉子扎屁股就行。至于床是大一点小一点、高一点低一点、软一点硬一点，他们统统不在乎，随意、乐观的射手总能快速入睡，起床就跑得没踪没影了。

●射手的理财情报站

为什么职场射手是“月光一族”？

受性格影响，射手不会在公司中占到有利的位置，肥差常被别人抢走了，且分起钱来他们也懒得为自己争取利益，可以说在金钱上会比较匮乏。他们好旅游、运动、交朋友，每一样的开销都不小。所以，他们经常会有经济上的难题。

为什么射手同事的钱比较好借？

射手的钱很好借，因为他们一般比你还穷。

为什么职场射手不适合做投资？

投资股票不适合射手，太过粗心大意是射手的特点，对待需要精密的投资市场，射手耐心不足，粗心有余，很容易出事。而且属于火象星座的射手脾气暴躁，很容易因为起伏涨跌气坏自己的身体，所以，还不如去当安安稳稳的公务员好。

●射手的情感喜好

为什么职场射手不愿意和同事发生办公室恋情？

射手是最在意自己的隐私的星座，要他突然把自己的私事让一个“同事”深入了解，实在会让他们不自在。想起被同事们开玩笑、被同事们在背后议论，射手简直不寒而栗，所以还是放弃吧！

为什么职场射手不容易发生网恋？

一向喜欢追求新颖的感觉的射手对网恋却没什么兴趣，他们更喜欢打游戏，而不是谈人生谈理想谈恋爱。

为什么不能在喜欢的射手面前哭鼻子？

千万不要在射手的面前哭鼻子，虽然他们会很有风度的劝解你，但是下回他就会避着你了。

血型＋星座——解读真实职场射手

A 型射手：冲动，在职场中不一定表现为魔鬼

●A 型射手的职场特征

A 型射手在工作中需要很大的空间让他们跑来跑去，他们喜欢自由无拘束的工作环境。幽默的他们常常为办公室里的人带来许多欢笑，他们不喜欢严肃的气氛，也不喜欢权威和官僚制度。在 A 型射手精神抖擞地向前冲时，千万别忘记要谦虚。因为就算是公司的得力中坚力量，公事还是必须公办。对待下属和同事，如果压不住，那就充分授权，让他们各司其职。

A 型射手喜爱冲动，对于他们认定的工作目标，他们会毫不犹豫地实践起来，而且往往会带来比较出色的成果。所以对于 A 型射手来说，工作上的冲动不是魔鬼而是好运。同时，他们知识丰富，工作态度也相当细心认真，只要从事适合的职业，都可赢得别人的信赖。但是如果想要通过捷径取得成功的话，则可能陷入麻烦当中，因为职场中的射手往往会忽略细节问题。

因此，对于他们来说最重要的是要根据兴趣及能力选择岗位，这样假以时日必能在社会上出人头地。

【职场贴士】要记住，成功没有捷径，真正的成功来自自身的拼搏。

B 型射手：以才取胜，不怕变换的职场风云

●B 型射手的职场特征

B 型射手，很少能从一而终地完成一件事，但由于他们颇有才能，成功的机会也不小。总体来看，B 型射手的职场命运充满变数。

在工作中，B 型射手最大的缺点是没有耐心，虽然他们的思考力及行动力都非常强，但是做起事情往往容易丧失耐性，无法坚持既定的目标。在做那些需要花费很多时间精力的事情时，他们总会比那些有毅力的同事落下一大截，跟不上别人的步调。

B 型射手颇具人文精神与创造力，适合多元化的工作。在选择职业时，最好选择能发挥自己才能的工作，或者是自己感兴趣的工作，这样才能提高成功

的机会。

B 型射手多才多艺，经常处在换工作的状态。这是因为他们不适合从事单调、刻板的工作，这些琐碎繁杂、压力又大的工作，都会妨碍他们才能的发挥。所以，选择适合自己的行业非常重要。

B 型射手不妨考虑这些职业：自由作家、记者、旅行家、摄影师、计算机软件开发等，他们可以在这些方面取得不错的发展。而翻译、艺术家、大众传播、诗人、宗教家等，也可以尝试一下。但是，园艺精密技术、行政管理、总务、制造业这些并不适合，千万别冒险尝试。

【职场贴士】在工作时，注意克服性格上一些不良因素，将大有可为。

O 型射手：延伸思维触角，开辟职场创意

●O 型射手的职场特征

O 型射手浑身充满活力，思维、行动都相当敏捷，经常会提出很好的创意。在创意创造价值至上的当今，他们是难得的人才，很容易得到上级的赏识。O 型射手十分努力，很有干劲，但一直往前冲的他们可能会忽视和同事间的协作，显得不那么合群。职场是一个十分需要团结协作的地方，要回过头来配合他人的步调，这样才不至于被踢出局。

O 型射手爱好自由的个性，极其讨厌束缚。对于严谨的规章制度，他们很难容忍，所以他们不适合待在大公司。O 型射手喜欢没有约束的做事方法，经常按照自己的意志办事。并且他们具有新颖的创造力，不会每天重复做同样的事，朝九晚五的上班生活对他们来说是深牢大狱。他们只会做自己喜欢的，加上坚持不懈的拼搏，在短期内就能在某个领域名利双收。

O 型射手在无法保障自己的经济来源的情况下，也愿意做自己不喜欢的事。但他们奋发向上的进取心和热忱的工作态度，常常让他们有丰富的经济来源。O 型射手适合自由的独创性职业，比如作家、律师、诗人、及教师等。另外，O 型血多方面的社会性，加上你与生俱来的语言天分，你也很适合从事空中小姐、观光导游、语言教师、翻译员等职业。

在工作上，如果长期从事同一项工作，O 型射手容易产生倦怠心理，对工作半途而废。培养自己对工作的耐心，会使自己更容易走上成功之路。

【职场贴士】热爱自己的工作，即使再枯燥、乏味的工作，都应坚持用创造性眼光发觉工作的趣味性。

AB 型射手：即知即行的职场实践家

●AB 型射手的职场特征

AB 型射手富于激情，喜爱挑战，对任何棘手的问题都能够处理得十分妥当。这让他们在领导和同事心中具有相当高的威望。如果工作过于清闲，工作没有任何技术含量，他们绝不会感兴趣。

AB 型射手最大的缺点是对一份工作很难产生持久的兴趣，到一定时间就会对工作产生倦怠心理，影响工作效率。他们经常跳槽，这对他们的职业生涯有利有弊。若是 AB 型射手能将丰富的工作经验合理地综合利用，自主创业，从事自己喜欢的工作，必能在事业上获得一份成功。但若一直三心二意，见异思迁，也就很难在事业上取得长足的进步。这是 AB 型射手应该注意的。

AB 型射手拥有多方面的兴趣，他们喜欢根据兴趣选择职业，如果他们对现有的职业不感兴趣，那么就很难在工作上取得成绩，他们还会以各种借口去更换工作。在别人的经历中，不断地变换工作不容易取得成功，而你恰恰相反，频繁地变化工作反而使他们能够学到更多，也使他们增加更多的阅历。

有冲劲的工作更容易引起 AB 型射手的兴趣，引爆他们迅速行动的爆发力，让他们坚定决心、勇往直前。他们不喜欢一成不变的工作状态，每天都充满挑战的工作反而能激发他们工作的热情和斗志，让他们能够大胆发挥自己的才能。

【职场贴士】一定要在选择工作的时候想好自己的兴趣所在，不符合自己兴趣、性情的工作，只能让自己在闷闷不乐中度过，这种折磨就会迫使自己寻找下一份工作。

摩羯：韧劲十足的现实达人

摩羯的个性职场

摩羯职场的铜豌豆

职场摩羯（12.22～1.20），善良而坚强，具有现实主义精神。他们的性格特点是谨慎、务实、节俭，凡事小心翼翼，有高度的耐力，在严苛的现实环境下仍然能够耐心等待，且为了使计划顺利实现，可以熬过漫长艰辛的准备时期，绝不松懈，韧劲十足，着实是一颗压不扁、砸不动的响当当的铜豌豆。如果把摩羯在职场中的升迁过程比作爬山的话，那么谁的脚印都没有摩羯走得踏实。

摩羯稳健而忠诚，谨慎而敏感，对于权威非常敬重，把人生看得比较严肃，有一种强烈的责任感。摩羯办事光明正大，从不掩饰利己之心，有时会引起别人的反感。可能是由于洁癖或不愿意妥协等原因，使摩羯的人际关系并不太理想，经常会有孤独的感觉。

一般来说，摩羯在职场中比较讨人喜欢，出众而迷人的外貌，不俗的风度，不容易受刺激以及随机应变的处事能力。此星座的人善良和感情丰富的一面往往会被羞涩所掩盖，很会抑制自己，讨厌做事随便，会一步步踏踏实实地朝向目标迈进。其实他们本质上不够自信，经常与机遇擦肩而过，也很容易被别人左右，改变自己的初衷。

摩羯就业的迷津指点

●摩羯面试指点

当摩羯坐在面试房间的时候，他周围的空气突然变得严肃、凝滞，他是一个稳健、偏执的现实主义者。这个时候，摩羯应该先向面试官呈现出自己优势的一面，既然拥有积极务实的态度、无人能及的苦干精神、强大的自制力和严谨的思考方式，就应该积极主动地表达出来。

所谓该出招时就出招，如果在面试的时候毅然固执于自己沉闷的一面，那么还不如放弃这个面试机会。另外，摩羯应该不要想太多，让焦虑绊住了成功步入职场的步伐。面对面试官的提问，表现积极一些，会为自己增分不少。

●职场表现指点

摩羯是个工作狂，不管他们对一个环境熟悉与否。对他们来说，在工作时间里，除了工作之外，其他外在的环境只是个摆设。他们专注地投入，很少分散半点精力去注意其他的事情，绝对的两耳不闻窗外事的类型。

摩羯在职场的兢兢业业、耐磨耐练的品质，让他们能够在一个职位待得很久。职场摩羯的失业指数为两颗星，是十二星座中失业率最低的一个星座。

摩羯如果能在职场中功成名就的话，也就意味着他们是在踩着自己的痛苦一路披荆斩棘走过来的。愈挫愈勇，愈勇愈强，是他们中大多数人的真实写照。如果他们发现工作中存在着危机，比如在经济不景气，公司要裁员，竞争对手突然做出了好业绩的时候，他们就容易怀疑自己的能力。实际上，摩羯只要肯相信自己，就可以做出漂亮的业绩！

摩羯既然需要成长在职场，就应该学会融入团体，不妨在工作的休息时间多与同事聊聊天，工作上也多与他人沟通，不要忘记人脉是每一位成功人士的专业课，也是每一位想要成功之人的必修课。

摩羯老板的领导风格

●摩羯的领导风格：固执专制

摩羯老板看起来有点温和、稳重、成熟，具有崇尚专制的“铁权”倾向，看重自己的权威，这与狮子领导有一拼。

作为摩羯老板的下属，最好能够尊重与支持老板的决定，并能够做出力所能及的响应。摩羯老板心目中的好员工是能够担当起工作责任、能够勤奋刻苦，对于老板吩咐的任务总能说一声"一定按时完成"的人。由于摩羯老板本身就是工作狂人，他们希望自己的下属能够跟自己一样视工作为生活享受的一部分。对于工作懒散，没有时间观念与纪律约束的下属，摩羯老板会毫不客气地将他们剔除公司。

此外，摩羯老板还是一个善于规划职业目标的人，更可贵的是他们总能够有方法将这些目标由理想的维度转化为现实的可能。他们注重一诺千金，答应的事情一定会做到，是个责任心极强的、值得信赖的领导。

与摩羯同事的和谐相处

用现代的一个词来形容摩羯同事的话，非"闷骚"莫属。摩羯同事在办公室里从来不会咋咋呼呼，他们做事情总是能够一板一眼、一副不急不慢的样子、喜欢躲在角落、喜欢沉默地观察周围所谓的纷扰与和睦，所以他们一般不会引起人们的关注，但却是最后能取得成功的人。因为他们善于把狂热的野心，潜伏在一颗冷静的外表下。

摩羯同事，是比较诚实、温和却又略带固执的人，对自己的工作责任心很强，对其他同事在工作中的求助，一般也会热心帮忙。比如当同事 A 试探性地问："摩羯，能帮我的策划案出个点子吗？总觉得不够出彩。"这时候摩羯一般会放下手中的工作，而无论你的策划案有多长，他都会耐心看完，并给予比较中肯的意见。这样，摩羯便会深得同事的感激，因此大家都会比较愿意和摩羯交朋友。

摩羯同事有一个缺点，就是太闷了。

如何装扮最有气质的职场摩羯

摩羯生性严肃，适合中性的装扮。对摩羯来说，时尚没有什么可以值得追求。毕竟社会可以创造流行，同样也会淘汰流行。摩羯喜欢在装扮中穿出实实在在的东西。对于时尚的元素、流行的装饰，他们不会特意把它们放在衣服上。在他们的眼睛里，简简单单的衣服才能还原最真实的自己。

摩羯的装扮时尚观念是简洁，他们强调的衣服风格是 20 世纪 60 年代的直线设计风格的衣服。衣服的穿着简洁、含蓄、不求修饰，对他们来说，才是永不过时的潮流。

摩羯小资，诗意于返古咖啡馆

摩羯心思细腻，以至于经常会在一个问题上思索很久，他们总会有自己独特的想法，是个天生的评论家。多愁善感是摩羯的性格特质之一，比起喜欢热闹的天秤，他们更喜欢独处的静谧。

除此之外，他们对时尚有着自己的见解，喜欢古典的情怀一直不变，对于新鲜事物也有很强的适应能力。对摩羯来说，或许陈旧的返古咖啡馆更适合自己。

职场摩羯最想知道的“十万个为什么”

●摩羯职场的行为指南

为什么微笑是摩羯面试成功的秘诀？

摩羯的职场新人第一件事就是要学会正视别人的目光，不要躲躲闪闪。另外，不要太严肃了，避免给面试官留下“苦大仇深”的印象，所以在敲门进去前，要深吸一口气，微带笑意。

为什么职场摩羯加薪的机会很渺茫？

摩羯可能是和老板相处，距离最远的员工。摩羯很害怕别人说你自己拍马屁、巴结老板，总是离老板远远的。即使需要沟通，都往往是老板找摩羯，他们很少有主动去找老板的时候。摩羯严肃、威严、不可亲近，即使老板心里对他们有所敬重，但是也不好过于表现出来。总的来说，摩羯很难得到加薪的机会。

为什么职场摩羯要跳槽？

摩羯要跳槽，一定经过再三考虑，所以没有挽留的余地，说不定，他们自己的公司执照都已经拿到了。因此，摩羯跳槽是在理性的基础上谋求更广阔的发展。

为什么职场摩羯不愿迎合他人？

摩羯表面上没有狮子那么激烈，也没有水瓶那么显眼，但是他们内心的高傲可不比水瓶低。摩羯对自己了解得比较透彻，能根据自己的实力制订出计划，然后严格执行。他们对别人的意见，只是作为参考，他们相信的只有自己。要想让他们迎合别人那是一件很难的事。

为什么职场摩羯容易被人当垫脚石？

说得难听一点，摩羯有点好高骛远，对眼前的一时得失不怎么在乎，所以摩羯也常常成为别人的垫脚石。摩羯总是觉得为一点小利益争来争去很没有意思，再加上他们具有宽容心，懂得顾大体，且有点怕出头，所以很多时候，摩羯的态度是，忍忍算了。总的来说，摩羯容易成为小人下手的对象，应对朋友多做防范。

为什么职场摩羯很有拼搏精神？

摩羯是个悲观主义者，他们总是做好了最坏的打算，然后用自己最理想的状态来应对压力。他们思虑周密，很注重细节的完美，他们总是毫不气馁，对要实现的目标死缠烂打。

为什么直率是应对摩羯客户的诀窍？

摩羯比较讲究直来直去，转弯抹角会让他们反感。无论事情的大小，都要摊到桌面上讲得明明白白，这样既能表示你的诚意，也能让摩羯放心。如果打马虎眼，摩羯就会开始打退堂鼓。

为什么耐心是与摩羯沟通的要点？

摩羯是一个有点难度的星座。不过，他们只是样子比较严肃认真，其实很通情达理。与他们沟通时，不要被他们的表情给吓住了，多一点耐心就行。

为什么职场摩羯是十二星座中最忧郁的？

平时看起来就非常严肃而深沉的摩羯，总是在为一些难以实现的事情而烦恼。缺乏物质层面的安全感，基本上是摩羯忧郁的主要原因。他们看起来很平静，但是内心的欲望总是得不到满足，他们的内心总是在接受煎熬，而且很容易变成恶性循环，越忧郁越难以自拔。到后来，一点小的麻烦，也会在摩羯的内心被放大，使他们非常沮丧。

所以，对于摩羯来说，一定要多和家人谈心，多和朋友一起散心，摩羯的亲友也一定要多关心他们，尤其是他们遇到别人不以为意的小麻烦的时候。

为什么摩羯适合开古董网店？

摩羯的人喜欢有文化底蕴的东西，他们对每件古老的东西的历史、故事、特点都非常有兴趣，而且他们谨慎小心，非常喜欢卖古董。正所谓有兴趣才会有动力，有动力方能做到更好。由于摩羯对古董行业了解的很多，因此做起古董的买卖来，会显得游刃有余。

●摩羯的健康秘籍

为什么职场摩羯最容易亚健康？

摩羯对工作很拼命，但大多数摩羯是为了寻求一点安全感。工作确实是摩羯的生活重心，忧心忡忡的摩羯总是渴望在工作上做出成绩来，让自己能安心地生活。如果钱财得到了满足，摩羯就会马上转向对权力的追逐。总之，只有不停地追逐，摩羯才能找到平衡。

为什么职场摩羯不用在乎瘦身问题？

职场摩羯减肥迫切性：☆

关键部位：无

原因分析：严肃、深沉、忧郁的摩羯要胖起来实在太难了，恐怕需要增肥的摩羯比需要减肥的摩羯还要多。当然，大多数的摩羯是清秀、挺拔的好身材。如果摩羯不幸肥胖了的话，大多数是内分泌失调导致的，只要调整好心情，肥胖便会消失。即使有极个别例外，因生活条件比较安逸发了胖，以摩羯的毅力，要瘦下来也不是什么难事。

小处方：

（1）运动不仅能减肥，也能保持身材的匀称。

（2）不要喝酒。

为什么职场摩羯需要多补充维生素 B_5？

忧郁严肃的性格是摩羯的特质，因此，摩羯的人非常容易患得中枢神经系统和肾上腺的疾病。这就需要多吃一些富含维生素 B_5 的食物来加以预防和保持中枢神经系统和肾上腺的正常机能。富含维生素 B_5 的食物包括绿叶蔬菜、牛奶、玉米、豆类和蛋类等。

为什么职场摩羯睡多功能床最舒服？

摩羯对气氛的要求不是那么严格，但是很讲究实用，所以床的功能要比较多，床头柜一定要多功能化，放书的地方一定要有，放音乐的设备也一定要齐全。如果有孩子一起睡的话，多功能儿童床组一定也是必不可少的，坐卧两用的沙发、休闲床都是很好的选择。

●摩羯的理财情报站

为什么从摩羯同事那里不容易借到钱？

摩羯的钱不太好借，即使他们有了余钱，也一定很快就被做了新的规划，你去找他借钱就是打乱他们的这个规划。不过，摩羯的人很讲感情，如果是有恩于他的人找他借钱，他砸锅卖铁都会借给你，并不急着催你还钱。

为什么职场摩羯是星座哭穷高手？

摩羯的情况和巨蟹类似，强烈的责任感让他们感到不安。但和巨蟹不同的是，他们哭起穷来，并不以哀怨或数量取胜，而是斩钉截铁的几句话，就能让你对他的穷苦深信不疑。而话语出唇的摩羯也像甩出了一个沉重的负担一样，心里舒坦了很多。

为什么职场摩羯适合进军投资市场？

与金牛、处女同属土象星座，摩羯的耐力和心理素质是很棒的，是投资市场里不可多得的优势者。不过因为守护星座是代表困难挫折的土星，财运便不是很旺盛，常在市场中棋差一招。不过坚忍的性格是摩羯的救命稻草，他们总能坚持到最后，他们不会轻易被挫折打败，但因为久经挫折，也令他们占有欲极强。

●摩羯的情感喜好

为什么职场摩羯不愿意发生办公室恋情？

顾虑重重就是摩羯座生活的状态。兔子不吃窝边草的古训深深地刻在他们的脑海里，要他在办公室里展开恋情，把工作搞得复杂，他们可不愿意。上司的眼光、同事的议论对他们来说，实在太可怕了。不过，摩羯座的人很重感情，虽然会把这份情感埋藏在心里，但是摩羯座还是会在工作上照顾对方。

为什么职场摩羯的网恋情结比较迷离？

摩羯座比较闷骚，非常渴望网恋，但是要犹豫很久才会有所行动。所以摩羯座会不会网恋要看具体情况，要么彻底和网恋绝缘，要么在网上爱得死去活来。

血型＋星座——解读真实职场摩羯

A 型摩羯：工作高于一切

●A 型摩羯的职场特征

不适合 A 型摩羯从事的职业有外交官、设计师或与大众传播有关的工作。这些职业需经常交际应酬，跟他们的个性不符，让他们容易为虚华不实的环境所影响。他们如果能专心致力于工作，就会有卓越的表现，为了追求工作上的责任与成就，他们会把工作看得高于一切，这是他们获得成功的关键。

许多其他星座和血型的人因为孤独而难以应付落在身上的责任，而对于A型摩羯来说，他们喜欢独自坐在办公桌前，并且与最亲密的同事也保持一定的距离。有时候他们缺乏灵活性，为人死板，容易被同事或周围的人敬而远之。如果有任何事削弱他们的权威时，也会感到异常痛苦。尽管不是所有的A型摩羯都这样独断，但不可否认其性格中存在这种成分。

职场上的A型摩羯任劳任怨、勤恳踏实的工作态度容易博得上司的好感，然而与同事之间的关系比较僵硬。

【职场贴士】工作尽管很重要，但个人魅力也是不可忽视，职场上的人际关系也需要加强。哪怕做得再多，不说出来也是没用的，一定要学会表达。

B型摩羯：不努力，就会自己“开除”自己

●B型摩羯的职场特征

B型摩羯，将“勤能补拙”、“天才是九十九分的努力加一分的幸运”等话语作为自己的座右铭。所以，勤奋、努力是他们职场上最明显的特征。在通往成功的道路上，B型摩羯的勤奋与努力是他们披荆斩棘的最好武器。他们的内心非常明白，在这个竞争如此激烈的时代，如果不努力，就会在时代开除自己之前，自己就已经将自己开除出职场了。

B型摩羯的事业运非常旺盛，但需要牢记的是，B型摩羯的付出往往有一个周期，不是所有的努力一下子就能有回报。所以，B型摩羯不要经常更换目标，一旦做出努力就要坚持到底，否则所有努力都将白费。因此，选定方向之后，B型摩羯只需奋力前进，时间会带给他们最公正的评价。

B型摩羯拥有别人所没有的专业知识和技能。若能全心全意投入自己的专业领域，能比别人更容易取得成功。大多数情况下，B型摩羯以发挥专长为乐，对工作重视的程度远远胜于对婚姻的计划。

【职场贴士】应该学会调剂人生与工作，这样的生活才会变得更加丰富多彩。

O型摩羯：放在职场水系中的一块干海绵

●O型摩羯的职场特征

O型摩羯在职场上的天赋并不突出，可能和自己同一个起点的人已经小有成就，他们仍然没有大的起色。但O型摩羯的持久性和耐力是强于其他血型

星座的，只要持续不断的努力，一定会达成自己的目标。O 型摩羯比较专注在某一个行业中，不适合频繁转行。

O 型摩羯很有才华，但有时候不懂得发挥。O 型摩羯内心深处潜伏着强大的野心，外人难以察觉。他们摒弃妇人之仁，认为狡诈狠毒才能在事业上取得巨大的成功。即使他们现在只是公司基层的小职员，但他们会想尽一切办法，努力向上爬。为了成就自己的野心，他们甚至会牺牲眼前的利益，这种运筹帷幄的决断力是别人所部具备的。当然，最重要的是他们在职场中的每一刻都像是一块急需营养水的海绵，所以他们会尽情地学习知识与技能，最大化地提升自己。

O 型摩羯的自信来源于职场上的成绩，但不要过分自信，时刻保持空杯心态，才能在职场上获得更大的成就。

O 型摩羯稳固踏实的个性，很适合安稳的职业。比如公务员、教师、会计师等。此外，如数学家、测量技术、电脑程序设计师，这一类需要缜密思维的职业也很适合他们。若是想利用天生的艺术才能，可以考虑做一个音乐家或者作曲家。

【职场贴士】职场中积极奋斗，定能笑傲职场。

AB 型摩羯：典型的职场“黑马”

●AB 型摩羯的职场特征

AB 型摩羯擅长稳中求升，做事稳重，步步为营，很少冒险。因为长期以来积累的工作经验，他们对工作十分自信，在自己擅长的领域能够充分发挥自己的才能。他们很努力并且有耐心，终有一天能走上领导岗位。

AB 型摩羯无论做什么，起初都不是一帆风顺地达到自己的理想，他们属于“黑马型”人才，总能在最后时刻，让大家刮目相看。比如在上学期间，他们的成绩只是中上等，但在最后的决定性考试中总能名列前茅。他们属于马拉松好手，而不是短跑健将。

AB 型摩羯能够客观地评估自己各方面的能力，即使遇到一些打击和挫折，最后也能通过各种方式化解困难，证明自己不凡的能力。

AB 型摩羯适合外交、金融方面的工作，这些工作需要顽强的精神、精深的知识，以及百折不挠的信念。加之他们做事有条不紊，行事谨慎，能够避免重大失误，从政从商都适宜。另外，科学家、土木工程师、医师、不动产等，也都很适合 AB 型摩羯。只要记住，坚持信念，稳扎稳打，不随便跳槽，定有平步青云的一天。

【职场贴士】坚守工作岗位，稳中求升，发挥坚毅的性格优点，必能有所成就。

水瓶：浮在创造力上的瓶子

水瓶的个性职场

水瓶职场源源不绝的创造力

职场水瓶（1.21～2.19），兼具知性以及幽默感的瓶子。性格温文尔雅、体贴细腻，富于冒险的开拓和研究精神，喜爱所有新鲜的东西，能接受新的发现，具有锐利的观察力、推测能力及建立理论的能力，但水瓶的社交能力不强，喜欢宅在自己的小天地里。水瓶的优点是性格均衡而健康，有天生的理性助他去了解人的本性，同时也拥有高度的容忍力。水瓶的缺点是当受感情和偏见影响的时候，原本敏锐的判断力会变得很差。

水瓶个性独立而执著，有人道主义的精神，有丰富的同胞爱和民主意识，能够打破社会阶级和人种的差异，培育出真正的友情。感情上比较敏感，容易受到伤害，但很快就平息下来，不会耿耿于怀。他们喜欢听恭维的话，诚挚恳切，心如止水，也比较善变，拥有迷人的风度。

职场水瓶有个别名叫做“创造力”，无论是在生活、工作还是艺术方面，他们的创意灵感总像源源不断的山泉水一般涌现着。他们一直在为求新求变而时刻转动着自己的大脑，聪明绝顶，却又让人琢磨不透。因为水瓶的想法变化太快了，一般人根本就跟不上他们的思维步伐。歌里唱的“得飘～得飘～得咿的飘～”，简直就是为他们的创意在骄傲地呐喊。

职场水瓶的头脑是才智做成的，所以水瓶的每一根神经都敏感得很。当水瓶的喜新厌旧与一般人的传统发生冲撞的时候，水瓶脆弱得可怜。久而久之，水瓶更愿意把自己封闭在自己的世界里，舒展一下自由的筋骨，轻松地转动一下灵活的大脑，将完美的创意文案一气呵成，然后深呼一口气，再尽情地享受自己的网上冲浪时光。

这就是职场水瓶，在自我与自由与创意中畅快地满足着自己的心意。但是，适当地接触一下外面的世界，历练一下自己的心理承受能力，对水瓶的职场发展意义非凡。

水瓶就业的迷津指点

●水瓶面试指点

水瓶是一种崇尚自由，极讨厌被束缚的人，他们最害怕的事情就是一成不变，比如说一年到头来都是一种发型、很久以来都在循环着一种工作模式。他们在传统的刻板中无时无刻不在寻求着全新的突破。所以，水瓶的创意天赋让他们能在时尚尖端或创新的行业中大展身手。因此，面试的时候，注意对相关职业的选择，面试成功的机会以及职场成功的机会都会很大。

但是，水瓶有一点需要注意。由于个人主义很强、无论是在庄重的场合还是在娱乐场所，他们都会身穿奇装异服以现实自己的与众不同，并对公众的舆论眼光置若罔闻。面试作为成就自己的关键环节，建议不妨穿着、谈吐庄重一些。

●职场表现指点

不得不说，职场水瓶的交际是个亟待突破的弱点。职场水瓶有个性、易敏感、情感细腻，且不懂得控制自己的情绪，为人处世不够雅量。

作为职场新人，不要急于慰藉自己的安全感，而寻找自己在公司比较合得来的“朋友”，因为水瓶很容易亲了这个疏远了那个，对待同事不应该太过挑剔他们的性格喜好、处事风格，要懂得包容，懂得搞好办公室大团结。

职场水瓶的失业指数是五颗星，尽管他们在工作上很卖力，但是他们的工作状态很容易就被外界的事情扰乱到，抑或是自己情绪不稳定的时候，工作也完全慌乱了方向。这样，其他同事也会对职场水瓶的工作卖力印象大打折扣。

所以，凡事放宽心，不要想太多，更不要将私事拿到工作的时间上来浪费，保持平衡的心态，是职场水瓶远离失业、步入成功的要诀。

水瓶老板的领导风格

●水瓶的领导风格：民主公正

水瓶老板有一个很大的用人优点，即通常运用客观、民主、公正的态度去对待自己的下属，对于任何充满创意的甚至是古怪离奇的思想，他们都能够欣然接受。缺点则是，他们容易发火，情绪难以控制，哪怕只是针对一件鸡毛蒜皮的事情，如有下属在上班时间谈私事被抓到，他们一般会对下属给予严厉的批评，同时，坚决不允许下属会给自己找借口开脱。在这种情况下，下属最好保持沉默。

水瓶老板性格坚定且顽固，非常坚持自我原则，不容易被人打动。他们喜欢机敏聪慧、创意新颖的下属，对于按时上下班、工作思路呆板的下属会有一定的反感。水瓶老板最不可以忍受的是不忠实于公司的员工。如果有员工出卖了公司的利益，将很难得到他们的原谅。更有甚者，水瓶老板恨不得把出卖公司的小人揪过来，踩在脚底下，让他永远不得翻身。

总体来说，水瓶老板的公正、平等，是很让员工欣赏的。

与水瓶同事的和谐相处

水瓶同事，对死板、老套的工作存在着严重偏见，如果让他们在这样的工作环境中忙上一两天，他们的抱怨声会一浪接着一浪，他们还会成心出错，期待被炒掉，或者干脆辞掉。前提是他们还没有走到没有这份工作就活不下去的境地。如果是被生活所迫，那水瓶同事只能在极惨痛的忍耐中继续自己枯燥的工作了。

水瓶同事在办公室中同样坚持自己的特立独行，语不惊人死不休是他们的个性宣言。他们坚持异于常人的打扮和作风，无视办公室规则，凡事按照自己的心愿进行。他们讨厌太大的工作压力，每每遭受压力的同时就会出现直觉的反抗。压力的大小因他们的兴趣而定，只要是自己喜欢的创意工作，当灵感迸发，挡也挡不住的时候，即使工作到半夜两点也不会觉得有什么劳累与压力。

与水瓶同事合作是蛮愉快的一件事，他们从来不会试图控制别人，当然也不喜欢被别人控制，他们重视合作的自由和平等，希望每双方都能自由发挥自己的特长。只是水瓶同事做事情有点拖延，与他们在合作中进行沟通的时候，他们一般不会给出非常肯定的承诺，因为任何事情都需要经过仔细思考之后，才会做出决定。

如何装扮最有气质的职场水瓶

水瓶，是一个充满创意与创新的群体，面对潮流的服饰装扮，水瓶自然不甘落后。水瓶的穿衣更大程度地吻合了自己的个性，他们虽然热衷于流行，但是他们更加注重穿出只属于自己的时尚。于是，他们总是会混搭各种风格、各种类型的衣服来表达自己独有的气质与风格。如果你在大街上行走，突然碰到一个穿着奇装异服将你雷倒的活人，八九不离十，他就是水瓶。

另外，水瓶重视精神的满足胜过肉体的需求，所以他们在穿衣打扮的时候，更加注重的是别人的想法而不是时尚的表象。因此，他们虽然崇尚创新与前卫的着装，但是还是比较喜欢简单利落的发型、清新淡雅的妆容。

水瓶小资，钟情小店生活

水瓶与其说注重体味生活，还不如说是天生的收藏家，水瓶男喜欢收藏各式各样的小玩意。他们喜欢逛一些小街的小店，像北京的烟袋斜街当然是他们向往的地方，在那里可以欣赏并收集到一些风筝、古玩、烟具、茶具等玩意。

对于水瓶女来说，逛逛卖各种可爱饰品与生活用品的小店是她们主要消遣的方式，而逛街过程中劳累的时候走到街边的酸奶店或奶茶馆喝一杯更是十分惬意与美好的小资生活。

职场水瓶最想知道的“十万个为什么”

●水瓶职场的行为指南

为什么水瓶在面试的时候总吃亏？

水瓶常有惊人之语，但是千万不要在面试的时候拿出来，这容易给面试官不良印象。衣着方面，水瓶特别要注意，他们明知道穿职业装会比较好一点，但是实际选择的时候偏偏要选择比较怪一点的衣服，他们就是有点不信邪，结果呢，总是吃亏。

为什么职场水瓶加薪的难度较大？

水瓶对老板来说是一个最难对付的人，可以说是又爱又恨。一方面，水瓶实力超群，另一方面，水瓶不守规矩，不服管理。即使老板很欣赏水瓶的才华，也不大愿意给水瓶更高的报酬。如果水瓶不是掌握着公司的核心技术，直接能决定公司的前景的话，加薪的要求一般会以失败告终。

为什么职场水瓶要跳槽？

水瓶跳槽的原因很简单，不是这里没有了挑战性，就是这里的老板太死板，跟不上水瓶的节奏，所以水瓶需要另谋出路。

为什么职场水瓶最不愿迎合他人？

每个星座都有自己的性格，有的星座能够委曲求全，有的星座则性情刚烈，绝不会去迎合别人。

水瓶是最聪明的星座，也是最高傲的星座。“走自己的路，让别人去说吧”是他们的座右铭。“要让我迎合你，但是你哪点比我强？”这是水瓶的心理写照。要让水瓶心服口服，是不可能的事。

为什么水瓶客户很容易搞定？

水瓶看起来比较酷，有时候还有点装模作样，试图在气势上压倒你。此时，你千万不要被他唬住了。其实，他们很好沟通，也很讲道理，只要没有大的分歧，水瓶客户很容易搞定。

为什么与水瓶沟通很纠结？

水瓶的话很多，能和你讲得热火朝天，但是结果可能不会很理想，对刚刚说好了的事，他们一会儿就可能有了新的解释，让人很头痛。

为什么职场水瓶会招同事骂？

水瓶的被骂处在于恃才傲物。他们特立独行，完全不在乎别人的眼光。他们很高调，喜欢搞一些稀奇古怪的名堂，和他们相熟的人一般还能理解他们，那么对他们很陌生的人就会在背后议论他，一些保守而暴躁的人自然会忍不住骂他们几句。

为什么和水瓶做朋友较好？

在陌生人的眼里，水瓶可能有一点怪异，也有一点难以接近。但是，只要走进他们的内心，就会发现他们非常善良、非常和气。而且，足智多谋的水瓶还会在你的生活中扮演一个非常重要的角色——军师，如果你有什么烦恼，你有什么犹豫未决的事，找水瓶一起来商量总没错。

为什么职场水瓶利用朋友的概率较高?

和双子的情况类似，也不是要故意拿朋友当炮灰，也不是真的要干多大的坏事，犯法一般谈不上，乱纪是一定的。如果说双子是巧言令色、从言语上煽动人的话，那水瓶就是从在行动上影响人。他们总是一副没什么大不了的心态，在干坏事的时候特别镇定，是一个违纪团队的镇静剂。

为什么职场水瓶容易被人当垫脚石?

水瓶的人有一副不食人间烟火的样子，他们对精神层面的追求很在意，而忽略了利益上的争斗，虽然他们很聪明，但是很容易被人算计。而且他们不怎么计酬，也没有什么报复心，小人们要拿他当垫脚石，可是一点后顾之忧都没有。

为什么水瓶适合开电脑网店?

电脑，现在发展最快的就是电脑的相关软硬件，出现很多新概念、新名词，对此水瓶富有兴趣，并且水瓶里有很多电脑高手。让他们开电脑网店，绝对能够给买家提供丰富的电脑知识与指导。

为什么水瓶是十二星座里的最佳自恋狂?

通过爱自己来爱世界，这是水瓶的人生信条。如果一个人连自己都不爱，那怎能爱别人呢?水瓶就是这样暗示自己的。他们总是在审视自己的内心，并且越来越爱自己，包括自己的外貌、自己的世界观、自己的家，进一步爱上自己爱的人，自己爱的人的想法，自己周边的事物。总之，一切是以自己为起点。水瓶给人的迷惑之处在于，他们有时也表现出爱自己以外的事物。

为什么职场水瓶总是很忧郁?

如果以忧郁的频率来说，水瓶可排第一。不过，水瓶的人忧郁来得快，去得也快，因为他们往往是为了一点点小事就突然忧郁了，等那点小事过去了，他也就恢复了，不过，下一件小事一来，他又忧郁了，如此反复。相对于其他星座，水瓶的忧郁倒是很好化解，多转移他的注意力就对了。不过，他们的频率太高也比较难办，所以对水瓶而言需要的是耐心。

●水瓶的健康秘籍

为什么职场水瓶容易亚健康?

水瓶对有挑战性的工作特别来劲，如果同事遭受了失败，他们会冲上前来大喊："让我来!"他们非常倔强，与难题作斗争是他们的一种乐趣，不攻克下来誓不罢休，废寝忘食的情况频频出现。但是，水瓶并不是真正的工作狂，也不是刻意为了虚荣心，他们劳累往往是在高难度、高强度的工作出现的时候。

为什么职场水瓶的瘦身重点在腿部?

职场水瓶减肥迫切性：★★★★

关键部位：腿部

原因分析：水瓶是属于偷偷长肉的那种，他们暴饮暴食的生活方式很容易发胖。他们神经比较紧张，就常常在吃的上面来调节情绪，不知不觉就胖了。而且，水瓶比较喜欢穿宽松的衣服，所以胖了也不容易察觉。

小处方：

（1）多穿紧身点的衣服监督自己。

（2）别边看电视边吃零食。

（3）别再骗自己什么自然就是美了，看看那些模特，难道那样不更好吗?

为什么职场水瓶需要多补充维生素 B_9?

水瓶仿似模拟人体的血液循环，因而保持水瓶的血液充足、循环通畅极其关键。所以水瓶的人平时要多吃些富含维生素 B_9 的食物，因为维生素 B_9 能有效治疗贫血、食欲不振等病症。还应多吃富含维生素 B_9 的食物，包括高丽菜、扁豆、甘蓝菜等。

为什么职场水瓶睡简朴的床最舒服?

水瓶的床一定不能太花哨，注意力本来就不集中的水瓶要是被分了心就很难入睡了。所以，喜欢追求新潮、喜欢变化的水瓶最好选用简朴的睡床，色调也最好不要过于艳丽，毕竟床是用来休息养神的地方。

●水瓶的理财情报站

为什么从水瓶同事那里不好借到钱?

绝大多数情况下找水瓶借不到钱，除非他们那会儿心情特好，而且刚巧手上非常宽裕。他们会一本正经地要你打下欠条，然后才会借给你。其实，他们倒不是特别的小气，只是对要找别人借钱的行为感到难以理解，怀疑找他借钱的人是不是有什么问题。

为什么水瓶能一生富贵？

无心插柳柳成荫，这就是水瓶的人生。潇洒的水瓶从来不会把赚钱当成第一位的，他们追求精神层面的享乐。但是他们很容易依靠知识的力量，站到有利的位置，一旦他们发现金钱的重要性，偶尔花点心思，就能赚上一大笔。不过，这时候他们不会继续追逐财富，“够用就好”是他们的原则。

为什么职场水瓶适合做投机？

水瓶是风象星座，擅长交际的水瓶社交活跃，他们爱好投机更甚于投资。因为聪明，还因为能投机成功主要因为水瓶有代表变革和创新的天王星守护。他们能透过现象看本质，发现别人看不到的潜力股。当然，他们需要的还是要多一些功夫，而不是一味耍小聪明。

●水瓶的情感喜好

为什么职场水瓶容易发生网恋？

水瓶网恋指数很高，网恋往往从共同的兴趣爱好开始，而不是从感情开始，为感情而感情，网络上的那种遥远的距离感是他们需要的。所以，如果要见面的话，水瓶会非常犹豫，除非陷得很深，不能自拔了才会答应见面。

为什么独立是吸引心仪水瓶的魅力？

水瓶很在乎精神上的共鸣，要俘获他的心，还是多了解一点他的专业为好。另外，水瓶的男子，很在意独立的空间，很害怕失去自由，所以你也要表现出很强的独立性，千万不要黏人。

血型＋星座——解读真实职场水瓶

A型水瓶：工作不仅仅是赚钱的工具

●A型水瓶的职场特征

A型水瓶兼具丰富才能与积极进取之心，只要从事适合的工作，便可望成为该行业的佼佼者。他们喜欢按照自己的方式去做自己该做的事情，而不希望受到外部建议的干扰，在他们看来，工作不仅仅是为了赚钱，而更是为了体会乐趣与实现自我。他们很有抱负，善于从事能表达人文关怀的行业。因而能够成为出色的社会工作者和福利机构管理者。管理严格的大型企业，或官僚主义盛行的职业场所，则不适合A型水瓶爱好自由，不受拘束的性格。

A型水瓶具备各方面的才能，应选择适合自己才华和爱好的工作。他们理想的工作环境必须能给他们足够的空间和自由，但现实中很难找到这样的环境，所以他们很少在一个地方待很久，常四处游走，学习和经历不一样的事物。由于水瓶与A型在性格上的双重性，他们在工作中会给人一种善变、办事不牢靠的感觉，因此经常不会被委以重任。

【职场贴士】要想加强自己的职场角色，那就多学习办事情的执著与稳重。

B型水瓶：不同凡响的职场创造力

●B型水瓶的职场特征

B型水瓶的职场命运与个人的兴趣爱好有非常大的关系。如果他们能坚持自己的兴趣爱好，不断学习、拓展，并将它们发展成事业，那么将会轻轻松松获得比较大的成就。相反，如果把心思放在其他不感兴趣的职业上，即使花费相当大的时间和精力也无法取得很好的成绩。

此外，B型水瓶若想在工作上取得不错的成绩，最好选择能自由发挥创造性才能的工作环境。过于刻板或保守的工作，如事务性或手工艺方面的工作最好不要去尝试，因为这些工作需要长时间的专注、耐心和毅力，会剥夺B型水瓶的创造力。

适合B型水瓶的工作有技术开发、策划制作广告撰文、美术设计、画家、导演、计算机艺术等，可以尝试的职业有航天工业、飞行、社工、政治家、科学家等，最好别尝试的职业是公务员、制造业、会计师、营造、医师。

【职场贴士】创造力，就是超越他人的职场秘籍。

O型水瓶：想象为设计的独创插上翅膀

●O型水瓶的职场特征

O型水瓶，想象力丰富，喜欢创新设计，大家手边常见的小物品，他们都能改造成新颖独特的新玩意。O型水瓶喜欢发明创造，经常亲手制作一些独特的小设计。O型水瓶有一个很大的优点，擅长带动周围人的情绪，使气氛热烈而活泼，让人感觉很放松，尤其对于沉默寡言的人来说，O型水瓶甚至让他们感觉到存在的价值。

O 型水瓶，身边从不缺少朋友，更不缺少得力的助手，在职场能够充分实现自己的理想和发挥自己的领导才华。O 型水瓶热爱自由，极其讨厌受到约束，精神上的束缚让他们无法容忍。身为下属，厌恶专横跋扈的上司，他们不会为了生存而从事自己不喜欢的工作，待在自己觉得不舒服的工作环境。O 型水瓶对国家机关，或者规规矩矩的工作，感到枯燥无味。

在工作上，O 型水瓶常常能够打破传统，以创新思维来做事，开始时很难让人接受，但最后事实证明你的思路是对的，渐渐大家也就放手让他们去做。

O 型水瓶很适合节目主持人、科学家、作家、医生、发明家、艺术家、律师、飞行员等职业，其次天文学家、作曲家也非常适合他们，在这些领域他们能充分利用自己聪明的头脑，发挥出过人的想象力及独特的设计能力，在职场上获得成功便成为水到渠成的事。

【职场贴士】O 型水瓶是个头脑聪明、灵活善变的人，但是水瓶的激烈个性，会经常发生跟人争执的场面，O 型水瓶应学会控制自己的情绪。

AB 型水瓶：玩转职场机遇的智多星

●AB 型水瓶的职场特征

AB 型水瓶富有开拓精神，思维能力强，具有“先知”的特点。AB 型水瓶喜欢推陈出新，发表新的、与众不同的观点，他们才华横溢，因此常常得到上司的赏识与青睐。他们喜欢能够拥有足够空间和自由的工作，这样才会让他们随心所欲地思考和发挥自己独特的创新精神。

任何职业对于 AB 型水瓶来说都不是很难，只要有适合的环境，他们会最大限度地发挥自己的才能，去挑战别人所不能企及的高度。

具有创新精神的 AB 型水瓶最怕一成不变的工作。不过，要学会分清形势，不要盲目表现自己的创意，应该在听取他人的想法后再表达自己，这样会使自己的人格魅力得到一定的升华，职场道路也会越走越顺。

【职场贴士】AB 型水瓶千万不要委曲求全，选择一份自己不喜欢的工作，这样自己的才能也许就完全被埋没了。

双鱼：通灵中有多情因子

双鱼的个性职场

双鱼职场衍生唯美的创意

浪漫多情的双鱼（2.20~3.20），作为十二星座的最后一个，是古老轮回的结束。拥有独立而神秘的个性，敏感而仁爱，当别人需要帮助时，不仅会伸出援助之手，还会付出大量的爱心。双鱼的记忆力很好，有灵活而丰富的想象力，喜欢做白日梦，经常享受奇思妙想之境界。感情丰富，喜爱罗曼蒂克的气氛，天性需要别人的注意和亲爱，若得不到则会受到深深的伤害。在爱情方面尤其敏感，耽于浪漫的幻想，显得不切实际。

双鱼渴望远离世俗的隐士般的生活，有丰富的艺术才华，沉溺于诗般的情节和梦想，认为真正意义上的幸福是身心合一的境界，因而在物质上不会有太大的计较，却拥有能够一生富贵的幸运。他们忠于朋友，有自我牺牲精神，也因过于敏感而易于陷入悲观失望的境地，有神经质和忧郁症的倾向。双鱼是真正的理想主义者，喜欢依赖和信任别人，性情整体上趋向于保守。

职场中，双鱼常常会观看别人的脸色而改变自己的态度，本质上没有自信。个性脆弱，优柔寡断，可能由于性格的关系，会被卷入无聊的人事争端当中，很容易受到别人的牵连。但是，双鱼同时又是个适应力很强的人，并善于从痛苦的教训中汲取处事的经验。所以，如果双鱼吃过一次人事纷争的苦之后，就会引以为戒，在职场中做事更加谨慎。

双鱼浪漫的性情、丰富的想象力，再加上感性的柔和，总能够在充满幻想的工作中衍生出唯美甚至唯美到不可思议的创意。于是，双鱼更适合在艺术创作、写作、电影、戏剧、舞蹈等领域，淋漓尽致地发挥出自己的特长。

双鱼就业的迷津指点

●双鱼面试指点

与巨蟹类似，双鱼面试的优势在于温文尔雅的态度、无与伦比的亲和力，尤其是他们嘴角上纯美的微笑，非常容易打动面试官。

只不过，双鱼在面试的时候特别容易紧张过度，尽管双鱼拥有察言观色的能力，可一旦太过重视面试机会，就会考虑过多，给自己施加比较大的心理压力。或者在面试过程中，太过在乎面试官的情绪反应，造成自己无端的紧张，进而不能够充分展现自己的才能与实力。

因此，双鱼应该在面试中保持一颗平常心，放轻松，比施压更能把握面试成功的机会。另外，浪漫多情的双鱼切忌在面试过程中过多暴露自己的感性，适时表现出理性的魅力，会让面试官更加中意于你。

●职场表现指点

双鱼初入职场的时候，往往将复杂的事情看得太过理想化与简单化，他们虽对未来没有完全明确的概念，却在工作的烦琐与工作环境的压抑下，显出一副对自己的前途很茫然的样子。因为，没有经历之前，双鱼想当然地认为一切都是美好的，只要工作努力，就不会遇到什么难题。由此，双鱼会产生一种失落感，从而怀疑自身的工作能力。

工作中，双鱼往往是想得很积极、做得很缓慢的类型。他们的灵感总是在幻想中冷不丁地爆发了出来，甚至会把自己吓一跳，如果从事创作型的工作，必然很有潜能。否则，从事其他往往会让手足难以跟上思维的节奏。

职场双鱼的失业指数是七颗星，如此高的失业风险主要是因为双鱼对工作原则的动摇和对工作信心的缺失。

因此，职场双鱼不妨多向身边的同事请教一下经验，多找好朋友谈谈心，排解一下工作上的苦闷，多与自己的心灵做做沟通，确定一下什么样的工作才是自己真正想要的、真正能做好的。如此一来，工作的热情又会重燃。

双鱼老板的领导风格

●双鱼的领导风格：温和精明

双鱼老板的性情温和，不倾向于霸权、专制，不善于向下属炫耀自己权力的不可侵犯。双鱼老板乐于帮助、指导下属的工作进程，并乐意时常与下属进行心灵上的沟通。主张以礼服人，而非以权制人。

但是不要被双鱼老板亲和的外表所蒙蔽，不要认为他们很平易近人，就去利用他们，他们的内心远远要比外在的样子精明，他们天生就具备灵性与直觉的准确度。

双鱼老板在管理中容易情绪化，难免陷入混乱的纠结心理矛盾中，他们对于事物的判断主要依靠感觉，缺乏一定的理性与逻辑思维的辅助。双鱼老板比较欣赏逻辑思维能力强而又能够脚踏实地地工作的下属。

双鱼老板在决策的制定中总是能够凭借其发散式的创造性思维，走上不同寻常的路，由于他们灵性超然，与众不同的决策并不会走上错误的方向。这是其他星座老板所不能比拟的。不过，从另一个方面考虑的话，正是因为双鱼老板太过感情化，因此也常常会做出一些不够长远、缺乏理性的决策，毕竟感性的东西再准也不比理性来得可靠。

与双鱼同事的和谐相处

双鱼同事有很多优点：柔情似水、温和善良、幽默诙谐、玲珑可爱、创意多发、为人大方、能够包容别人的缺点、善解人意、直觉力强、浪漫、天真、适应力强、多才多艺等。

双鱼同事也有很多缺点：多愁善感、敏感多疑、爱幻想、危机意识不强、情绪化严重、粗心大意、浮躁、意志薄弱、优柔寡断、散漫、不切实际等。

如果能够了解到双鱼同事的性格优、缺点，对他们的优点多一点支持，对缺点多一些包容与理解，相处和谐不会是难事。双鱼同事每天都会在脸上挂着一个天真的笑脸，不去攻击别人，也不会在背后要什么阴谋诡计，却总是很受伤。他们对任何人、任何事情都想得太过简单，对于别人的诡计也不会有什么提防心。没有防护的内心，注定会很脆弱。

与双鱼同事合作，最好让他们负责创意性质的部分，那是他们的强项，也是他们最乐于从事的内容。沟通的时候，注意用委婉温和的态度，双鱼一般就会接受对方的意见。如果语言粗暴，会引起双鱼强烈的反感，因为双鱼最忍受不了的就是不文明的语言、不绅士的态度。

另外，双鱼同事没有太大的野心，也不愿意承受太大的工作压力，因此他们的工作进度需要合作者经常提示一下，适当的催促能让他们尽快按时完成。但是不要因为他们偶尔有点散漫，就否定他们的工作能力，事实证明，他们完成的工作质量一般都还不错。

如何装扮最有气质的职场双鱼

双鱼生性浪漫、多变，相应的，双鱼具有可以随意搭配服饰的天赋。感性的双鱼，对于流行风的感觉非常敏锐，他们对与服装的颜色、风格，一年四季都会把握得恰到好处。

双鱼的时尚，来自对时尚元素的随意拨弄。双鱼喜欢根据自己的心情去打扮出吸引别人的时尚，当他们心情愉快的时候，他们会精心穿出亮色的衣服，凸显自己的活力；当他们心情不好的时候，他们又可以选择看起来让人倍感忧郁的浅蓝色服饰，给人摆弄出一副忧郁而又高雅的气质。

双鱼小资，迷恋城外的高山

双鱼男是浪漫的使者，而双鱼女是温柔的女神，他们将爱情奉为生活中的第一位，甚至超越了事业与友情。这么说可能有点残酷，但是敢爱敢恨的双鱼女心中总是有着白雪公主或者美女与野兽的浪漫憧憬，她们喜欢与爱人牵手旅行、一起下厨、共进晚餐。这些浪漫的点点滴滴都是双鱼女生梦想的小资生活。

而对于如此看重爱情的双鱼来说，城市中小小的咖啡馆已经不能满足他们了，或许城外的高山与白云、日出与日落将是他们向往的美丽梦境。

职场双鱼最想知道的“十万个为什么”

●双鱼职场的行为指南

为什么眼镜是双鱼面试成功的秘诀？

双鱼的眼神总是水汪汪的，在生活中，这是一对可爱的好眼睛，但是在职场上，这样的眼神却会给面试官留下不好的影响，建议戴一副眼镜比较好。服饰上，最好选穿尖头皮鞋，男士最好穿西装。

为什么职场双鱼的加薪取决于老板？

双鱼懂得察言观色，比较善良可爱，一般能得到老板的喜爱。但是老板喜欢归喜欢，会不会多给你薪水又是另一回事了。这个主要由老板的个性所决定，大方的老板就会对双鱼大方，吝啬的老板就会对双鱼吝啬。

为什么职场双鱼要跳槽？

双鱼跳槽的原因有很多，但最重要的可能是为了爱情，也可能是这里的工作给了他太大的压力，再者就是工作环境太过死板与严格。

为什么双鱼客户在十二星座中最好搞定？

双鱼的客户是十二星座中最好搞定的。他们早就把事情想得清清楚楚了，给你一拍即合的感觉。如果你能站在他的角度多为他考虑，就能完全打消他的顾虑。需要注意的是，双鱼对于你的竞争对手来说，也是非常地好说话。所以，一定要记得抓紧时间把事情谈妥。

为什么感情话题是与双鱼沟通的诀窍？

双鱼能把你的话听进去，总的来说，比较好沟通。但是不要跟他讲太多利益上的事，最好多把话题往感情上引，这招对双鱼很有效。因为双鱼是一个重感情、偏感性的人。

为什么职场双鱼利用朋友的概率较高？

双鱼比较阴险，他们是真正需要别人挡子弹，自己躲在后面，进可攻，退可守。若事后找他们算账的话，他们的借口比谁都多，特别会为自己开脱，而且振振有词，绝不会有半点惭愧的样子。

为什么双鱼同事最好不要得罪？

得罪了天蝎，你自己可能还不以为意，直到得到可怕的报复才恍然大悟，而得罪了双鱼，那就要饱受纠缠了。双鱼的报复手段就是：烦死你。一旦得罪了双鱼，他们就会和你作长时间的斗争，在所有可能的时间和空间上让你遭受打击。例如，打骚扰电话、向你的亲友投诉等，都是双鱼常干的事。

为什么双鱼适合开礼品网店？

由于双鱼生性善良、又总能猜对他人的爱好与需求，因此比较适合在网上开礼品店，双鱼能根据一个人的性格推出，给什么人该送什么礼物，这让买家感觉到很贴心，也由此会赢得很多的回头客，所以他们卖的不只是礼品，更是一份爱心。

为什么职场双鱼会很忧郁？

双鱼的忧郁往往来自自己强烈的责任感。有社会责任感的双鱼总是把自己的思维往世态炎凉、唯利是图、祸国殃民等这些方面引导，所以会显得愤世嫉俗、忧心忡忡。即使不是忧国忧民，双鱼也容易落入自责的深渊，觉得别人的痛苦都由自己造成，这给双鱼很大的心理负担。而且，双鱼有时候会把忧郁作为一种手段，半强迫性的伤感，以希望得到别人的劝解，让别人认同自己。

●双鱼的健康秘籍

为什么职场双鱼瘦身重点在大腿?

职场双鱼减肥迫切性：★★★☆

关键部位：屁股、大腿

原因分析：与有些喜欢在外面大吃大喝的星座不同，双鱼喜欢一个人窝在家里，一会儿往嘴里塞一点东西，加上不喜欢户外运动，不胖实在很难。对于双鱼来说，最好的减肥方法就是去谈一场恋爱，既可以改变不喜欢和人打交道的毛病，也可以借助爱情的力量来完成减肥大计。

小处方：

(1) 瑜伽是最适合双鱼的运动。

(2) 节食要有度。

(3) 多交性格开朗、好运动的朋友。

为什么职场双鱼需要多补充烟碱酸?

双鱼的人极易纠结于各种矛盾之中，因此常会精神紧张、心情压抑，进而导致不想吃饭的状况。所以，双鱼的他们平时要多吃些要烟碱酸来减少疲倦厌食的情况。富含烟碱酸的食物有肝、瘦肉、蛋、鱼类、干豆类、绿叶蔬菜等。

为什么职场双鱼睡柔软的床最舒服?

双鱼相当地恋床，有睡懒觉的习惯，所以床上用品的色调也一定要淡雅，不能早上太阳一照就有刺疼人的感觉。双鱼喜欢早早上床，然后开始幻想，加上双鱼比较害怕寂寞。所以，床铺一定要柔软，让双鱼有被人拥抱的感觉。

●双鱼的理财情报站

为什么职场双鱼能一生富贵?

双鱼是有福气的星座，他们没有什么大的理想，更不会为了钱拼命。但是他们通常会有很好的家世背景，从小就能过着养尊处优的生活。即使不是这样，也总是能找到为自己遮风挡雨的靠山，不会为了钱而发愁。

为什么找双鱼同事借钱准没错?

双鱼的人很喜欢借钱给别人，也很喜欢找别人借钱。不过，总的来说，是他们吃亏的时候比较多。

为什么职场双鱼也适合市场投资？

敏锐是他们的优点，但心理素质不佳是他们的缺点，在投资市场里只要适当练习，也会取得不菲成绩。

●双鱼的情感喜好

为什么双鱼最容易发生网恋？

双鱼座网恋指数最高。双鱼座知道网恋很不现实，但是他们要的就是不现实，明知道没有好结果，还是会飞蛾扑火。

为什么善良是让双鱼男士动心的秘诀？

双鱼座的男士，非常浪漫，每次注意调节好和他相处时的气氛，或者拿些可爱的小礼物送他。同时，要表现出你善良的一面，久而久之，他一定会爱上你的。

血型 + 星座——解读真实职场双鱼

A 型双鱼：立定方向，尽情发挥工作专长

●A 型双鱼的职场特征

A 型双鱼，充满梦幻情思，具有不计得失，服务人民的博爱精神。如果能将天赋发挥出来，则不难自成一家。适合的职业有画家、小说家、诗人、音乐家等。另外诸如美容师、服装设计师、模特儿等主导流行的职业，也很适合 A 型双鱼。A 型双鱼不太善于组织工作，比较愿意做一些默默无闻的幕后工作。他们能够强烈体察到别人的痛苦，喜欢帮助弱者，有成为伸张正义的律师的潜质。强烈的事业感也会令 A 型双鱼进入医院或者宗教机构。

A 型双鱼在现实的激流中常身不由己地被冲离了原定方向，造成了变化多端的人生。如果想在职场上获得成功，就应该循着自己原定路线的前进，尽情发挥才华和专长，倾注全力去发展自己的职业。立足点稳定与否相当重要，故应确定明确的目标，坚定信念，勇往直前。

一般而言，A 型双鱼只要是做自己喜爱的工作，在任何环境下都能会杰出的表现，也会收获事业上的成功。

【职场贴士】正确定位自己，做自己想做的工作，将会获得一定的成就。

B 型双鱼：敏锐而高深的艺术家

●B 型双鱼的职场特征

B 型双鱼拥有不俗的品位与杰出的才能，有难得的顺应力、直觉力、想象力、艺术的天分和罗曼蒂克的气息。如果 B 型双鱼选择到能充分发挥这些能力的工作，那么他们将会成为事业舞台上一颗闪闪发亮的星星。

B 型双鱼往往耽于幻想，希望能通过一些省力的巧工夫得到想要的东西，他们的信条是：幸运、等待。但这往往是不可取的，幸运只给勤奋者，等待只会浪费时间，你只有经过自己的勤奋，才能走好人生的每一条路，获得事业的辉煌。B 型双鱼需要记住，工作不要加入太多幻想，应该以勤为本。

勤奋可以使 B 型双鱼更充分地发挥自己的聪明才智，做到任何天才所不能做到的事，以及许许多多人所做不到的事。

适合 B 型双鱼的工作有音乐家、画家、诗人、演员、舞蹈、占卜师、美术教师、自由作家、设计师等。最好别尝试会计、金融、房地产、总务、制造业等职业。

【职场贴士】不做思想的巨人，行动的矮子。

O 型双鱼：主见，事业有成的担当

●O 型双鱼的职场特征

O 型双鱼，尤其当双鱼座气质占主导地位时，缺乏主见的缺点会较为突出，无论大事小事做不了决定，还经常被别人牵着鼻子走，O 型双鱼优柔寡断的个性让别人很难放心地把事情交给他们。O 型双鱼十分在意其他人的眼光以及看法，只要别人建议他们怎么做，八成他们都会按照别人的意思来，甚至改变自己原来的决定。这个缺点对 O 型双鱼来说是致命的。一旦他们被认定为无法托付的人，别人就很难对他们改变看法，这对职场中的他们来说十分不利，无论从事任何职业，可能都不会一帆风顺。最关键的是 O 型双鱼要在态度上表现得更为积极一些。虽然 O 型双鱼在工作上很有责任心，但是他们低调的态度无法让人看到责任感。最好能展现自己积极的一面，这对自己的职场生涯有很大的帮助。

因为O型双鱼富有同情心，十分善解人意，加之天生的浪漫因子和艺术家气质，适合从事老师、护士舞蹈家、作曲家和作词家等。另外，双鱼座是和水有缘的星座，所以也很适合从事公共关系、海洋学家、水产养殖业等。在这些行业，只要O型双鱼努力，很容易做出一番成就来。建议O型双鱼根据自己完善的职业计划来选择职业，然后，听取他人的意见，不断改进自己的工作做法和工作态度。

【职场贴士】不要在工作上摇摆不定，提前做好规划，脚踏实地地朝自己的目标迈进。

AB型双鱼：灵思慧心，引致职场的与世无争

●AB型双鱼的职场特征

AB型人的极端与双鱼的矛盾的特质结合起来，造就了这样一个特殊的人群，他们没有一定的原则性，通常对于事物的答案没有明确的结论。没有勃勃的野心，喜欢沉溺于美好的幻想之中，加之个性单纯，不适合竞争较激烈、勾心斗角的工作。

AB型双鱼心思细腻，感情敏锐，天生富有艺术细胞，应发挥自己的艺术天分。AB型双鱼的韵律感和审美品位也相当强，可从事兼顾兴趣和收益的工作。

AB型双鱼天生浪漫多情，追求自由，讨厌束缚，不会为现实和生存的压力而妥协。因为AB型双鱼爱幻想而淡泊名利，对生活缺少动力和使命感，喜欢过随性自在的生活，这常常会让他们陷入窘境，让他们常生怀才不遇之感。AB型双鱼若能将幻想与现实结合起来，稍微向现实妥协一点，在追求爱好的同时，也解决自己的经济问题，人生会更加顺利。

在实际工作中，AB型双鱼总是心软，学不会拒绝，如果能改善这一点，并提高自己对于生活的追求，压制一点自己的敏感，迎合周围复杂的环境，AB型双鱼会在工作中发挥很大的潜能，并能得到上司的赏识及重用。

【职场贴士】压制一点自己的敏感，迎合周围复杂的环境，在职场中会更自如。

附录：四种血型的性格简要

A 型人的性格简要

用一句话来概括 A 型人的人格特质，那恐怕就是：善于自我剖析，刻意追求完美，自我使命感强烈。A 型人看上具有很强大的亲和力，性格温和，做事谨慎，力求做到最好。但他们往往容易情绪化，乐于伪装自我。A 型人，凭借着他们的特质，在现实社会生活中往往从事着科技、经济规划、作家、歌星、记者、科学家等重要的职业角色。他们的适应性、智慧、创造性以及可塑性也由此在社会舞台中得以鲜明突显。

B 型人的性格简要

快乐、好动、爱说话、亲切、淡泊、吵闹、心浮气躁、胆大、冒险、粗心、好辩、意志容易动摇、行为夸张……这些词都可以用来形容 B 型人。B 型人是一个比较粗线条的人，爱凭直觉做事。

B 型人是自由一族，他们热爱自由，不喜欢被禁锢，不爱做计划，喜欢根据自己的喜好行事。他们具有孩子般的强烈好奇心，对一切未知都愿意去尝试。他们碰见自己喜欢的东西时，便会不惜付出代价。在工作上。B 型人做事可以不为钱不为利，只单纯地享受工作过程中的乐趣。

O 型人的性格简要

O 型作为人类最基础的血液类型，讲究生活品质，凡事都先考虑其结果，方采取行动。O 型人虽然对未来充满梦想，但是不会做不切实际的白日梦。他们往往能够看清自己的实力，做力所能及的工作。O 型人天生对目标拥有追逐的执著与毅力。

O 型人是个典型的实干家，做事目的性较强，面对挫折与坎坷能够从容面对善于挑战、乐于创新。办事效率较高，受不了拖拖拉拉的合作伙伴。

AB 型人的性格简要

AB 型人综合了 A 型和 B 型的性格特点，在他们的身上，我们可以找到 A 型的稳重和喜好孤独，也能找到 B 型的活泼与行动派作风。AB 型人直觉非常准，常常第一时间把握事物要点，他们反应能力极强，能冷静看待问题。他们容易适应新环境，并享乐其中，同时也更善于抓住时机，有独特的领导才能。另外，他们才能出众，对很多事物都有研究，眼光独到，喜欢彰显自己的个性，喜欢与众不同，不走寻常路。

PART TWO

破解你的九型人格心灵密码

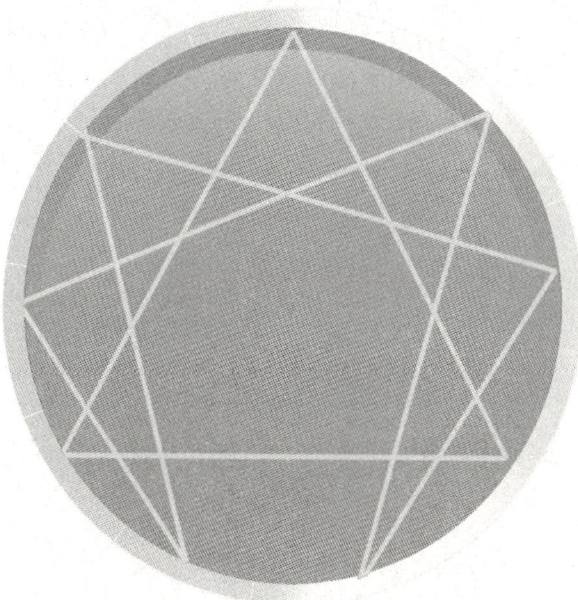

Foreword 人分九型，型型相异

世界上的每一个人，就像是有着层层包裹的洋葱头一样，而最真实最赤裸的本我，就潜伏在每一层的包裹里面。如果剥不开外面的一层，你永远都无法看到包裹的内在是什么样子的。

上班族有九型，你是哪一型人

老子说：“知人者智，自知者明。”一个能看透周围人的人“智”，一个能了解自己的人“明”。

知己知彼，方能百战不殆。下面，我们首先开始九型人格的测试，借此来了解我们自身与周围的他（她）。在做九型人格测试题之前，你需要注意以下几点：

第一，108 道题要凭第一感觉选择，不要过多权衡，因为每种性格的背后都有好有坏。这样忠实地记录，只是为了更好地了解你自己。

第二，在与你情况相符的题目旁做记号，并记录相关题目后面的数字。

第三，将相同的数字归为一类，看看有多少个1，多少个2，多少个3……然后找出数量最多的数字，对照答案，便能了解自己是九型人格中的哪一种。

第四，数字最多的只是你的主要性格，还要参照其他较多数字所对应的人

格类型，以便获得更详细、更准确的信息。

九型人格测试题：

1. 我很容易迷惑。—→ 9

2. 我不想成为一个喜欢批评的人，但很难做到。—→ 1

3. 我喜欢研究宇宙的道理、哲理。—→ 5

4. 我很注意自己是否年轻，因为那是找乐子的本钱。—→ 7

5. 我喜欢独立自主，一切都靠自己。—→ 8

6. 当我有困难时，我会试着不让人知道。—→ 2

7. 被人误解对我而言是一件十分痛苦的事。—→ 4

8. 施比受会带给我更大的满足感。—→ 2

9. 我常常设想最糟糕的结果而使自己陷入苦恼中。—→ 6

10. 我常常试探或考验朋友、伴侣的忠诚。—→ 6

11. 我看不起那些不像我一样坚强的人，有时我会用种种方式羞辱他们。—→ 8

12. 身体上的舒适对我非常重要。—→ 9

13. 我能触碰生活中的悲伤和不幸。—→ 4

14. 别人不能完成他的分内事，会令我失望和愤怒。—→ 1

15. 我时常拖延问题，不去解决。—→ 9

16. 我喜欢戏剧性、多彩多姿的生活。—→ 7

17. 我认为自己非常不完善。—→ 4

18. 我对感官的需求特别强烈，喜欢美食、服装、身体的触觉刺激，纵情享乐。—→ 7

19. 当别人请教我一些问题，我会巨细无遗地分析得很清楚。—→ 5

20. 我习惯推销自己，从不觉得难为情。—→ 3

21. 有时我会放纵和做出僭越的事。—→ 7

22. 帮助不到别人会让我觉得痛苦。—→ 2

23. 我不喜欢人家问我广泛、笼统的问题。—→ 5

24. 在某方面我有放纵的倾向（如食物、药物等）。—→ 8

25. 我宁愿适应别人，包括我的伴侣，而不会反抗他们。—→ 9

26. 我最不喜欢的一件事就是虚伪。—→ 6

27. 我知错能改，但由于执著好强，周围的人还是感觉到压力。—→ 8

28. 我常觉得很多事情都很好玩、很有趣，人生真是快乐。—→ 7

29. 我有时很欣赏自己具有权威，有时却又优柔寡断，依赖别人。—→ 6

30. 我习惯付出多于接受。—→ 2
31. 面对威胁时，我一是变得焦虑，一是对抗迎面而来的危险。—→ 6
32. 我通常是等别人来接近我，而不是我去接近他们。—→ 5
33. 我喜欢当主角，希望得到大家的注意。—→ 3
34. 别人批评我，我也不会回应和辩解，因为我不想发生任何争执与冲突。—→ 9
35. 我有时期待别人的指导，有时却忽略别人的忠告径直去做我想做的事。—→ 6
36. 我经常忘记自己的需要。—→ 9
37. 在重大危机中，我通常能克服对自己的质疑和内心的焦虑。—→ 6
38. 我是一个天生的推销员，说服别人对我来说是一件轻而易举的事。—→ 3
39. 我不相信一个我一直都无法了解的人。—→ 9
40. 我爱依惯例行事，不大喜欢改变。—→ 8
41. 我很在乎家人，在家中表现得忠诚和包容。—→ 9
42. 我被动而优柔寡断。—→ 5
43. 我很有包容力，彬彬有礼，但跟他人的感情互动不深。—→ 5
44. 我沉默寡言，好像不会关心别人似的。—→ 8
45. 当沉浸在工作或我擅长的领域时，别人会觉得我冷酷无情。—→ 6
46. 我常常保持警觉。—→ 6
47. 我不喜欢对人尽义务的感觉。—→ 5
48. 如果不能完美地表态，我宁愿不说。—→ 5
49. 我的计划比我实际完成的还要多。—→ 7
50. 我野心勃勃，喜欢挑战和登上高峰的经验。—→ 8
51. 我倾向于独断专行并自己解决问题。—→ 5
52. 我很多时候感到被遗弃。—→ 4
53. 我常常表现得十分忧郁的样子，充满痛苦而且内向。—→ 4
54. 初见陌生人时，我会表现得很冷漠、高傲。—→ 4
55. 我的面部表情严肃而生硬。—→ 1
56. 我很飘忽，常常不知自己下一步想要什么。—→ 4
57. 我常对自己挑剔，期望不断改善自己的缺点，以成为一个完美的人。—→ 1
58. 我经常怀疑那些总是很快乐的人。—→ 4
59. 我做事有效率，也会找捷径，模仿力特强。—→ 3
60. 我讲理、重实用。—→ 1
61. 我有很强的创造天分和想象力，喜欢将事情重新整合。—→ 4

62. 我不要求得到很多的注意力。——→ 9

63. 我喜欢每件事都井然有序，但别人会认为我过分执著。——→ 1

64. 我渴望拥有完美的心灵伴侣。——→ 4

65. 我常夸耀自己，对自己的能力十分自信。——→ 3

66. 如果周遭的人行为太过分时，我准会让他难堪。——→ 8

67. 我外向、精力充沛，喜欢不断追求成就，这使我的自我感觉良好。——→ 3

68. 我是一位忠实的朋友和伙伴。——→ 6

69. 我知道如何让别人喜欢我。——→ 2

70. 我很少看到别人的功劳和好处。——→ 3

71. 我很容易知道别人的功劳和好处。——→ 2

72. 我嫉妒心强，喜欢跟别人比较。——→ 3

73. 我对别人做的事总是不放心，批评一番后，自己会动手再做。——→ 1

74. 别人会说我常戴着面具做人。——→ 3

75. 有时我会激怒对方，引来莫名其妙的吵架，其实是想试探对方爱不爱我。——→ 6

76. 我会极力保护我所爱的人。——→ 8

77. 我常常刻意保持兴奋的情绪。——→ 3

78. 我只喜欢与有趣的人为友，对一些寡言少语的人却懒得交往，即使他们看来很有深度。——→ 7

79. 我常往外跑，四处帮助别人。——→ 2

80. 有时我会讲求效率而牺牲完美和原则。——→ 3

81. 我似乎不太懂得幽默，没有弹性。——→ 1

82. 我待人热情而有耐性。——→ 2

83. 在人群中我时常感到害羞和不安。——→ 5

84. 我喜欢效率，讨厌拖泥带水。——→ 8

85. 帮助别人达到快乐和成功是我重要的成就。——→ 2

86. 付出时，别人若不欣然接纳，我便会产生挫折感。——→ 2

87. 我的肢体硬邦邦的，不习惯别人热情的付出。——→ 1

88. 我对大部分的社交集会不太有兴趣，除非那是我熟识的和喜爱的人。——→ 5

89. 很多时候我会有强烈的寂寞感。——→ 2

90. 人们很乐意向我表白他们所遭遇的问题。——→ 2

91. 我不但不会说甜言蜜语，而且别人会觉得我唠叨不停。——→ 1

92. 我常担心自由被剥夺，因此不爱做承诺。—→ 7

93. 我喜欢告诉别人我所做的事和所知的一切。—→ 3

94. 我很容易认同别人所做的事和所知的一切。—→ 9

95. 我要求光明正大，为此不惜与人发生冲突。—→ 8

96. 我很有正义感，有时会支持不利的一方。—→ 8

97. 我注重小节而效率不高。—→ 1

98. 我感到沮丧和麻木多于愤怒。—→ 9

99. 我不喜欢那些侵略性或过度情绪化的人。—→ 5

100. 我非常情绪化，一天的喜怒哀乐多变。—→ 4

101. 我不想让别人知道我的感受与想法，除非我告诉他们。—→ 5

102. 我喜欢刺激和紧张的关系，而不是稳定和依赖的关系。—→ 1

103. 我很少用心去听别人的心情，只喜欢说说俏皮话和笑话。—→ 7

104. 我是循规蹈矩的人，秩序对我十分有意义。—→ 1

105. 我很难找到一种我真正感到被爱的关系。—→ 4

106. 假如我想要结束一段关系，我不是直接告诉对方，就是激怒他，让他离开我。—→ 1

107. 我温和平静，不自夸，不爱与人竞争。—→ 9

108. 我有时善良可爱，有时又粗野暴躁，很难捉摸。—→ 9

记录下你所得的数字：

“1”共有（ ）个，对应完美主义者。

“2”共有（ ）个，对应给予者。

“3”共有（ ）个，对应成就者。

“4”共有（ ）个，对应浪漫者。

“5”共有（ ）个，对应观察者。

“6”共有（ ）个，对应怀疑论者。

“7”共有（ ）个，对应享乐主义者。

“8”共有（ ）个，对应领导者。

“9”共有（ ）个，对应调停者。

人分九型，型型相异

一型人：追求完美的完美主义者

在工作上，完美型是制度的拥护者。如果他是一名员工，他是最努力最有责任心的那一个。领导可以放心地把各项任务交给他。他也是一个不折不扣的工作狂，对于“消极怠工”的人他总是很生气。

如果他是一名领导，他喜欢事无巨细的管理风格，他崇尚没有规矩不成方圆的道理。他处处以身作则，对下属要求极高，一旦下属的工作出现差错，他会忍不住大发雷霆。完美主义型的管理者容易对下属求全责备，给周围人带去压力。

在生活上，他喜欢有秩序，讨厌凌乱和肮脏的房间。他们的衣服永远被熨得很平整，鞋子很干净，房子一尘不染，各种东西都被划分成不同的区域放置，他永远知道他要找的事物放在哪里。

除此以外，他还可能是个喜欢穿白色衣服的人，他更可能是个精神洁癖。他对爱情相当忠诚，但他对伴侣的要求也会很高，一旦对方出现越轨行为，完美主义者眼睛里是容不下沙子的，他会在愤怒之后选择分道扬镳。

对待朋友他也同样如此，他选择朋友和择偶一样严谨，对友谊忠诚，期盼对方也能给予相同的重视。

冷静自制的个性使然，这类人不会咋咋呼呼，他们永远稳重优雅，因为他们不会让自己的内心世界轻易地表露在脸上。

二型人：热心的给予者

工作上，他们对同事真诚关心，体贴之情常令人感动。他们绝对是世态炎凉中温暖人心的一群人，同事也因此愿意将内心的真实想法对其倾诉。他们的人缘总是很好，看似吃亏的事情，最后他们总能获得更大的回报，他们是讨人喜欢的专家。

生活上，他们可能是保守而传统的人士。他们孝敬父母、关心子女，对爱人无微不至。他们是贴心的人生伴侣，他们的脸上也总是洋溢着幸福的微笑。无论怎样风雨兼程，他们一定是能够陪伴你走完人生的忠实伴侣。

他们永远温和暖人的笑容就像人间四月天里的骄阳和翠柳，不刺激，有希望，还有暖流。

三型人：追名逐利的成就者

“天下攘攘皆为利往，天下熙熙皆为名来”，这句话送给成就者再合适不过。他们的身上有着难能可贵的务实精神，他们不会将精力浪费在无用的地方，他们在做一件事情的时候总是不断分析它有什么利益可图。这不是缺点，而是很实在的优势。

在他们的脸上，我们看不到太多的平易近人与温和，和给予者相反，他们可能是很有“表演”能力的一群人。他们会用不同的表情来面对不同的人，有时候难免让人觉得虚伪和做作。

他们对名利的热衷是9种人中最为明显的一群人，他们的脸也因为他们所面对的人而发生戏剧性变化。

工作中，他们与完美主义者一样是工作狂，不同的是他们的目的。完美主义者认真工作，是发自内心地认为只有诚实劳动才配得起收获的成果，实用主义者则认为这是他们明天成名得利的基础。与此同时，实用主义者的务实精神还让他们是不会盲目的一类人，所以他们的效率总是很高。

生活上，因为他们永远将事业放在第一位，所以忽略伴侣的事情常有发生。他们将感情深藏在自己的内心，不轻易表达自己的感情，因此也经常会遇到被伴侣埋怨的情况。“赢了世界输了你”的事情在这类人的身上较为多见。

四型人：想象力丰富的浪漫主义者

他们是天生的艺术家，他们的表情最多变。高兴的时候他们尽情地开怀大笑，伤心的时候也是号啕大哭而不惧怕别人的眼光。他们生活得最自我也最真实，少见他们虚伪和做作。

尽管如此，他们的气质中总有一股忧郁的气息，让人难以捉摸又欲罢不能。

他们的想象力最丰富，也最适合在需要创造的氛围中工作。工作中他们最害怕的是像完美主义者那样循规蹈矩，他们害怕束缚，对于他们来讲能够充分地发挥他们天才的工作才值得努力。他们不会勉强自己做自己不喜欢做的事情，他们总是做自己感兴趣的工作。自由和爱是他们生活中的氧气和水，缺一不可。

生活中的浪漫主义者可能是长不大的孩童，他们不喜欢现实生活中的种种虚假，因此常生活在自己幻想的世界中。他们能够为了让伴侣开心而把身上仅有的几元钱拿去买一朵玫瑰，在他们看来，金钱生不带来死不带走，唯有爱才是最宝贵的财富。

五型人：冷静客观的观察者

他们不喜欢与人交往，宁愿孤独地面对整个世界。他们的脸上永远是一副深沉思考的表情，他们花在研究理论与事物身上的时间要远远超过研究人的行为与心理。

他们是异常冷静的一群人。在工作上，他们的理性让他们很少感情用事。他们和任何人交往都是“君子之交淡如水”，他们不会让你走进他们的内心，当然，他们也没有兴趣走进你的内心。他们认为距离是一种安全和尊重。

生活中的观察者性格沉稳，不轻易发表自己的言论，因为他们对不确定的事物总是抱有审慎的态度。他们希望自己的观点代表着客观和公正。他们的性格内向，永远保留着自己的一片小天地，就算是对最亲密的人，他们也常常觉得无人了解他们。他们有着孤独的、寂寞的、思想深刻的灵魂。

六型人：谨慎严谨的怀疑论者

他们的脸上总带着研究的表情，因为他们不确定这个事情的真假、好坏。他们难以相信任何人，他们甚至对自己也不算信任。信任危机一直困扰着他们。

工作上，他们怀疑权威者的一切论点，企图找到可以攻击的地方。在接受一项任务的时候，他们首先想到的不是成功，而是万一失败了怎么办。他们总能想到最坏的一面，也总是怀疑别人对他们心怀不轨。因此，他们生活得战战兢兢，如履薄冰。

他们过分谨慎的性格常让他们裹足不前，容易丧失机会。和完美主义者不同，完美主义者是因为想要得出最完美的方法而延误时机，他们则是因为害怕失败而不敢轻易决定。但是他们超强的责任心也能弥补性格的这一重大缺陷。生活上也好，工作上也罢，他们总是希望能够得到强有力的保护和指引。

七型人：及时行乐的享乐主义者

他们的脸上永远洋溢着快乐，烦恼在他们的心里不会驻足太久。对于他们来说，今朝有酒今朝醉是非常好的生活哲学，因为生命太短暂，要抓紧时间享受。

工作上，他们可能是多才多艺的同事，不会带给你压力，因为他们认为赚钱是次要的，懂得生活才是重要的。他们还可能是那个和任何人都能打成一片的人，因为他们很少有“世俗”的偏见，不会因为你曾经的失足而嘲笑你，也不会因为你的成就而忌妒你。

生活上的享乐主义者是个开心果，但也可能是让人伤心的人。他们惧怕承诺，担心因此失去自由，害怕承担责任，这些都是让人头痛的地方。

八型人：号令天下的领导者

工作中，八型人领导者的表情是严肃而威严的。他们从小可能就是那个调皮捣蛋的孩子王，长大了那种领导众人的魅力就显现出来了。

他们可能是为了帮助弱小者挺身而出的人，也可能是为了反对某种不合理的制度带头“革命”的人。他们的身上正义感很强，愿意保护社会中的弱势群体。然而，他们喜欢命令人的脾气可能会让人吃不消。

感情生活中的八型人，也将保护弱者的个性带到伴侣身边。他们认为爱他（她）就是要保护他（她）不受伤害。他们不习惯表露感情，有时候甚至用激怒对方的方式来确认对方对自己的感情。

九型人：纵横捭阖的调停者

合纵连横，纵横捭阖，这是调停者的强势。他们也许不是最厉害的，但是他们能将最厉害的人聚拢在自己周围。

工作中的调停者最常见的工作可能是上传下达的秘书，因为他们极其优越的协调能力让他们能够胜任这样的工作。他们胸怀博大，很少因为不同意见而和别人争吵。事实上，他们不喜欢任何争执。

生活上的调停者可能是个被动的人，他们不愿意主动解决问题，喜欢抱怨。但是温和的脾气让他们的伴侣觉得他们还是不错的爱人。不过固执却又是他们让人头痛的地方，尽管他们自己不觉得。

一型完美者：要做就要做最好

职场心理课

性格论证

完美主义者的表情总是很凝重，他们对待一顿饭的态度就像对待一场外交一样慎重。完美主义者总是希望得到别人的肯定，害怕出现任何差错，他们对待工作和生活的态度永远是精益求精，追求至善至美。

在完美主义者看来，到处都是提高和改进的空间。一些严重强迫型的完美主义者会把大量休息时间花在自我提高上：坐公共汽车对他们来说，意味着练习正确的坐姿的良好机会；用午餐时，他们强迫自己必须一口咀嚼十下；自由时间时，他们强迫自己去做一些具有建设性或教育性的事情……

●性格亮点

一型人一旦决定了某个正确的目标，他们就会通过忘我的工作让人感到满意。他们的内心总是渴望着把事情做好，并且愿意为改善工作而付出长久的努力。

一型人追求精益求精，也希望能够教导他人去追求最好。

他们会坚守标准，不会妥协和退步。为了坚信做正确的事情，他们不惜做出自我牺牲。

虽然完美主义者比较挑剔、喜欢批评，但是只要其他人能够承认错误，一型人会耐心地给予帮助和引导。

●局限和困扰

一型人对生活和工作的方方面面都有极高的要求，因此，当现实不能满足他们的期待时，他们常常有失望、沮丧、失落的情绪。

一型人容易注意别人的失误和过错，时常摆出批评、教训的态度，容易引起他人的不满。

一型人遵守规则，眼里揉不下沙子，这使一型人常被负面情绪困扰。

因为一型人的严厉和苛责，他们的人际关系一般不是很理想，很多人对一型人敬而远之。

职场特色

一型人在职场中立场清晰、坚决主张黑白分明，哪怕在工作中出现一丁点的错误，也不会认为是可以谅解的。他们公正、严谨、笑容不多，却拥有着很高的工作效率。

对一型人来说，效率至上还不够要求，工作的细节以及质量必须要有相当的保证。“你应该早点计划好完成的时间”、“你看，你这样的态度算什么啊?标点符号一塌糊涂”，是的，一型人就是喜欢这样，力求工作到完美状态，哪怕是文字中的标点符号，都是他们眼睛中的沙子。

“我不认为我的方案有什么不妥，我是严格按照方案要求来写的，哪怕方案中的各种微小的预支也都已经核算在内，其他人有比我还详细的吗?”这就是一型人的自信。他们一般不会在工作或者生活细节方面对他人的质疑做出让步，他们坚信自己的全心付出一定会带来好的成果。

正是因为自己对工作的严格要求，一型人对工作总是显得很拼命，甚至有点工作狂人的倾向，他们可以加班到半夜，只是为了不断修改已经完成的方案，直至自己已经寻找不到可以修改的地方为止。

另外，在工作中一型人很懂得隐瞒自己的情绪，他们的表情变化不多，即使对某一个人或者某一件事情存在严重的不满，也不会将愤怒的情绪挂在脸上，故而一般人猜不到他们的心声。只是他们的处事追求完美的风格，往往会让一些人敬而远之。

职场优势

不得不说一型人在工作中的出色表现得力于完美的性格追求，他们拥有端正、认真的工作态度，不拖泥带水的干练作风，以及良好的领导和组织才能，等等。具体的职场优势表现如下：

（1）对工作充满热诚，坚持以身作则。是自己的错，坚决不推卸；是别人的错，坚决要追究。

（2）自我反省与批评意识很强。一型人追求完美，注重细节，因此自省心会很强烈，他们担心自己的一点小瑕疵会招致他人批评。进而，一型人在工作中常常进步会很大，且很少有错误出现。

（3）善于从工作中寻找到乐趣，从而会不知疲倦，同时也注重在忙碌中发现好的工作方法，从而提高工作的效率。

（4）崇尚原则，追求诚信。做事情喜欢有条理可以遵循，与人合作讲究诚信至上，因此是个值得信赖的人。

（5）拥有很强的组织能力，能够看透团体中各人的能力水平，进而能够为他们合理分配力所能及的任务。

（6）喜欢在工作中不断学习和认识新的事物，并注重用学习来提高自身的能力与素质，对于自己认定的真理会锲而不舍地坚持下去。

职场劣势

一型人的职场劣势与优势是相对而言的，但是优点过了头也就成了缺点。完美的性格在造就一型人的职场才干的同时，也给他们带来了一系列的困扰。

（1）对同事的工作爱吹毛求疵，令同事觉得一型人实在鸡蛋里挑骨头，没事找事，容易引起同事的不满。

（2）对工作的完美追求，导致一型人人性格的过度苛刻，不懂得体谅与包容他人，人际关系不会很好。

（3）对于自己认定的真理，不管外在的质疑是什么，都会偏执地坚持；而对于外在的真理，虽然自己有质疑意见，却又不敢大声地说出来，因为害怕自己的判断失误而招致他人的批评。

（4）因为一型人很懂得隐瞒自己的情绪，进而非常容易导致其情绪的压抑，造成自己的忧郁、焦躁的心绪，会严重影响正常的工作状态与工作效率。

（5）一型人总会觉得别人做事情没有自己做放心，因而他们很难在工作中信任他人，做事情只要自己能够完成的就不会麻烦别人。但是由于一型人在日常工作与生活中着实想得太多，计较得太多，难免心会很累。

职场心理操控

一型人完美主义者心里住着一位严厉的批评家，这个批评家时刻在提醒他们："失败是你自己的责任！你必须承担后果。"这让他们的心灵备受折磨，甚至产生焦虑。例如，不少完美型、理智型的人最难受的不是考试前和考试中，而是考试后。他们考前小腿抽筋的原因是，担心自己万一考不好怎么办，而让他们最为痛苦的是考试后的复查。

完美主义者以自己的主观意愿为出发点，持有事物"必须"或"应该"怎样的信念。例如，"我必须获得成功"，"这件事必须做到位"，"生活必须完美"等。一旦现实与个人绝对化的要求不相符，他们就会感到难以接受，从而陷入自责的情绪困境。为此，完美主义者应该学会情绪调节，进行恰当的心理操控，进而完美自己的心度。

（1）要想摆脱那种懊悔、自责的生活方式，最有效方法是善待自己。学会善待自己，就要允许自己犯错误。"金无足赤，人无完人"，谁能一辈子不犯错误？在总结教训之余，要安慰自己，即使是由于自身的原因导致的错误也要宽容原谅自己。

（2）应该给别人更多的包容和理解，接纳对方的缺点和不足。只有这样，才能在与人交往的过程中收获到更多，结交到更多的朋友。放下追求完美的心态，也能在与人相处的过程中减少很多烦恼和忧伤，增加很多的快乐。

（3）对他人多说一句赞美。一个真诚而充满善意的赞美能够化解敌意，甚至可以让对方重新鼓起对生活的信心，除此而外，你还会收获一种愉悦的心情。

职场读心术

完美主义者是一个不折不扣的细节狂与洁癖者，他们在生活中和工作上不能容忍瑕疵的存在：地上掉了一根头发，他着急得顾不上吃饭也要先捡起来；伴侣的袜子没有放在他规定的位置，他会为此大发雷霆或喋喋不休、没完没了；同事的衣服上有个污点，他看了要替对方难过一整天……

生活中如何一眼看出哪些人是完美主义者呢？主要方法有：

1. 化完美妆

化完美妆的人追求的是尽善尽美。她们为了完成自己的目标，不惜花费巨大代价，任何事情都会追求完美，属于典型的完美主义者。这种类型的人甚至倾尽所有也要使自己的容貌达到令自己满意的程度。之所以如此，最主要的是她们对自己的才智和财力都有充分的把握，而唯一放心不下的是自己的外貌。为了成为一块无瑕的美玉，她们不停地审视自己，用化妆来掩饰不足，结果却让别人感到不自在。

2. 一天刷好几次牙的人

这是追求完美主义的人，同时也是不自信的人。他们每天都希望引起他人的注意，而且希望不被对方瞧出毛病来。他们经常会浪费自己和他人的时间，让身边的人和自己一起为某件事绞尽脑汁，有神经质的倾向。

3. 用珠宝当饰品

喜欢用珠宝当装饰品，对服饰起到某种点缀的作用，这类人在很多时候并不是为了突出表现自己的个性，而是为了配合整体造型，达到一种整体和谐的程度。这样的人可以称得上是完美主义者，他们凡事总是竭力追求完美。他们的自我表现欲望不是太强烈，他们更在乎的是自己是否可以完全融入某一种氛围当中，与其他人打成一片。

一型上司的心理解读

了解上司的管理风格，做上司喜欢的事情，避免触碰令上司厌恶的神经，会让自己更好的立足于办公室、立足于公司、立足于职场。当一型完美人站在上司位置上的时候，他们往往具有了这样的心理特征。

（1）一型上司倾向于建立明确的权责关系，他们往往通过对一个人乃至对一个个工作小组的时时控制，来实现公司内职务界限的划分。一型上司能够看穿一个人的能力水平，进而清晰的指示他们应该做什么事情，应该向谁汇报工作的进展情况。如果不加以用权利监控和督促下属的工作，他们心中总是难以安心。因为在一型上司眼里，只有自己做事情才最恪守本分。

（2）一型上司做事情是刚直强硬派，他们在做事情之前，内心早已经对事情的起点以及未来的结果预料在胸，于是他们对每一个决策的目标都会提出非常明确的规定。作为下属应该对一型上司的决策做出积极的回应以及踏实的践行。

（3）一型上司很挑剔，于是他们不愿意花费更多的时间去赞美自己的下属，而是每时每刻都在寻找着纠正下属的机会。所以不要总是希望 能够从一型上司口里听到什么赞美的言语。一型上司更希望自己的下属能够跟自己一样，拥有着高超的判断能力，明白正确的做法与对正确结果的追求。

（4）一型上司注重打造一种责任感浓厚的氛围，他们喜欢干练、踏实、目标鲜明、敢于担当责任的下属。

如何与一型上司相处

若与一型上司和睦相处，作为下属确实需要做足心理准备与迅速应对之策。

首先，一型上司是个对错误很反感也很敏感的人，如果自己上交的工作中出现了明显的错误的时候，最好不要为自己寻找任何理由，应该以积极的虔诚的态度听从一型上司的批评，并给予一型上司会积极改正的感觉。否则，找借口只会引起一型上司有反感到愤怒的升级。

其次，在工作质量上，下属应该对于细节之处非常小心。原因很简单，一型上司是个对细节极其看重的老板，如果他发现你上交上来的工作中错字连篇、标点符号混乱的话，一型上司绝对会让你重新返工，最后将一份整洁无误的工作呈现在他的面前。

再次，上交工作的时间越及时越好。一来，一型上司本来就是一个任务规划非常明确的人，什么时候该完成工作就该什么时候完成，一型上司超级讨厌工作中拖拖拉拉的现象。二来，上交工作及时比按时更能够让一型上司欣赏，因为在一型上司眼里，一次性上交的任务多多少少会有需要修改的地方，如果能够提早完成，一型上司很乐意为其修正错误。否则，在规定完成的时间之后修改，会让一型上司觉得是在浪费时间、影响工作效率。

最后，建议向一型上司上交任务的时候，尽量用文件的形式，用文件会显得自己的态度比较认真。另外，在一型上司出现的任何场合，都应该以中规中矩、谨慎的态度处理事情。因为一型上司每一秒都在观察下属的言行举止（哪怕是在下班时间），进而给予相应的评定。

除此以外，尽量不要给一型上司拍马屁，他们在内心深处一直渴求还可能做到更好，所以他们对自己是永不知足的类型；下属对一型上司总是好言巧语的话，会让一型上司深觉这个下属的轻浮。

一型下属的心理解读

一型下属总是生活在一个矛盾的世界中，却还佯装淡定。他们矛盾是因为，他们发现身边的同事总是有着这样那样的小毛病，比如谁电脑键盘敲打得太响了，谁总是出门进门忘记关门，谁又在上班的时间嗑瓜子、闲聊，等等，这些都会让一型下属感觉到分心、感觉到生气。所以有人会说，一型人就是公司里的鼓气袋，因为计较得太多，追求得太苛刻。

一型下属比较容易取得上司的信赖，可以算得上是上司的得力干将，因为一型下属总是对老板布置的任务认真且以高速度、高质量完成。只是，他们的工作成果若是得不到相应的认可与奖励，上进心会受到很大的打击。

如何与一型下属相处

了解到一型下属的心理特征，实现与一型下属的和睦相处已经不再是什么难题。因势利导的做法，会让一型下属的职场潜能得到更好的发挥。

首先，要明白一型下属是值得信任的下属，一型下属拥有完全胜任职位要求的能力水平与工作素质。他们不需要上司对每一个工作环节的紧紧相跟，就能够按照自己合理、严密的规划，而将工作任务出色地完成。所以对于一型下属，只需要交代给他们工作的方向以及工作的重要性即可。

其次，一型下属出色的工作表现，总希望得到上司以及其他同事的认可与赞美。虽然对于自己的工作成果，一型下属总是希望还能够做到更好，对于自己端正、勤奋、积极的工作态度，一型下属总是自我感觉良好。如果一型下属的工作表现得到了认同，他们会在欣慰的同时，迸发出更多的工作热情。对于一型下属而言，工作的乐趣与上司的赏识是完全离不开的。

再次，一型下属一直不会满足于自身的现状，他们总是希望在学习与培训中不断充实自己的能力，不断让自己在工作中做得更出色。他们希望上司对自己的工作表现进行嘉奖的时候，最好能够给自己多安排几场能力培训。

最后，给一型下属布置任务的时候，重要的是要将工作的要求以及在工作过程中可能出现的变化明确地表示出来，如果用暗示的方法反而让一型下属在不能够领会意思的同时，在遇到问题后会出现严重的焦虑与不安。如果能够在分配任务的时候给予明确指出可能变化的存在的话，一型下属就会把变化本身也看做是完成工作的一项任务，因而能够在周密的工作规划中加以灵活应对。

除此以外，一型下属在工作的休息之余，喜欢给自己一些休闲的放松时光，比如说和朋友们唱唱歌、逛逛街之类的。一型下属对于生活的细节也常常怀有一种感激的心思，比如突然收到一条问候信息，都会让一型下属快乐半个晚上。

职场成长吧

找准职场定位

没有方向的旅途是可怕的，没有定位的职场是迷茫的。若想在职场中得到更好的发挥与发展，首先应该明确自己的职场定位，知道自己到底适合什么样子的工作，到底在什么样子的环境下才能让自己做到最出色。

适合一型人的工作环境：由于一型人在工作中讲求分工明确，注重细节，因此比较适合在规条清晰、管理严格、需要留意细节的环境中工作，如会计、研究员、技术员、行政文员等。同时，一型人本身愿意在稳定的环境中工作，最讨厌被牵扯进办公室的是非之中。

不适合一型人的工作环境：充满变数、不够稳定的公司，如有风险的投资工作、广告创意、保险推销员等。

职场影响力的打造

什么是职场的影响力？当一个人在职场充满影响与关注的时候，也就说明他已经让工作成为了一种生命的享受，以至于在增长才干的空间里，散发出了不可遏制的创造力与吸引力。

作为一个新时代的完美型上班族，为避免让工作的价值悄悄地沉入平庸的湖底，应将完美传染给别人，从而成就完美的职场影响力。想必，这也是上班族最值得骄傲的职场资本。

史蒂夫·乔布斯，这个名字你可能不熟悉，但是在IT行业他的大名与盖茨一样闪光，他是苹果电脑的创始人，引领了电脑时尚的潮流；他创立了皮克斯，拨动了娱乐业的风向；他创造了 iPod，又通过它影响了不止一代人的生活方式。他是一位不折不扣的完美主义者，他曾经说过这样的一句话："如果要做成一件事，你就要对它十分热爱，否则就没有任何意义。"这成为他的名言，也成为他个人性格的宣言。他执掌苹果的年代，也将这种完美主义作风带到了公司，并让周围的人深受影响。

这位现代科技中典型的完美主义者将完美的典范发挥得淋漓尽致，他的存在让苹果的设计总是超出工作人员的预期，这或许就是完美主义者的影响力。完美主义者如果想要尽快出彩自己的工作能力，就不得不看下面几点私密要诀：

（1）如果完美主义者能够像乔布斯一样以身作则，用自身卓越的标准自己以及身边的每一个人，那么职场中的影响力也便会跟着他们跑。

（2）人与人之间是相互影响的，完美主义者这种高标准严要求的个性带给周围人多数是正面的影响。正因为大家害怕被完美主义者批评，也害怕自己所做的事情与完美相去甚远，因此反躬自省常常能做出超乎自己想象的完美作品。这种完美传递的结果让完美主义者最为欣慰，也是其最希望的事情——完美主义者总想要别人跟随自己的脚步，让世界多一分完美少一分糊弄与纵容。

（3）过于关注细节会导致失败。尽管细节决定成败，但是当细节过火到让任何一个人都抓狂的时候，没有人再愿意与他共事、听他的挑剔之言。

（4）千万不要让自己做一个大脾气的小人物。完美主义者对完美的挑剔常常让周围的人汗颜，由于完美主义者喜欢"批评"别人（有时候他们觉得也不是自己想要这样，而是情非得已，不过别人未必认同），因此他们的人缘不算好。由此，说话的时候不妨试着放缓一下语调，放低一点姿态，你会收到让自己欣慰的回应。

职场成长的智慧点拨

●一型人成就职场的完美攻略

◆ 学着聆听别人，接纳别人的新观念，而不要一味地固执己见。

◆ 不要总是看到他人的缺点，要多看到别人的长处。

◆ 不要强迫自己做任何事情，学会倾听自己的心声，与心灵为友。

◆ 学着包容，学会洒脱地生活，其实活着的意义就是在实现自我价值的基础上能够更快乐，何必太计较一些小事情。

◆ 对于权威，敢于提出自己的质疑。

◆ 留出一点时间给快乐和享受，不要把太多的生命时间放在工作上面，工作诚可贵，但身体价更高。

◆ 不再严厉地批评自己和别人，世界上本来就不会存在完美的事情。

◆ 面对同事，尝试着多露出几个微笑，那么你的人格魅力会更加吸引人。

◆ 放下苛刻的偏见，能够尊重不同人的处事风格与方式。

◆ 如果自己的担心、怀疑一直在加剧，那就试着将自己的忧虑向好朋友讲出来，说出苦闷才会把自己的包袱放下。

◆ 放松自己，不再压抑自己的感受。

◆ 做好自己，尽量不要以自己的标准要求别人。

◆ 学会什么是“没错”。

◆ 不要做批评家，吹毛求疵。

◆ 原谅自己，包容别人。

◆ 活在当下，而不要苛求百分百的正确。

◆ 多留心其他环境因素，别以为自己的判断等同于事实。

◆ 用自己的是非观念作参考，而不是评判别人。

◆ 鼓励犯错，错误会成为有用的资料、回应及智慧。

职场人脉经

“精装”自己的语言

一个满口脏话、毫无修养的人是一型人最难以容忍的。所以，当你与完美主义者交往时，如能注意用词，经常使用礼貌用语，就可以避免许多不必要的误会和摩擦，赢得他的好感。可以说，礼貌用语是你和他关系和谐的润滑剂。

下面收录的是当今社会用得最多，也是完美主义者最喜欢听的黄金短语。

1. “早上好”

“早上好”是一句问候语，是亲善感、友好感的表示，更是一种信任和尊重。“早上好”一旦说出口，双方就有了亲切、友好的意愿，彼此间的距离便缩短了，既增进了信任，又沟通了关系。

当然，除了“早上好”之外，平日里，相互见面时叫“你好”、“再见”也能起到与“早上好”一样的良好效果。

2. “请”

在任何需要麻烦他人的时候，“请”都是必须挂在嘴边的礼貌语，如“请问”、“请原谅”、“请留步”、“请用餐”、“请指教”、“请稍候”、“请关照”等。频繁使用“请”字，会使话语变得委婉而礼貌，是比较自然地把自己的位置降低，将对方的位置抬高的最好办法。

3. “谢谢”

生活中，我们要常说“谢谢”两个字。道一声“谢谢”，看似平常，但能引起人际关系的良性互动，成为交际成功的促进剂。人际交往里有一个黄金法则，内容是“你如何对待别人，别人也会以同样的方式给予回报”。

向别人表示感谢是一个积极而有意义的举动，因为这是一种感恩的心态和行为。感恩是一种良好的心态和奉献精神。若你能对别人的帮助表示谢意，彼此的关系就会因此而发生变化，彼此间的距离会缩短，感情也会开始产生共鸣。

4. “对不起”

有一句话说得好：“智者千虑，必有一失。”一个人再聪明能干，也会有犯错误的时候。人在做了错事之后，往往有两种截然不同的态度：一种是拒不认错，找借口为自己辩解开脱；另一种是坦诚承认错误，向大家说声“对不起”，勇于改正，找出解决的途径。

道歉是一个很细节的行为，是让很多人忽视的动作。然而，有了过失与错误，就应该及时道歉，说声“对不起”。“对不起”说得越及时越好，说得越真诚越好。道歉既是尊重别人，也是尊重自己，不但能弥补过失，还能增进情谊，化解危机。

“对不起”能使强者低头，使怒者消气，使说者更加成熟。

运用你的人格魅力

完美主义者相信，守时是言而有信、尊重他人的表现；守时能让自己的人格魅力发挥到最大化。

生活中有的人因为工作忙，接待客人的时间都受到限制，谈话最多不超过三分钟，对于这样的人来说时间就是生命。完美主义者认为，自己如果在应约的时间没到，就会失去这次交往的机会，自己没到，别人却在等你，这种等待是不公平的，是浪费别人的生命。假如自己因急事或意外事故不能按预约的时间到达目的地，应该想办法通知对方。为了不影响别人的工作或其他安排，在约定时间时也可采用弹性时间，比如说下午三点半到四点之间，这样被约者也可安排一些放松性的活动。

守时，也就是守住信誉。一个遵守约定时间、准时到达的人，必定是个言而有信的人，这样的人必然能赢得更多的信任与尊重。

职场修心坊

苛求完美的职场修心秘诀

一型人的完美个性让其在职场中背负很大的身体以及心理上的压力，来自身体上的压力是因为对工作的较真；来自心理上的负担则是因为对琐事的计较。因此，一型人完美人的修心课程势在必行。修心，可以完善自己，可以完成工作，更可以完美生活。

职场修心秘诀

（1）工作又已经被安排满了，除了工作连思考的时间都来不及。可是好累啊，身体已经出现亚健康的状态了，脑袋有点晕……都已经这样子了，一型人还要强迫自己吗？这时候，一型人应该每天适当的给自己留出一点时间与空间，让自己可以闭上眼睛舒舒服服的听一首减压的音乐，再泡上一杯香浓的咖啡。在特定的是时间里，充分享受慢生活的快乐。

（2）还给自己一个不抱怨的世界，计较太多的结果就是抱怨太多。把自己那颗挑剔的心尝试着收敛一下，平时多站在他人的立场上换位思考一下问题，如果别人整天对自己说这说那，会不会让自己烦透呢？

（3）学会寻找快乐，懂得每一天都给自己一个淡定的心情，活在当下，修炼当下的力量。而不是对现在计较太多，对未来考虑太多。

（4）虽然只有对自己的做事能力放心，但是毕竟天外有天，人外有人。一型人应该懂得以谦逊的姿态去汲取他人思想中的精华，如果身处领导的位置，就更应该懂得疑人不用、用人不疑的原则。

（5）可以充分发挥一下自己的想象力来发泄不良的情绪，比如想象自己在大山脚下尽情喊出自己的心声，比如在没有人的草地尽情地大哭一场。

（6）一型人最需要注意的一点，就是要接受现实中的不完美，明白世界上不存在没有瑕疵的东西。

（7）在面对困境的时候，会突然爆发出自己的压抑与慌乱，进而导致自己的犹豫不决，再加上太过在乎外在的眼光，因而会把简单的问题想得很复杂化。想要避免自己的崩溃，尽量让自己每天懂一点禅心悟语，多提醒自己敏感的神经，要时时放松一点。人生不可以太计较，对自己更不能太计较。

处事小辞典

一型人的行为哲理

一型人真正的行为处世之道，是能够明白什么样的行为对自己才是最有利的，什么样的行为是需要注意并加以纠正的。

所谓人贵有自知之明，可一型人总不太愿意承认自己的弱点和短处，他们总喜欢以一副自以为是的姿态来面对他人。一型人应该明白这样这样一个道理：越是成熟的麦穗，头会低得越低，即愈是成功、有才的人，越应该懂得谦逊。

另外，一型人最大的优点兼最大的缺点就是完美，一型人在拼命的追求完美人生姿态的同时，却忽略了身边的美好与情绪的快乐，殊不知，人生最美的时候是心理积极、放松、快乐的时候；殊不知，人生不能够计较太多，因为计较越多，失去也会越多。

与一型人的有效沟通

要与一型人实现有效的沟通，就应该用理性的严肃的态度与他们交流，这样对他们才更有说服力，才会让他们对你多一点认同感。

沟通的时候，说话一定要直截了当，切忌拐弯抹角，不要试图跟他们耍什么花样，他们是精明而又敏感的人，拥有强大的感受力与判断力，你们的花招会招惹他们的耐心。

说话的时候多运用一些幽默的技巧，会让一型人放松心情，实现沟通的和谐进行。

对他们的生气装作视而不见，更不要直接去问他们怎么了，他们最不希望自己的情绪被他人看穿。另外，他们生气或许不是针对沟通过程的不满，而是一种无名之火也说不定。

完美者中的血型名人

A 型完美者：斯皮尔伯格

一代电影大师斯皮尔伯格，由于其 A 型特征的突出 ，他在追求完美主义和理想主义中一直没有停住步伐。他追求完美，为人小心谨慎，擅长思考，酷爱理性分析，在乎细节，敏感但喜怒不形于色。他们做事有条不紊，讲求章法，遇事总循原则，但有时也会显得过于死板。

斯皮尔伯格在电影生涯中，曾导演过众多著名的影片，如《大白鲨》、《ET 外星人》、《霍克船长》、《侏罗纪公园》、《辛德勒名单》、《拯救大兵瑞恩》及《廊桥遗梦》等。他之所以会把这些大制作拍得如此奇异、梦幻、富有童趣和温情，同时还可以在严肃的电影领域创造令人难以置信的辉煌，正是源自于他对宇宙产生美仑美奂的梦想，以及对世界历史上的暴行产生充满历史感和责任感的叹息之情。也正是因为这种情感，斯皮尔伯格对自己的要求以及对电影的要求很是严格，他喜欢从自己的童年里撷取电影中真实的表达，并将自己的幻想源源不断的充实着自己的影片。

他或许在影片的制作中会出现吹毛求疵的时候，但是正是因为他对影片的完美要求，他的作品让无数人为之慨叹。

B 型完美者：史玉柱

在中国商界有这么一个风云人物，他把中国的保健品市场搞得风生水起，之后又突然投入互不相干的网络游戏，结果在竞争惨烈的网游里大获成功，令众多网游界的行家、高手们目瞪口呆，不得不甘拜下风，这个富有传奇色彩的人物就是史玉柱。

史玉柱勇于开拓、敢于冒险、创意不断，并在每个行业里都做得很专注很成功，他的这些特点正是 B 型人的突出特点。B 型血的史玉柱属于追求完美主义的开拓型，所以他能在中国市场的众多红海中找到适合自己发展的蓝海。

史玉柱富于激情、对未来有丰富的想象力、不遵守清规戒律、敢于反传统和蔑视权威、不拘一格、不断地超越、拥有巨大的勇气和胆魄以及敢于冒险的精神。重要的是，他对自己感兴趣的事情非常着迷、专注。史玉柱的商业经历中涉及过很多行业，但仔细研究起来，他在每一个行业做的都很专注。“十年来我分阶段做了三件事，保健品、投资银行业、网络游戏，成功一件再做一件。”史玉柱概括自己东山再起之后的历程时说。在国内保健品同业的前五位中，基本都拥有 10 款以上的产品，唯独巨人只做一款产品：脑白金。这款产品成功五年之后，史玉柱才做了第二款产品：黄金搭档。随后，他进一步开拓自己的事业领域，进军“网游”，并取得了不错的成功。

无论如何，二十年前借钱打广告、十年前带着几个年轻人就要“打遍天下”的冲动小子，如今已经成熟太多。保健品市场少了一个“狂人”史玉柱，网游市场上多了一个成熟史玉柱，这样的“游戏”江湖足够精彩。这一切离不开他多年来对完美主义的执著与坚持。

O 型完美者：希特勒

O 型人大多比较冲动、自信、热情、成功欲望强烈，通常说来这会是一个人的优点，但是优点过了头自然也就成为致命的缺点。希特勒则是一个典型。

希特勒具备了 O 型人的特征，他集自大、自负、固执、自信、坚强、急躁、强悍、专断等性格于一身，是个典型的混世魔王。基于这些特质，加上他过人的政治才华，为他能在政坛崛起，独揽大权奠定了坚实的基础。但也由于他性格中的这些特质，即对自己太过自以为是，对所谓的完美辉煌进行盲目的追寻，他坚持自己要做就做最好，要成功就要占有更多的土地，这些导致他后来发动了世界大战，最终由胜而衰，国家灭亡，最后他自己也自尽身亡。

在战争中，希特勒多次被情绪冲昏了头脑，不听取周围人的劝解，刚愎自用，认为强烈进攻就一定能取得最终的胜利。于是他在对苏联的战争中首次尝到了失败的滋味。先前，如果不是他感到自己的举世威严遭到挑战，他也不会失去理智地决定摧毁南斯拉夫以解心头之恨。然而，十天内就将南斯拉夫降服以后，竟得意的再次失去理智，开始发动对苏联的进攻，由于当地天气严寒导致的种种不利条件，终于使大批军队陷于苏联广袤的土地上，最终动弹不得。

有做事的霸气固然好，有追求完美的倾向固然会让自己一直前进，但是如果霸气与完美没有了理性的支持，最终将会使得自己自食其果。

AB 型完美者：林徽因

林徽因是位 AB 型的聪慧绝伦的完美女人，她既耐得住学术的寂寞和清冷，又能够受得了生活的贫困与艰辛。虽然性格中把包含了 A 型的稳重与孤独，却不乏 B 型的活泼作风。虽然 AB 型是一种比较矛盾的血型，但是依然没能阻碍林徽因在一生中的完美之路。

李健吾曾对林徽因评价说："林徽因的聪明和高傲隔绝了她和一般人的距离……绝顶聪明，又是一副赤热的心肠，口快，性子直，好强，几乎妇女全把她当做仇敌。"费正清晚年回忆林徽因时也曾说，"她是具有创造才华的作家、诗人，是一个具有丰富的审美能力和广博智力活动兴趣的妇女，而且她交际起来又洋溢著迷人的魅力。在这个家，或者她所在的任何场合，所有在场的人总是全都围绕著她转"。

林徽因，清丽脱俗的容颜，骨子内外流淌着才情的魅力与清香，她酷爱戏剧，也专学过舞台设计，以及足以动情于他人的诗文，是位出色的建筑学者、美术设计师。姣好的面容，加上这多元的才情，想不完美都很难。

职场趣味测试：你是哪种职场性格

都说性格决定一切，虽有些夸大，但在当今职场中，个人的“职场性格”因素的确非常重要。你的职场表现，上司对你的看法，都受到它的影响。因此，了解自己的“职场性格”，并以此做出适当调整，将有助于你把握职场的瞬息变化。

1. 听说难得一见的流星雨要来了，你的反应是：

A. 没有兴趣，连相关新闻都懒得看

B. 有点好奇，但看看新闻转播就满足了

C. 身为追星一族，当然要留下珍贵的回忆

2. 你平时多久去逛一次百货公司？

A. 好像有好几年没去了

B. 不会主动去，路上经过时会进去看看

C. 闲着没事就可能会去那里逛逛

3. 你对常用的交通工具有上锁的习惯吗？

A. 会加上好几道锁，担心治安不好

B. 会另外加装一道安全锁，求个心安

C. 只用基本配锁，觉得自己不会那么倒霉

4. 你闲来无事时会出去散步吗？

A. 会，不过多半在附近绕圈子

B. 会去比较远、平常很少去的地方

C. 喜欢跑到从来没去过的地方冒险

5. 你平均每天到工作地点的时间约需多长？

A. 10 分钟以内

B. 10 ~ 30 分钟左右

C. 超过半小时

6. 你一早起来是否会有不去公司的想法？

A. 难免，但次数不太多

B. 次数算算还不少，跟心情好坏有很大的关系

C. 只有阴雨天才会不想去公司

7. 你平常是否有饲养宠物的习惯？

A. 我超级喜欢小动物

B. 我喜欢养宠物，只是它们的一些小毛病会让我觉得麻烦

C. 我很少或从来没养过宠物

8. 如果可以在金茂大厦租个楼层来工作，你会选择：

A. 50层，没人打扰，而且视野不错

B. 当然是最高层，喜欢站在最高点的感觉

C. 一楼，进出会比较方便

9. 你洗澡时通常从哪个地方开始涂肥皂？

A. 先从脸开始

B. 从胸部开始

C. 从个人私密处开始

评分标准：

选A得1分，选B得3分，选C得5分，最后计算总分。

测试结果：

20分以下：真材实料型

你的开拓能力及创新能力不足，适合你的工作并不多，但你有高度的责任心，一旦决定了做某项工作，你会全力以赴将它做到最好。工作中的你热情专注，是个尽职的员工或老板，因此，只要你执著地做事，对自己喜欢的专业深入研究，成功就会属于你。建议你除了工作，也要多走出去，加强人际关系的积累。

20～30分：老谋深算型

你很懂得谋略，知道如何避重就轻，懂得通过包装自己的外在形象来掩饰工作上的一些小缺陷。广结人脉是你在工作环境中如鱼得水的一大因素，拥有这样的性格，在职场你会很吃得开，与同事关系融洽对晋升有很大帮助。当然，工作还要出色、有成绩，老板才会更加欣赏你。除了打工外，你也很适合自己做生意，在你的精心掌控下，一切都会朝着你期望的方向发展。

30～40分：脱颖而出型

你很有自己的想法，也喜欢提出自己的意见，只是没办法引起共鸣，常常都是差了临门一脚，自己却不知道问题到底出在哪里。其实，你欠缺的只是神来一笔的启发而已。继续发挥自己的创意，努力付诸实践，平时多做些“课外功课”，打好功底，相信好的运气就会来临。

40分以上：创意天才型

你的专业能力或许有些欠缺，可是你的创意能力十分出色。你能胜任自己的工作，但是觉得这份工作不能很好地发挥自己的才能，所以总是在不停地寻找机会。你非常适合从事艺术类或设计类工作，关键要善加利用自己的长处。固定模式的工作并不适合你，你可以尝试再找一份兼职，最大限度地发挥自己的才能。

二型给予者：没有付出就没有快乐

职场心理课

性格论证

●性格亮点

二型人积极热心，能给人提供有效的帮助。二型人的支持能给人带来力量化解困难。

在人际关系中，二型人心细如发，关注他人的感受，总是能为别人带来温暖和感动。

二型人的权力欲望不强，对于那些寻找权力的人，二型人是一个有力的支持者。

●局限和困扰

容易忘记、忽略自己，所以他的时间和资源总是会严重透支。

当他帮助了别人却得不到对方的回应时，他会很沮丧，同时他又会加大这种投人，以期待更多人的回应。

如果没有好的环境或好的制度，二型人的利益是最容易受到损害的。

当上级布置工作时，他往往不太愿意自己想，而更愿意接受上级的思想。

职场特色

二型人在职场中是个十足的以大局为重的人，他们擅长交际、乐于付出自己的爱心去帮助任何一个需要帮助的人。

与二型人相处，最常听见他们这样说："你坐着，让我来。""这点小忙算什么，应该的。"这就是典型的二型给予者。在他们看来，能够被人需要是一件很值得自豪的事情，如果不能够为别人提供帮助与服务，将是一件让人落寞的事情。

二型人无论是在办公室中，还是在交际场合，总是一脸柔和的笑容，他们每天都很忙碌，在忙碌自己的工作的同时，也在为别人的请求而快乐地忙碌着。只要身边的人有需要，端茶倒水、帮忙打印，无论多小的事情都很值得一做。看到别人脸上对自己呈现出的感激，会让二型人成就感满满的。

不要认为二型人很柔和、很包容，就没有什么实力。恰恰相反，二型人付出不求回报的精神、不计较的宽大胸怀，再加上善于取悦他人，因此很容易成为团队中的主流。同时，二型人本身对权力是比较向往的。不过，二型人对权力的解释不是能够管制更多人，而是能够服务更多人。

职场优势

如果二型给予者能够充分发现自己的优势，兼充分发挥好自身的优势，那么赢在职场，势在必得。

（1）二型人的人际总会处得如鱼得水，无论他们参与到哪一个组织中，他们总是能够敏锐地觉察到组织的关键人物，并能够自然地接近，赢得关键人物的好感。

（2）在职场上，虽然二型人可以通过自己的努力获得权力，但不喜欢在大庭广众之下行使自己的权力，他们更倾向于幕后操纵。

（3）二型人的适应能力很强，拥有不错的交际弹性，几乎在任何一种环境中都能够以最短的时间融人，二型人那种天生的助人为乐，着实赢得了同事的好感。同事们聊的任何一个话题，都仿佛是二型人的强项，因为二型人总能够插上精彩的那么几句。

(4) 二型人的乐善好施，让别人对他们的好脾性甚是欣赏，再加上二型人的善解人意、慷慨大方，在别人出现难处的时候总会热情地伸出双手，因此会赢得几个职场上的“死党”。

(5) 与二型人合作是一件很愉快的事情，二型人的热情、豪爽与推陈出新的思想作风，总能让对方感觉良好。另外，二型人凭借其出色的人格感染力，是谈判桌上的高手。

职场劣势

对于二型人来说，最值得骄傲的地方也是最值得注意的地方。二型人的交际能力很强，能说会道、善于察言观色，但是风头过盛，反而给人一种不知天高地厚的轻浮感觉。

(1) 对比自己强的人，表现得过度迎合，尤其是对自己的领导，总是一副点头哈腰的样子，让人觉得二型人太会奉承，做事不踏实。

(2) 虽说二型人非常享受施予他人帮助的满足，但是二型人的耐心并不是一直都好，在他们的内心身处隐藏着势利眼的倾向，比较漠视比自己弱势的人。

(3) 二型人的性格同样很敏感，他们的敏感不同于一型人的挑剔，而略显得期待得到别人的认同。他们愿意被别人感激，因为那有安全感；他们讨厌被人漠视，因为那让自己充满挫败感。

(4) 对别人过分热情，会引起他人的防卫心，因此，对他人好固然是好事情，但是好需要恰到好处，另外，在对别人好的时候，尽量考虑一下别人的感受，如果别人不需要你的付出，你对他们再怎么贴心，反而会引起他们更大的厌恶。

(5) 容易自找苦恼，由于不确定身边的某一个人或者某一些人对自己是否真正怀有好感，心里就会空虚得很。即使听到别人对自己的称赞，也会觉得这些赞誉是虚伪的表现，总之就是神经太过敏感。

(6) 二型人很容易在公司中由于明显偏袒某些同事，而引起另外一些同事的不满。

职场心理操控

由于二型人过于关注对别人的帮助，这会让他的内心产生一种自豪感。他认为自己是及时雨，对他人来说自己不可或缺，慢慢地就骄傲起来，四处宣扬自己对他人的好。这样反而得不到他人的感激，取而代之的是愤恨。因此，二型人需要对自己的不正确心理进行合理的认知与纠正。

（1）不要把“施恩”变成“施舍”，虽是一字之差，但效果大为不同。帮了别人的忙，就觉得有恩于人，因而高高在上，不可一世。这种态度常常会引发负面的后果，所以，即使你有恩于他人，也要保持一颗谦逊的心，谦逊地帮助他人、谦逊地倾听他人的建议并谦逊地接纳他人的赞美。

（2）人际交往中，在对方需要帮助的时候主动给予关怀，这样，人与人之间就会少很多冷漠，多些许温暖。

（3）懂得付出责任，懂得不求回报地给予帮助，时刻告诉自己：“我不管别人怎么做，也不在乎别人怎么看，无怨无悔的付出就是我最该做的。”当对他人的爱上升为一种大爱的时候，也就意味着拥有了被别人尊敬的影响力。

（4）当面对困境与不快的时候，二型人常常因为固执而钻了牛角尖。其实这个时候，二型人应该懂得移植变通思维，换个角度看问题，即相信自己能够化逆境为顺境，化问题为机遇。积极、乐观的心理暗示，有助于端正二型人的工作态度。

职场读心术

找朋友应该找给予型的人，虽然一开始他们怀疑你结交的目的，怀疑你的人品，怀疑你的一切，但是，一旦他们从求证中建立信任，将会视你为知己。可以说，他们是能与你有难同当、同甘共苦的人。

怎样看出他是给予型的人呢？传统面相学为我们提供了一些方法：

（1）眉毛浓、胡须浓以及鬓毛浓的男人个性很强，爱憎分明，重情义。如果你以真诚的态度和他们交往，那么他们也会给予你真挚的友情。无论何时何地，只要你遇到麻烦，他们定会鼎力相助，发动一切人脉帮你脱离困境。

（2）拥有短秀眉的人，眉毛短促而清秀，漆黑有光，给人一种慈眉善目的感觉。他们比较讲求信义，心地善良，对家庭负责，对朋友忠义，对父母有孝心。

(3) 眼睛黑多白少而有神的人不会欺骗朋友，对朋友有一说一，没有隐瞒。他们讲义气，把友情看得很重，无论何时都不会做伤害朋友的事情。可以说，他们是最值得信赖的好知己。

二型上司的心理解读

二型上司，是个深具服务特质的领导者，他们关怀下属，为下属提供工作的信心、支持以及鼓励，二型上司的领导力同样赢得了下属们的超赞。

(1) 二型上司是当之无愧的“服务领导人”，他们习惯谦卑地隐藏在幕后做整个公司的决策支撑。

(2) 在管理风格上，二型上司注重“以人为本”，并不认为自己是领导就已经处在了高高在上的位置。相反，他们认为“高高在上的主管是不正常而腐败的”。他们的领导作风，就是让所有的下属知道领导不是用来管束下属，而是用来为下属服务的。

(3) 二型上司是个积极的干涉他人主义者，对于自己的下属，尤其是表现良好的下属，二型人上司很乐意为他们提供技能培训的机会，对请教自己的下属怀有好感的同时，会给予热心的指导。

(4) 二型上司非常注重打造自己的职场影响力，对他们而言，领导不是用来创造规则并遵循规则的，而是用来影响下属、影响客户与品牌的。好的口碑，才会让下属更加拥戴。

(5) 二型上司崇尚成为一个“新式的领导人”，即不希望把权力紧紧握在自己的手中，而希望自己是个良好的倾听者、沟通者和教育者，因此二型上司常会授权部分下属，让他们在忙碌中对工作、对管理有所启发。

如何与二型上司相处

二型人格的内心非常渴望被关注以及被爱戴，二型上司也不例外。与二型上司的和谐相处需要注意以下几点。

(1) 二型上司往往以极大的人文关怀投入公司中，他们希望自己的员工在勤奋苦干的基础上，能够将自己的工作视为一种“家庭责任”，能够全心全意地对待。

(2) 二型上司是个极度敏感的人，且他们拥有一双透视眼，甚至能够洞察到一个人的内心意图，所以对他们说谎会是一件很不明智的选择。另外，他们看重诚信待人，对心口不一的人很是厌恶。

（3）二型上司欣赏的是心中有大爱、能够像自己一样乐于服务大众的人。因此在工作中，最好时时处处保持一副老好人的形象，对待公司的任何人都能够亲和、友善，对待任何工作上的难题，都能够积极应对。把公司的人情化氛围维持好，也就是把自己在二型上司心目中的形象保护好。

（4）当二型上司作演讲、作报告或者分配工作的时候，作为下属应该用专注以及微笑的赞许来回应他。这样会让二型人上司欣慰自己的观点已经被认同。

（5）向二型上司做汇报的时候，重要的是提出自己的工作带给客户或者相关同事的影响层面。这样会给二型上司一种考虑周全的感觉，同时也会让上司对你的“人情”关怀而倍加青睐。

二型下属的心理解读

二型下属是个懂得左右逢源，懂得迎合别人、讨别人开心的人，二型下属对他人的喜好需求一般看得比较清楚。对什么样子的人，就能够说出什么样子的话，做出什么样子的事。

二型下属是个人际高手，得益于从小的生长环境，在他们的记忆中鼓励和奖赏远远大于批评与埋怨，于是在鼓励的支持下，二型人下属做事情会更有激情，甚至为了赢得他人的一句奖励与认可，会不惜牺牲个人的利益。

二型下属对工作比较上心，为的就是得到上司的一句夸赞。二型人下属凭借其辛勤的付出、不辞劳苦的服务与体谅他人的贴心，再加上聪明能干，往往会成为上司的得力助手。

总之，二型人下属在职场中的一切表现，只是为实现自我价值，为了赢得他人的认同与鼓掌。因为二型人下属很明白，所有的成功都将会被周遭爱慕的赞许衬托得更加闪亮。

如何与二型下属相处

大多数上司还是喜欢二型人格这样的得力下属。为了得到一句认可，无私地给予他人关怀、给予工作业绩丰厚的心血。他们在被需要、被关注、被爱中享受生活中的美好。意识到这一点，与二型下属和睦相处、相互促进不是难事。

（1）与二型下属相处的关键是要保持人文的关怀与情感的交流。二型下属是个奉献型热爱者，他们喜欢对同事的嘘寒问暖、并喜欢倾听同事们的烦心事而给予耐心地开导。此性格的人，最在乎的就是得到他人的关怀，如果上司经常与其进行一些亲和的情感交流的话，二型下属会在感激上司的关注的同时，更加卖力地工作。

（2）除了沟通之外，要经常给予二型下属心灵的理解与支持。对于二型下属出色的工作表现给予及时的称赞或者相应的奖励。即使二型人下属偶尔出现工作状态不佳的时候，也不要以责怪的态度给予批评，应该以劝导的方式，相信他们的能力，二型下属将会不负众望，很快拿出一个满意的业绩单。

（3）给二型下属安排工作的时候，不要表现出自己的不信任。因为二型人下属往往责任心强烈，能够自觉地完成工作，尽心尽力奋斗是他们的性格特质。

（4）虽然二型下属能够任劳任怨，但是也要考虑到二型下属的承受能力，如果给予二型下属严重超负的任务安排，会造成二型下属的压抑以及对自信心的打击。

（5）合理地给二型下属一定的权力，尊重他们在工作中的人际交往状况，他们会将上司的信任转化成工作中提升的动力。

职场成长吧

找准职场定位

适合二型人的工作环境：二型给予者的社交能力强大，并且具有相当的影响力，因此比较适合能够接触很多人的工作环境，比如公关、学校老师、医疗人员，客服以及人事专员。另外，在营销行业中，二型人也能够发挥口才优势。同时，二型给予者在人情味浓重的环境中，也能展示自己最大化的工作才能。

不适合二型人的工作环境：二型给予者最不愿意工作的地方就是难以得到认可或者赞同的工作环境，如果自己的劳动成果得不到看中，或者被其他人占有，那么他们会不由分说地离开那个尔虞我诈的公司。

职场影响力的打造

让投其所好和坚忍意志力的双管齐下，将会减少成功的职业生涯阻力，并最大化的扩大给予型人格的职场影响力。

每个人都希望自己受人欢迎，然而有人绞尽脑汁想讨好别人却落得个让人嘲笑的下场。在这方面，二型给予者像个天生的专家，他们总是很容易就能让别人喜欢他们。秘诀是什么？投其所好。

我们经常会遇到好心办坏事的情况，比如送给别人你很喜欢的一个款式的手表，但是在别人看来却太花哨，他喜欢沉稳；你送了别人一只可爱的小狗，然后你听到他原来喜欢猫；你送了一本你喜欢的某个歌手的 CD 给他，后来你知道他最讨厌那个歌手……你生气，不解，其实都不必。想要别人喜欢你的秘诀永远只有一个：投其所好。

尽管二型给予者很懂得投其所好，但是由于二型人从小到大一直是妈妈眼中的乖孩子，他们总是按照他人的意愿做事，尽管他们可能自己感觉不到，因为他们做事的初衷就是为了“讨好”别人，因而也只好牺牲自己的意愿去满足别人。不知不觉，他们的性格中就会有隐忍、宽厚的一面，同时还会有依赖性太强的特点，他们太习惯按照别人的意思办事。于是他们不够独立，缺乏坚忍的意志力，总想站在一个强者的背后。

雨果曾经写道：“我宁愿靠自己的力量打开我的前途，也不愿求有力者的垂青。”只要一个人是活着的，他的前途就永远取决于自己，成功与失败，都只系于自己身上。而依赖是对生命的一种束缚，是一种寄生状态。英国历史学家弗劳德说：“一棵树如果要结出果实，必须先在土壤里扎下根。同样，一个人首先需要学会依靠自己、尊重自己，不接受他人的施舍，不等待命运的馈赠。只有在这样的基础上，才可能做出成就。”将希望寄托于他人的帮助，便会形成惰性，失去独立思考和行动的能力，将希望寄托于某种强大的外力上，意志力就会被无情地吞噬掉。

总之，二型给予者若想打造强势的职场影响力，那就尽量做到发扬“投其所好”的同时，再纠正一下不够坚忍的缺陷。

职场成长的智慧点拨

● 二型人成就职场的完美攻略

◆学会接受别人的赞美。

◆不要迎合对方。

◆让别人自己解决问题。

◆清楚自己责任的界限，不必对别人的事情负责。

◆将对他人的慈爱转为对自己，问自己要些什么。

◆学会独处，反思自己的需要。

◆告诉别人自己需要什么，而不是要求别人善解人意。

◆人人都需要关爱，当别人关心你的时候，懂得接受。

◆树立自己的奋斗目标，不要让别人的需要影响了自己工作的进程。

◆正确对待别人的建议，那并不是对自己的人身攻击。

◆做事情应该注重理性，感情用事只会加重自己的心理负担。

◆关心他人，但是不能够干涉他人的隐私。

◆告诉朋友自己的需要，寻求朋友的帮助与支持，而不是独自忍受。

◆认识到为自己的心愿奋斗到底的重要性。

◆注意到自己内心的无助来源于对自身人格魅力的不自信。

◆不能够只与他人做表面上的迎合接触，要多多与朋友沟通一些心灵的话题。

◆意识到帮助他人，其实就是在完成自我，哪怕根本没有得到他人的感激，也无悔于自己的付出，当给予变得无私的时候，也是有绝对影响力的时候。

职场人脉经

“给予”是人脉的收集站

“我能与不同性情的人交往，因为对于不同的人，我可以尽量满足他们的需要，帮助他们渡过难关。但我并不是在拍马屁，我只是时刻希望别人在危难的时候能够想起我，并且能够通过我的帮助获得快乐。”

人际交往中，给予者总是这么说，也总会这么做。他们会在别人最需要的时候伸出援手，正因为如此，给予者常常会成为人际交往中最受欢迎的人，他们也因此常常得到意外的收获。

因为帮助了别人，所以在自己需要的时候常常会得到别人的帮助，这是给予型人格者经常遇到的事情。其实，在人际交往中，所有人都应该努力使自己成为给予型的人，在别人需要的时候主动给予关怀，这样，人与人之间的关系会更加和谐，生活也会更多些美妙。

运用你的人格魅力

二型给予者深知每个人都喜欢受人欢迎的心理，所以，当家里或公司有客人到来时，二型给予者总会面带笑容，热情接待，服务周到。

二型人是某饭店的一名普通门房职员。在二型人眼中，一个称职的门房职员一定要在第一时间内满足客户的需求。

二型人认为一名称职的门房职员应当做到以下几点：

第一，要有时间观念。因为大部分客人的时间都很宝贵，让他们等一分钟都是极大的浪费。

第二，如果有一个客人在餐厅里单独用餐，应当向他打声招呼，因为他可能很想家。

第三，要留意客人的真正需求。如有可能，一定要给他一点额外的东西。

第四，上班时要面带微笑。你的心情会对同事产生影响，要把个人的麻烦留在家里。

在工作中，二型人给所有人留下了乐于助人、精通业务、热情好客、安全可靠的印象。他懂得如何让客人觉得受到欢迎，更可贵的是，他往往是客人在离开时接触的最后一个人，他为客人送行时良好的服务态度，常常在客人心中留下深刻而持久的印象。

二型人有一种非常可贵的品质，就是他能看出在某种情况下缺少什么。

对于不同场合的客人，二型人会以不同的礼仪来对待：

1. 商务客人

（1）微笑。任何一个人都希望自己能给别人留下好感，这种好感可以创造出一种轻松愉快的气氛，可以使彼此结成友善的关系。一个人在社会上是要靠这种关系立足的，而微笑正是打开愉快之门的金钥匙。

（2）品貌端正、举止大方、口齿清楚，具有一定的文化素养，受过专门的礼仪、形体、语言、服饰等方面的训练。

（3）服饰要整洁、端庄、得体、高雅。避免佩戴过于夸张或有碍工作的饰物，化妆应尽量淡雅。

（4）如果来访者是预先约定好的重要客人，则根据来访者的地位、身份等确定相应的接待规格和程序。在办公室接待一般的来访者，谈话时应注意少说多听，不会隔着办公桌与来访者说话。对来访者反映的问题，作简短的记录。

2. 家庭来客

（1）迎客。迎接客人进屋的时候，主动帮助客人放衣物，请客人在合适的位置落座；主动送上客人想喝的饮料、茶水；递、接物品要用双手。

（2）交谈。主动、大方地与客人交谈，不会拘谨、腼腆，让客人感到像在自己家里一样。

（3）送客。客人要走时礼貌挽留，说“您再坐一会儿”、“在这里吃晚饭吧”、“再喝杯茶吧”，送客人一段距离后说“再见”、“有空常来”。

总之，无论是生活还是工作，我们都要学习二型人这种为他人服务的精神和接待礼仪。

职场修心坊

成就他人的职场修心秘诀

实际上，二型给予者懂得施舍比接受更是一种福气的时候，就已经存在了不错的心灵涵养。很多时候，二型给予者想到的是他人的感受，而不是自己的己私之欲，这是一种人生的悟性，一种扩大的心量。但是金无足赤，二型给予者仍需修心，提升素养。

（1）认识到自己对他人的真正价值，不是帮别人端茶倒水就会得到别人的感激。热情关心他人是好事，但是热情过度，会让人觉得你是否有神经质。

（2）应该意识到一味的迎合他人，会加剧自己的心理负担，让焦虑在无声无息中蔓延。迎合他人是圆融，迎合自己的心声是明智。

（3）懂得发现自己企图控制他人的心理，这就是为什么二型给予者对权力情有独钟的初衷。

（4）注重心理疗法的重要意义，要坚持在固定的一段时间里能够集中一小时进行冥思。对一天发生的好事坏事，重新在记忆中过滤一遍，你会发现每一天都有很多东西需要学习。

（5）应该认真观察自己生气的思维过程，其实在生气时候的想法才是真正的想法，暗示自己已经忍耐不了某些事情。

（6）认识到自己就是一个冲突的矛盾体，既想要保持多种自我来满足不同人的需求，又想完完全全做一个真正的自己。

（7）不要以为每个人都喜欢被奉承，所以不要总是要奉承来拉拢人际关系。

（8）当没有得到他人的认同的时候，会出现严重的挫败感与复仇欲望。因此，二型给予者应该理性地认识到，别人对自己的看法并不能决定自己的能力，应该充分实现自我价值。

处事小辞典

二型人的行为哲理

职场中的二型人天生就懂得取悦他人的交际手法，他们明白要想通融事，必先通融人。于是，二型人想方设法地迎合不同人的喜好，给予一点他人想要的，远胜于给予许多他们不想要的，且投其所好更能获得上司或者同事的认可与赞同。

只是，在投其所好方面，二型人往往会忽略一点，就是人们的喜好并不是一成不变的，而会随着年龄、阅历的增长而有所改变。

曾有一个富商，他本是一个好利的人，如果有人向他提供如何致富的点子，则会无不欢迎。到了晚年，他的好利变为好名，这种心理上的转变，还没有人知道原因。有某人对于生财之道自认大有心得，设法与这位富翁相见，乘机提出他的生财大计。谁知道这位富翁听了丝毫不感兴趣，待他说完，淡淡地回答说："我不要再发财了，正想谋求散财之道。"他一听，出乎意料，只好垂头丧气而退。

所以，投其所好也应该与时俱进。对于自己非常关注的人，平时多找机会沟通，才能够了解到他们的最新喜好。

二型人在给予他人帮助的时候，往往希望他人感激在心，产生对自己的好感。殊不知，真正的给予者，是能够不计较任何功利与得失的大气者。

因此，既然想做个无私圣人，就应该以包容、淡定的心态去看待一切的人和事，而不是想要得到什么才会去给予什么。

与二型人的有效沟通

实现与二型人的有效沟通，就要读懂二型人的内心世界，看明白二型人在忙着帮别人解围甚至给别人带来过度热情时的心思。因此，当与二型人沟通的时候，也应该注意到以下几点：

（1）当接受了二型人的帮助的时候，要及时感激地说声"谢谢"。

（2）他们在给予别人帮助的时候，最怕也最讨厌的是遭到拒绝，因为那会让二型人感觉到别人不识好人心以及自我的挫败感。因此，如果你不需要二型人的帮忙的话，最好能够解释出合理、真实的理由。

（3）由于二型人很多时候会把注意力集中在他人的需求身上，而他们本身也很渴求能够被人关心、被人爱护，因此不妨多主动跟他们沟通沟通，多问他们一些内在的情感，会让他们觉得你很贴心。

（4）如果你很想回报性的为二型人做点什么，那么请提前向二型人声明你这样做会很快乐，那样的话，二型人才会接受你的好心。

（5）二型人的内心很宽大、很敏感、也很脆弱。当他们一直在为别人的事情而辛勤忙碌的时候，他们也在为自己的空虚做着填补运动，一旦忙碌停下来，你就会发现他们心神不安、焦虑的样子。这个时候，不妨走向前去表示一下关心，二型人将会感激得想要哭泣。事实上，二型人非常需要一个能够真正懂他们的人。

给予者中的血型名人

A 型给予者：梁朝伟

梁朝伟是典型的给予者，他尽职尽责于自己的工作，无私奉献着自己的辛勤与汗水。无论何时何地，只要有任务交付给他，他就会全力完成，即使赴汤蹈火也在所不惜。因为完成工作所需，挥洒着自己的汗水会促使他得到很大的精神快乐与价值满足。

梁朝伟也是 A 型人，他具有很强的服务与责任意识。尤其在工作中，只要导演需要，他会拼命地达到要求，即使牺牲自己大量的时间、精力，甚至健康。

2009 年，梁朝伟加盟《一代宗师》，饰演叶问。

为了在影片中展现中华武术精髓，数月来梁朝伟不停地跟师傅习武。有一天，他竟要求同时与四位师傅进行较量。虽说是场练习赛，但是梁朝伟全力以赴，俨然在与四位高手对决。结果，打斗中，一位师傅不小心踢到梁朝伟的左手。随后梁朝伟被送往医院。经医生检查后，证实他左手骨折，需要打石膏帮助恢复。然而梁朝伟委婉拒绝，他认为打石膏会令他多日来练得的肌肉“消失”，体形发生变化，影响电影的开拍。

负伤了，梁朝伟首先想到的不是自己，而是担心耽误剧组拍摄进度、影响自己练功的进度。因为梁朝伟有这种尽职尽责的精神，拍戏全身心投入，所以他赢得了导演、同事的称赞，感染了身边的人，激发了他们的工作热情。

A 型给予者就是如此，他们不言不语，满腔责任感，却能为大局、为别人牺牲自己。这种牺牲精神是种美德，人与人之间的交往首先需要的是给予，善于尽责才会架起沟通的桥梁，自私的人，只会想到自己的利益的人是不会得到大家的欢迎的。梁朝伟这种尽职尽责工作的写照，正是 A 型人以大局为重的榜样。

B 型给予者：列宁

给予者典型的特征就是为他人奉献且努力实现自我满足。列宁就是给予者的典型，他作为著名的马克思主义者、革命家、政治家、理论家、布尔什维克党创立者、苏联建立者和第一位领导人，为了共产主义事业奉献了自己的一生。

列宁是 B 型人，但他却不习惯于粗线条的做事情，他对革命事业无私地奉献着自己心血，用自己一辈子的革命实践形成了著名的列宁主义理论。他是全世界无产阶级和劳动人民的伟大导师和领袖。

O 型给予者：梅兰芳

梅兰芳是 O 型人，是一位令大家耳熟能详的名人，他为中国的京剧事业留下了美好的传承。他作为中国京剧名伶，创立了梅派，名下有传人无数。梅兰芳天生对目标拥有追逐的执著与毅力，具有 O 型人做事目的性较强的特征。在他的生活与京剧事业中，他勇于面对各种挫折与挑战，就是为了能够实现自我价值，能够将中国的京剧艺术发扬光大。

梅兰芳的代表戏京剧包括《贵妃醉酒》、《霸王别姬》等；昆曲包括《思凡》、《游园惊梦》等。著有《梅兰芳文集》，他自创的梅派艺术传人有李世芳、张君秋、言慧珠等等。同时，他对促进我国与国际间文化交流方面作出了卓越的贡献。他曾在 1919 年、1924 年和 1956 年三次访问日本，1930 年访问美国，1935 年和 1952 年两次访问苏联进行演出，不仅增进了各国人民对中国文化的了解，也使我国京剧艺术跻入了世界戏剧之林。

AB 型给予者：李连杰

李连杰是 AB 型人，“换位思考”是他经常挂在嘴上的话。他无论是做事情还是思考很注重的就是站在他人的角度上看待问题，他是个成功者，也是个不折不扣的给予者。

有一次，李连杰在台湾地区被人跟踪，他去吃饭，记者跟进来了，于是他说：“你们过来和我们一起吃。”然后李连杰就叫了菜，但是记者并不吃，李连杰说：“我不会在你吃的时候逃走，这样我就欺骗你了，我一定等你吃完饭再走。”他是真拿记者当朋友。但是第二天出来的报道还是负面的。他还是理解那个记者，如果记者不写负面，老板就会不用。

善解人意，为他人着想正是给予者所具备的基本品质，李连杰不仅从思想上为他人着想，在行动上更是身体力行的实践着。比如他在2007年创立的“壹基金”慈善基金，在自己成功后他还想着去帮助更多的弱者，他拥有的大爱之心令人敬佩。

职场趣味测试：你是社交达人吗

人际交往是现代社会中的一项重要能力。你若想了解自己这方面的能力，请结合自己的情况考虑下面的问题，回答“是”或“否”。

1. 你常常主动向陌生人做自我介绍吗？
2. 你喜欢发现别人的个性吗？
3. 你喜欢参加社交活动吗？
4. 你喜欢结交各行各业的朋友吗？
5. 你在回答有关自己的背景与兴趣的问题时会很大方吗？
6. 你喜欢在宴会上致祝酒词吗？
7. 你喜欢与陌生人谈话吗？
8. 你喜欢在孩子们的联欢会上扮演圣诞老人吗？
9. 你喜欢做大型公共活动的组织者吗？
10. 你愿意做会议主持人吗？
11. 你与有地方口音的人交流有困难吗？
12. 你喜欢在正式场合穿礼服吗？
13. 你在公司组织的集体活动中不介意扮演逗人笑的丑角吗？
14. 你喜欢成为公司联欢会上的核心人物吗？
15. 你会因为自己的演讲水平不佳而苦恼吗？
16. 你与人谈话时喜欢掌握话题的主动权吗？
17. 你与地位低于自己的人谈话时是否轻松自然？
18. 你与没有共同语言的外国人交往会感到乏味吗？
19. 你在酒水供应充足的宴会上是否仍然会举止得体？
20. 你喝酒会有限度吗？
21. 你喜欢倡议共同举杯吗？

22. 你希望与别人平等相处吗?

评分标准:

选“是”得1分，选“不是”则得0分。

测试结果:

17~22分：你在任何社交场合都表现得大方得体，从不拒绝广交朋友的机会。你待人真诚友善，不狂妄虚伪，是社交活动中备受欢迎的人物，也是公共事业的好事者。

11~16分：你在大部分社交活动中表现出色，只是有时尚缺乏自信心，今后要特别注意主动结交朋友。

5~10分：你的社交能力较差，也许是由于羞怯或少言寡语的性格，你没有表现出足够的自信。当你应该以轻松、热情的面貌出现时，你却常常显得局促不安。

4分及以下：你是一个孤僻的人，不喜欢任何形式的社交活动，难免会被人视为古怪之人。

三型成就者：只能成功，不准失败

职场心理课

性格论证

对三型人来讲，最重要的是目标的实现，感受到目标实现那一刻外界的肯定和赞美。三型人总是精力充沛，并且争强好胜，喜欢接受挑战。他们认为自己的价值就在于自己的成就，如果没有成就，他们就毫无价值。他们会全心全意地追求一个目标，而且相信“天下无难事，只怕有心人”。

●性格亮点

三型人对于手头的工作和未来的目标总是充满激情。他们吃苦耐劳、尽心尽力，而且他们的努力能够感染其他人表现得更加出色。

他们活到老、学到老，总是能给自己找到目标，并且能在目标的激励下奋力前进。

不论是对于自己，还是对于工作，三型人都希望保持积极向上的正面形象。

●局限和困扰

由于三型人实现目标时比较注重成就，因此他们会透支自己的精力、身体，甚至人际、家庭关系等，他人会产生被三型人忽略的感觉。

喜欢亲力亲为，重要的事自己做，不善于求助和利用团队的力量。

为了达到目标，他们往往会走捷径，甚至有可能破坏规则。

当三型人遇到一些经过努力仍然没有得到解决的问题、困难时，会非常烦躁和沮丧，不能坦然面对失败。

职场特色

三型人是个典型的“事业至上”的工作狂。他们仿佛天生就不是享受家，而是风风火火的实干家。

在三型人的字典里，没有成就便等于一事无成。他们对自己的事业是如此的看重，对实现梦想的心情又是如此的热切。与二型人截然不同的是，他们实现自己的事业成就，不只是为了得到他人的认可，而是希望受到他人的尊重与敬仰，这似乎远远高于一般的认同。

比如站在台上努力表演的二型给予者和三型成就者，虽然他们都在很卖力、很投入地表演，却拥有着不同的内心动机。给予者希望自己的表演能够让台下的观众高兴，成就者则希望能够通过观众的欣赏而满足自我成就感。

由于对成就的无止境追求，对事业强大的野心，以及对目标的高定位，让三型人在职场总是充满活力，积极上进。

职场优势

三型人的职场优势很明显，他们是九种性格中能量最高的一型人，因而往往会事业有成。

(1) 鲁迅先生曾经说过，从古以来，就有埋头苦干的人和拼命硬干的人。这正是对三型人的典型写照，三型人从不愿意在苦难与挫折中低头，而是坚守信心、迎难而上。

(2) 三型人敢于担当、善于创新、勇于实践，在失败中汲取宝贵的经验。

(3) 三型人很自信，正所谓自信是成功的一半，因为自信，所以无畏。

(4) 目标感非常明确，二十岁该如何拼搏，三十岁该有何种的成就，他们早就心中有数，并为着想要达到的成就而不懈努力。

(5) 充满着工作的激情与活力，他们视工作为一种享受，视工作为实现自己登峰造极梦想的阶梯。

(6) 追求良好的职业形象以及职业素养，是个气质型的上班族。

(7) 思想现实，不喜欢做白日梦，不愿意被琐碎的事情干扰。

(8) 保持高水平的工作效率以及工作质量，乐观看待工作中的困难，并对自己的工作认真负责。

职场劣势

以下几点职场劣势，是三型人正在经历却又没有引起注意的地方。要赢在职场，应该在发现自己优点的同时，清晰觉察出自己的不足，这样才有可能距离自己的事业梦想更近一步。

(1) 三型人在急切想要获得成就的时候，难免出现情绪问题，尤其是当理想与现实发生碰撞并出现偏差之后。情绪失控，影响工作进度。

(2) 比较有心机，与同事之间是利用与被利用的关系。

(3) 嫉妒心比较重，不愿意看到别人比自己强势。

(4) 为了保护自己的外在美好形象，甚至可以让别人为自己背黑锅。

(5) 常常表现出一副盛气凌人的样子，自命不凡。

(6) 过度重视工作成果，而对工作的方法并不计较是否要了手段。

(7) 有管制他人的倾向。

(8) 喜欢听奉承说话，只是为了巩固自信心。

职场心理操控

三型人从小就表现得很能干，他们想要获得别人的认可，想要维护自信，于是，凡事力争第一，渐渐养成坚忍不拔的刚毅性格。

有了坚忍，三型人在遇到大灾祸、大困苦的时候，就不会无所适从，在各种困难和打击面前，仍能顽强地生活下去。

三型人不管面临任何情形，总是不肯放弃、不肯停止，而在失败之后，会以更大的决心和勇气继续前进。所以，他们所取得的成功，比以金钱为资本的人更大。

事实上，一个下定决心就不再动摇的人，无形之中会给人一种最可靠的保证，他做起事来一定勇于负责，一定有成功的希望。因此，做任何事情，事先应制订一个详尽的计划，一旦主意打定之后，就不能再犹豫，应该遵照已经定好的计划，按部就班地去做，不达目的誓不罢休。

那么，三型人是如何培养坚忍性格的呢？

（1）确切地知道自己最想要的是什么，给自己树立一个目标。

（2）让自己拥有强烈的想获得坚忍性格的欲望。

（3）相信自己的能力，给自己足够的自信。

（4）不管是生活中还是工作中，都要学会与人合作，了解和适应别人的方式，与周围的人建立融洽的关系。

（5）张扬自己的意志力，这样才能为了既定的目标而自觉努力。

（6）经常进行体育锻炼，培养在困境中的坚韧和弹性，强化驾驭生活的能力。

职场读心术

三型成就者像一台永动机，不知疲倦，不知停歇，始终以高昂的情绪工作，他们常常被称为工作狂。我们若想知道自己是否具有三型性格，有多大可能是工作狂，或者身边潜伏着多少工作狂，不妨通过下面的简易方法进行初步判断：

1. 两脚交叉并拢，单手托下巴

习惯动作是：两脚交叉并拢，一手托着下巴，另一只手托着这只手臂的肘关节。这种人多数为工作狂，是典型的三型成就者。他们对自己的事业很有自信，工作起来十分投入。废寝忘食的行为对他们来说是家常便饭，自己的另一半更是经常被冷落在家。

2. 手机置于手中

手，是全身上下活动最多的地方之一。习惯将手机一直拿在手上的人，一般都精力充沛，也就是所谓的工作狂，不到非休息不可的时刻，他们是绝不会休息的。

3. 逛街时喜欢走在后面

如果他走在后面，表明他也很重视恋爱，不过，他不会因你而放弃名誉和地位。

恋爱中的他，虽口口声声说“你比工作重要”、“你是我生命中最重要的一部分”，但是婚后的他会逐渐变成一个工作狂，工作变得比爱情更重要了。

三型上司的心理解读

三型上司最喜欢也最看重的是客观管理方式，他们擅长制定清晰的工作目标，将工作任务恰如其分的分配到每一个团队，然后宣扬达成任务目标所带来的益处，团结下属共同完成。

三型上司崇拜“进化论”的创造者达尔文先生，他们钦佩达尔文提出的“物竞天择，适者生存”是多么的正确，于是积极倡导工作中达成的成就离不开努力的工作、对责任义务的勇敢承担以及对自我的不断突破与挑战。因此，三型上司非常喜欢有贤能的人才。

三型上司的功利心很重，他们更在乎自己的下属能给自己创造出多大的效益，因此即使三型上司不喜欢你，也不是什么大问题，只有你有足够好的业绩。

三型上司对工作充满热诚，并充满无限敬意。因此，他们也希望看到自己下属踏实勤奋、积极进取。对于那些在工作时间吊儿郎当的下属，三型上司会毫不留情地将其开除。

如何与三型上司相处

与三型上司和谐相处，积极按照三型上司的标准做事，将会为自己的职场晋升提供“绿灯”保障，即让职场晋升之路变得畅通。

（1）作为三型上司的下属，应该尽可能地跟上上司的思维和反应速度，做事情积极主动、注重高效率，以满足三型上司“工作既要好又要快”的标准。

（2）与三型上司进行沟通，语言应该简洁明了、思路清晰，并要有自己的判断与主见。三型上司最讨厌的就是模棱两可的工作汇报。

（3）向三型上司汇报工作，最好不要将细琐的工作细节啰啰唆唆地呈现给他，因为三型上司希望尽快听到工作结果，随时节省自己处理问题的时间。

（4）在三型上司看来，没有“决策力”和“思考力”的下属一定不是好下属。三型上司欣赏在工作中发现问题，然后能够独自解决问题的下属，而不是什么事情都要等待自己去做出决断的下属。

（5）与三型上司相处，尤其是在公众场合，一定要给足上司面子，表现出对他们的尊重，因为三型上司所做的一切拼搏还有努力就是为了能够受到他人的尊重，被尊重也就意味着对他们能力的认可。

（6）能干固然重要，三型上司更加注重下属的“忠诚”，即对工作的忠诚、对自己的忠诚。

三型下属的心理解读

三型下属，对工作拥有着十分的热情投入，他们精明能干、效率岂是一个“快”字了得。他们既不像一型人计较工作上的完美，也不像四型人那样追求创作的高境界，他们只是在直接、简单的拼搏中取得职场上的胜利。

三型下属一直以“个人的价值存在于成就，而非个人的本身或感觉”作为自己奋斗的座右铭。在工作中，他们更是表现出自己高度的责任感以及勤奋不懈的苦干精神，为了给上司一个满意的工作成果，也为了在同事中形成自己“能干、能行”的角色。

如果得到上司的夸奖，尤其是当众夸奖，会让三型下属的干劲再度提升。为了能够实现自己的才能，为了能够证明自己的优秀，三型下属甚至可以不顾身体的健康情况而加班加点。

这就是上班族中的三型人，求胜、求成是他们最大的心愿。

如何与三型下属相处

意识到三型下属的心理秘密之后，想要达到与三型下属和平共处的状态，已经不算是什么难事。

（1）管理三型下属，首先应该懂得对他们积极的工作态度和出色的工作业绩给予即时的鼓励和奖赏。认可他们争强好胜的勇气，将会更加激励他们进取的步伐。

（2）只要有机会，只要三型下属完成的工作够水准，就应该多在公开场合进行表扬，可以帮助三型下属建立公众认可的成功形象。

（3）给三型下属布置工作任务的时候，需要规定好最终的工作目标、奖励方式以及带来的晋升益处。三型下属之所以在工作中拼命地想要表现自己，是为了能够得到晋升的机会，在他们看来，职位与能力成正比。所以，即使上司再怎么夸奖他们，却一直不肯给予他们晋升的话，会让三型下属满腹埋怨，并降低工作士气。

（4）尽管可以对三型下属的工作很放心，但是若想让他们一直保持高水平的工作效率的话，还需要对他们的工作进展随时给予监督，他们偶尔会把关注点放错方向，把心思花在上司关注的其他领域，这样会严重阻碍工作效率。

（5）三型下属拥有不错的“察言观色”能力，如果对他们在工作上的某些做法感觉到不满意的时候，要尽量给予暗示性的语言提示，他们能够很快的明白自己需要改正的地方，并会在心里感激你。如果直截了当地给予批评，会打击到他们的自尊心与进取心。

职场成长吧

找准职场定位

对于时时刻刻都想要成功的三型人来说，更应该多在竞争激烈的环境中历练，为自己将来的成就打好根基。

适合三型人的工作环境：能够体现自我价值，能尽快出现工作成果的工作，如推销员、市场公关、演讲员、外贸工作人员等。在竞争激烈的广告创意行业、IT 行业等也能够取得不错的成功。

不适合三型人的工作环境：规矩很多，工作平静没有挑战、没有创意且不能够在短时间内就看到工作成果。

职场影响力的打造

三型成就者职场影响力的打造离不开他们在工作中正确的抉择，以及对工作的坚持不懈、对自我的严格要求。三型成就者若要在职场中更完美地提升并扩大自己的影响力，需要多思考以下几点有实用意义的建议：

（1）要正确地做事和做正确的事。这两者表面看起来没有任何区别，其实大相径庭。正确地做事只是让我们在做事的时候选择正确的方法，并不能够保证有成效。比如，你开车去某个地方，需要往东走，但是走错了方向，你走向了西面，那么不管你选择的道路多么宽敞、你本人的技术多么好，也不能到达你想要去的地方。那么做正确的事就不会发生这样的方向性错误。它会告诉你该做什么，而不是告诉你怎么做的问题。正确地做事，做正确的事，这两者比较起来一个是方向与目标，一个是方法与途径。

（2）对自己有合理的目标定位，对自己的事业有合理的构想。诺贝尔奖得主莱纳斯·波林说："一个好的研究者知道应该发挥哪些构想，而哪些构想应该丢弃，否则会浪费很多时间在差劲的构想上。"

（3）懂得淡泊与功利，学会调整理想与现实的偏差。成功的涵义，并不仅仅在于获得了功与利的追求，而是成就了一颗淡泊名利的平常心。

（4）懂得限制自己与克制自己。德国哲学家黑格尔说："一个善于限制自己的人，才有希望成功。"这是因为人的欲求太过旺盛，要限制自己的某些愿望，才能让注意力集中到最主要的愿望上。别太贪心，所谓鼯鼠技穷就是这么回事，你越是贪心，什么都想要，每一种都要了一些，但没有一样是专精的，最后当然技穷！

（5）只要是能想到的，就一定要做到。无与伦比的创新与独一无二的执行力让三型人从来都是高效率的代表，也是让其他人无法望其项背的强势。

（6）活着要有活法，做事也要有做法。一件事情的成败有很多因素，但是开始的思路与想法至关重要，它决定着整件事情的发展方向。有想法并且要有非比寻常的想法，才有可能在起步的时候就会先人一步。

（7）低调是进取的一部分，也是成熟的标志。如果因为能力强，就喜欢不时地“显摆”自己，会让自己失去一些工作机会。人生的智者往往隐忍等待，神明内敛，不露锋芒，默默寻求最佳的出头时机。

（8）放慢脚步，享受过程比结果更重要。如果永远像“永动机”一样不知道停歇，最容易出现亚健康状态，别让脚步太过匆忙，否则会错过很多人生美丽的风景。

职场成长的智慧点拨

●三型人成就职场的完美攻略

◆不要事事亲力亲为，有时让别人去做。

◆在繁忙的生活中抽出些时间去与家人相处。

◆名利只是成功的象征，不是人生的全部。

◆反省自己是否冲得太快。

◆学习关注情感和关系，不要过度集中于工作与成就。

◆及时体验开心、欢乐和幸福。

◆不要用新的工作或新的计划去逃避自己要面对的问题。

◆醒觉自己的“虚假”，立即做出改变。

◆明白自己的力量有限，承认别人的价值。

◆明白失败不是世界末日，而是迈向成功途中的驿站

◆认清自己的为人与成就是截然不同的两回事，不要认为没有了成就就没有了人格魅力。

◆让自己学会能够被他人感动、被他人鼓舞、被他人作用，试着去崇拜一下比自己强的人。

◆遇到工作困难的时候，不要因为暂时的挫败就选择逃避，真正的能力是在困境中成长起来的。

◆意识到自己的能力并不是无限的，顺便多关注一下身边比自己能力弱的人，你会发现他们身上也存在值得自己学习的优点。

职场人脉经

登攀“高枝”的技巧

“社会青睐胜利者，我们要不惜一切代价获取成功，而捷径就是认识社会名流。”这就是三型人的交友观。三型人喜欢通过攀高枝的方法，来结识对自己有利的人。

所谓社会名流，就是在社会上有影响力的人，与他们建立良好的个人关系无疑是为个人的成功插上了翅膀。但社会名流往往都有其固定的交际圈，一般人很难进入其中，因此，要想顺利地结交到社会名流，就需要从以下几个方面入手：

（1）在与名流交往之前多了解有关名流的信息，托人引荐，多参加社会公益活动，多出入名流常常出入的场所，这样才有机会结交到社会名流。

（2）在结交社会名流时要注意给对方留下一个好印象，千万不要死缠着别人不放，否则只能得到完全相反的结果。

（3）通过一次交往就和社会名流建立良好的关系是很难的，所以应多制造交往的机会，多次接触才可能建立较为牢固的关系。

运用你的人格魅力

很多人以为形象不重要，只要周围人认可自己的能力，了解自己的为人，形象无所谓。事实真是这样吗？下面我们来看个故事。

大学时小美是同学眼中的花仙子，是男生魂牵梦萦的“梦中情人”。

时光飞逝，一转眼毕业五年了。当小美出现在大学同学的面前时，大家都毫无准备地“大跌眼镜”，当年的花仙子，今日却……唉！

原来，大学毕业不久，小美就嫁人了。她每天起早贪黑，劳累之中便失去了打扮的习惯。长长的头发随意用皮筋扎在后边，皮肤整天蒙着灰尘也顾不得擦一把，早上匆匆洗把脸就出门，晚上懒洋洋地擦一擦就算了。日久天长，小美的容颜在不经意间被自己“摧残”了。

人们总是否认以貌取人，却无时无刻不在根据对方的形象来评价他人。所以说，人要想在社会上立足，“面子”是头等大事。一个仪容不整、形象邋遢的人，是得不到他人的重视和信任的。

就形象修饰来说，成就者做得很好。他们的衣橱中挂满了各式各样的衣服，无论去哪种场合总能找到合适的衣服。他们会把自己改造成任何文化标准所看重的形象。如果他们是冲浪运动员，他们一定要有漂亮的冲浪板和古铜色的完美肌肤；如果他们是经理，他们就会穿得西装笔挺，表现出迷人的领导风范。

成就者认为，若要对方了解自己的内在美，尚需一段时间，而体现自我个性的着装却能散发出独特魅力，给人留下一个良好的印象。

怎样保持个人形象呢？可参考以下两点：

1. 留意你的穿着

留意你的穿着，并不是指穿上最流行、最时髦的衣服，而是指穿得干干净净、整整齐齐。至于衣服是新是旧，质料是好是坏，并不是主要问题。

许多大公司对所属雇员的装扮都有“规格”，这规格不是指要穿得怎么好看，而是人们观感的水准。

2. 注意细节

鞋擦过了没有？裤管有没有折痕？衬衣的扣子扣好了没有？胡须刮了没有？梳好头没有？衣服的皱褶是否注意到？……

乍一听很可笑。事实上，这些细节会给人留下良好的印象，整洁的着装总是给人一种信赖感。

衣衫不整、邋邋遢遢，是对他人的不尊重，也是对自己的不尊重。这样的人是不可能赢得他人的好感的。因此，为提高自己的形象魅力，给他人留下良好印象，请开始投资自己的“形象工程”吧！

职场修心坊

实现目标的职场修心秘诀

真正的成功者，不应该是只是事业成功的人士，若同时能兼具心怀与美德的成功，才是最理智的成功。三型人在“什么都要争第一”的情况下，往往容易造成对别人的轻视与敌视、对自己的重视与仰视。因此，三型人需要抽出些时间多喝上几碗心灵鸡汤。

（1）懂得停止，一味地追求会让自己永不满足的心疲惫不堪。

（2）不要只沉浸在对成功的幻想中，而忽略了自己的真实能力。

（3）意识到在公众面前极力维护的良好形象，并非是真正的自我，因此要懂得用心灵对待自己，而不是自己对自己也要撒谎。

（4）工作中，应该多多将注意力集中在工作任务上。

（5）即使拥有了成就，也应该懂得尊重别人，否则别人不但不会尊重你，反而会唾弃你。

（6）在工作中，要懂得变通，成功往往不会垂青于只走老路的人。

（7）意识并控制自己欺骗别人的倾向，不做作。

（8）有成功的欲望固然是好，但事实如果整天为自己打造虚幻的形象，容易造成神经质的。

（9）不愿意心平气和地接受他人的批评，其实就是在拒绝进步。

（10）每天给自己一定的时间冥想，扩大自己的心量、淡定自己的心境。

（11）俗话说一口吃不成个胖子，做事情不应该急于求成，更不能不择手段。否则，即使赢得了整个世界，却也已经丢掉了自己，其实是得不偿失。

处事小辞典

三型人的行为哲理

三型人在职场上爱做单一性的选择题，也就是说在成功与沉沦之间，往往倾向于选择成功。实际上，选择也在意味着另一种放弃。

三型人是九种人格中最在意名利得失的人，也是最在意自己能否取得成功的人，他们的名利心很重，当然也可以说最有野心和斗志。但是他们常常会因为什么都想得到，结果却什么都得不到。因为过于贪心，不懂得取舍，是他们个性中的一大缺陷。

现实中许多人和三型人一样，执著于“得”，却常常忘记了“舍”才是一种至高的人生境界。要知道，什么都想得到的人，最终可能会为物所累，导致一无所获。“鱼，我所欲也；熊掌，亦我所欲也，二者不可得兼，舍鱼而取熊掌也。”当我们面临选择时，必须学会放弃。放弃，并不意味着失败。像下围棋一样，小的利益虽然放弃，得到的却是更大的利益。但如果想兼得“鱼和熊掌”，恐怕连鱼也不会得到了。

这就是三型人最应该学会的做人、做事的哲理：人生就是一场旷日持久的战斗，要有所获得，就不能让诱惑自己的东西太多，心灵里累积的烦恼太杂乱，努力的方向就会过于分散。他们要经常要有所放弃，把自己生活中和内心里的一些杂念断然放弃掉。

放弃不适合自己的职业，放弃异化扭曲自己的职位，放弃暴露你的弱点缺陷的环境和工作，放弃实权虚名，放弃人事的纷争，放弃变了味的友谊，放弃失败的恋爱，放弃破裂的婚姻，放弃没有意义的交际应酬，放弃坏的情绪，放弃偏见恶习，放弃不必要的忙碌压力。

与三型人的有效沟通

如果不了解三型人的处事作风，真的挺难做到与他们的和谐相处。因为他们是对成就最看重的人，也对自己最看重的人，很多时候他们根本不去在意与身边人的交流与接触，除非是那些能够在事业上帮扶自己的人。

（1）如果希望与三型人成为工作上的亲密搭档，那就在工作上尽量与他们站在同一立场，并尽力去配合他们，他们会因此而感激你，并与你分享工作上的成果与经验。

（2）如果想要让他们改变做法，最好的方法是告诉他们：“这样做会比你那样做获得更有效的成就。”

（3）当发现自己被三型人当成了垫脚石的时候，最好找个机会和他们好好谈一下，告诉他们自己的真实感受，以及自己不愿意被人利用、也不愿意被卷入人事纷争的想法。听到了你的内心，三型人会收敛的。

（4）若真正的想改变他们的为人处世风格，那就真心地去爱他们，引导他们去发掘自己的内心感觉。

成就者中的血型名人

A 型成就者：辛迪·克劳馥

A 型人的外形和气质往往非常优秀，他们踏实稳重，有很强的忍耐力和向心意识。他们珍惜重视家庭生活，谋求幸福美满的私生活，也有很强的责任感和义务感。A 型人细致谨慎，富于计划性，行动有节制，凡事都会经过周密的思考后再作出决定。世界名模辛迪·克劳馥就是 A 型的代表人物，同时也是成就者的典型。

辛迪·克劳馥出生于美国伊利诺伊州的一个蓝领家庭中，在成为超模之前靠剥玉米的临时工作来赚几个零花钱。成名之后，她在一流的服装展示会上走秀，为顶级的杂志做封面人物，出席豪华奢侈的派对。辛迪神话般的故事并没有到此为止，她利用自己的美丽气质和绝顶身材成为一个身价超过千万的人，她做广告发言人、身节目主持人，还涉足演艺圈，成为一位如日中天的当红明星。她很红，但她并没有间断自己的事业，而是精于打算，未雨绸缪，积极思索着以后的人生道路。在经过深思熟虑之后，1988 年辛迪·克劳馥成了首位给《花花公子》拍裸照的名模，裸照一出，声名鹊起。无数成功人士上门谈生意，与其签订合约。之后辛迪·克劳馥在时装电视节目做主持，一做就是六年，大获成功。正是 A 型赋予的禀赋，使辛迪能够在反复无常、变化多端的娱乐圈中，保持一线女星的地位长达十年之久。

她的精打细算的 A 型的特征为她的事业打下了一片良好而稳定的基础。有一年在她的泳装照片被杂志剪掉之后，她干脆出版了她自己的泳装挂历专辑，结果畅销无阻，带来了巨额的收益。

辛迪·克劳馥一路走来，她的成功经历令很多圈内人士艳羡不已。在她身上充分体现出了 A 型成就者的执著、缜密、有预见性和计划性的性格特点，正是如此才成就了她事业上不朽的神话。

B 型成就者：皮尔·卡丹

B 型成就者有一个非常突出的特点，那就是果断、敏捷、斩钉截铁、干脆利落、当机立断，总能根据多变的形势不失时机地对计划、方法、策略等作出正确的改变，声名显赫的服装设计师兼企业家皮尔·卡丹可说是这类人的杰出代表。

皮尔·卡丹的成功取决于他“当机立断，迅速决定”的个性。凡是接触过他的人都会发现，他做事总是快节奏、快速度，从不吞吞吐吐、优柔寡断，但又决非草率从事。深思熟虑与当机立断在他身上体现得协调与完美。

皮尔·卡丹几乎在全世界每个国家和地区都拥有分公司，雇员超过20万人，他的一万多家售货网点遍布世界每个角落，仅巴黎一个城市就有300多家。他是世界上唯一拥有自己银行的时装家。他拥有6座陈列馆，还拥有一个私人码头。

然而年轻时候的皮尔·卡丹只不过是法国巴黎一家简陋裁缝铺的裁缝。1953年，31岁的卡丹在巴黎举办了时装展览，这些展览配有音乐伴奏的时装模特队的精彩表演，可谓别开生面，然而却导致他在名誉和生意上都遭受了巨大损失。当时的法国愚昧而保守，他的这一举动为大多数厂家所不齿，甚至引起了服装行业的强烈愤怒，就这样，他被“巴黎顾主联合会”开除了。

失败并没有改变卡丹行事果断的性格。为了让自己的梦想变为现实，他在不断地创新和努力。3年后，卡丹终于重新返回“巴黎顾主联合会”并被一致选举为主席之职，直到今天，卡丹仍然是这个“顾主联合会”的名誉主席。

皮尔·卡丹是位实干家，更是一位成功的革新家。他总是不断地设想，然后付诸实践，又不断进行自我怀疑与否定。他以顽强拼搏的斗志和别具特色的创新精神，向世界服装业的因循守旧和嫉妒排挤进行了勇敢的挑战，并最终取得了胜利。

O型成就者：舒马赫

说到德国第一号赛车手米歇尔·舒马赫，应该无人不知、无人不晓。印象中，他始终穿着红色的工装裤，开着一辆红色法拉利。受工作影响，舒马赫是个拥有强大自制力的人。当有人问他自己最大的缺点是什么时，他会坦率地回答：“我有一点儿自私。”舒马赫欣赏他人那种“心如止水”的品质。舒马赫的存在，可说是为O型成就者的特质做了最好的诠释。

O型人总是充满活力、精力旺盛并且追求成功。他们认定的事，从不轻言放弃，即使是遭受失败与挫折。他们只是视之为挑战，为自己设定新的目标，并积极解决问题。在英国银石赛道的严重事故发生的3个月后，舒马赫的法拉利赛车的引擎声再次在马来西亚赛道上响起。

O型成就者乐观、有野心。他们满怀胜利的信心，并对自己的能力及取得的成绩深信不疑。1996年，舒马赫转到法拉利车队。他凭借健康强壮的体魄、出色的控制能力和强烈的个性，那一年赢得了3个分站赛冠军。他的胜利家喻户晓。但他并不满足于自己已取得的成绩，在赛车的路上，他只会继续前进，一直前进。

然而2000年6月的蒙特卡洛大奖赛中，他出局了。尽管他很失望，但还是沉着面对。“我没有尝过比这更难受的。但是这次出局也并不是那么糟，它是我在这个赛季中出现的第一个技术问题，随时都会出现的，而它在此时此刻发生了，只能说很遗憾。”这就是舒马赫，他时刻保持冷静的头脑。在赛车的路上，他是个“孤独的猎人”。他深信在关键时刻，除了自己，谁都无法帮助你解决困难。

这就是具有典型O型性格的成就者舒马赫，他说他非常感谢自己的性格。

AB型成就者：比尔·盖茨

世界首富比尔·盖茨的成功，与其具有AB型特质是分不开的。AB型成就者做事雷厉风行、我行我素，且容易急不可耐，又无法容忍工作效率低。性格上总是性子急，节奏快，对待工作永远秉承追求最完美最成功的结果，比尔·盖茨习惯也喜欢过快节奏的生活，他对自己与他人都很苛刻，尤其是在工作中，他不仅在工作中劲头十足，而且平日里喜欢开快车，是典型的“工作狂人”。

这种“工作狂人”是AB型中的一类人，他们往往太过正直，感觉敏锐，所以有时让人觉得太过于苛刻，但这类人对待人生会全力以赴。具有出类拔萃的活动力，有勇气和胆识，而且即使面临工作上越来越大的压力，他们仍然可以理智冷静的对待。

AB型的工作狂人盖茨就是一个典型例子，他在研究DOS系统时，打电话告诉母亲，他将“消失”6个月，潜心研究，以完成与国际商用机器公司的这笔交易。

在回答记者的提问“你是否真的每日工作至凌晨四点”时说，这是新闻界夸大其辞，他仅是偶尔为之。为了让大众对他的工作有个直接的了解，盖茨简单的描述了他一天的工作进程，“早九点上班，工作至午夜。其间与一些同事共进午餐，午夜之后，我乘车回家，读一小时如《经济学家》之类的经济类杂志，这就是这位AB型工作狂人的生活。从1993年到如今，他每周仍然工作6天，每天工作13个小时。

比尔·盖茨的成功就在于他的拼搏，他也是他连续数年被评为福布斯富豪第一名，连他的竞争对手都曾在1991年对他做出一个很幽默的评述："我们希望比尔成家，养一大群孩子，或许他会因此变得温和些。"

职场趣味测试：你的魅力指数有多少

个人魅力是一种神奇的资源，它能让一个才能平平的男子得到令人垂涎的职位，能让一个外表平凡的女子焕发动人的光彩。那么，你的魅力指数有多少？

1. 当有人顽固不肯认错时，你不会很急躁。

A. 非常同意　　B. 比较同意　　C. 很不同意

2. 如果关系一般的人请你去玩或在聚会上唱歌，你往往：

A. 饶有趣味地欣然应邀　　B. 找个借口推辞掉　　C. 断然回绝

3. 在匆忙行走的路上，别人向你打招呼："你好啊！"你会停下脚步，认真回答他们吗？

A. 是　　B. 有时会　　C. 否

4. 在工作中，你喜欢扮演的角色是：

A. 积极参与筹划　　B. 独立筹划而不愿受人干涉　　C. 等着分配任务

5. 你知道这位可能成为你客户的人是个蝴蝶标本收集者，你带着业务目的拜访他。你拿出一个标本说："听说你是蝴蝶标本专家，这是我孩子捕到的一只蝴蝶，我把它带来是想请教你它是什么蝴蝶。"你预计可能发生哪种情形？

A. 他会对你产生好感

B. 他会毫不介意

C. 他会觉得你有些冒昧、不合时宜

6. 最好听取自己所尊敬的人的意见，但最终做判断和决定要自己拿主意。

A. 非常同意　　B. 稍许同意　　C. 很不同意

7. 假设你是一家商店的经理，一位顾客闯入你办公室怒气冲冲地发泄不满，你意识到完全是她的错，应如何走第一步棋？

A. 先对她表示同情，再心平气和地向她指出其不满是误会造成的，不是商店的责任

B. 告诉她去找顾客意见簿或专司此职的管理人员，如果要求是正当的，问题会得到解决，而找你是没用的

C. 对她发火，并进行严肃批评

8. 一位朋友邀请你参加他（她）的生日晚会，可是，很可能其他来宾你都不认识。在这种情况下，你会：

A. 你愿意早去一会儿帮助他（她）筹备生日晚会

B. 你非常乐意借此机会去认识更多的朋友

C. 借故拒绝，告诉他（她）说："那天我真的早有安排。"

9. 受到别人批评时，你通常的反应是：

A. 分析别人为什么批评，自己在哪些地方有错

B. 保持沉默，对他记恨在心

C. 也对他进行批评

10. 对于他人对你的依赖，你会：

A. 感到高兴，喜欢被人依赖

B. 并不介意，但希望朋友们能有一定的独立性

C. 避而远之，不喜欢结交依赖性强的朋友

11. 你是否觉得正直的人往往会吃亏？

A. 否　　B. 不知道　　C. 是

评分标准：

每个问题选择 A 得 2 分，选择 B 得 1 分，选择 C 得 0 分。

测试结果：

0~12 分：说明你不算是一个有魅力的人，有必要加强这方面的能力培养。

13~17 分：说明你是比较有魅力的人，但仍需继续学习和锻炼，不断提高自己。

18 分以上：说明你是一个很有魅力的人。

这个评价并不是对你个人魅力的一个准确衡量，而是一种定性的评估。

你的得分表明你目前的魅力，而不表明你潜在的个人魅力。只要仔细阅读本书的内容，并在实践中灵活运用，你一定能够改变自己在别人心目中的形象。

四型浪漫者：浪漫不太足，悲情却有余

职场心理课

性格论证

●性格亮点

四型人对于苦难有一种与生俱来的熟悉感，他们特别适合与那些处于危难或悲伤的人一起工作。

他们有一种独特的毅力，愿意帮助他人走出激烈的情感创伤，而且愿意长时间地陪伴在朋友身边，帮助朋友疗伤。

对深层意义的追求常常会让四型人错误地认为，轻松快乐只不过是过眼云烟，是无足轻重，不值得考虑的。

他们更愿意去关注那些身处人生巨变中的人。他们觉得只有这种生死感悟，才能让他们拥有更真实的感觉。

●局限和困扰

找不到幸福的理由，时常感到无助和空虚。

孤僻、尖锐的个性往往造成人际关系的困扰。

神经极其敏感，情绪波动很大，爱走极端，自我折磨并折磨亲密的人。

职场特色

四型人最典型的职场特征是工作与情绪的紧密相连。在团体中，很难与他人融合不说，也不是个很好的合作者，因为别人根本捉摸不透四型人到底在想什么，又到底需要怎样的过程去完成工作。四型人没有积极的激情，也没有完全的放纵，只是活得太不真实，工作得又太过随性。

四型人讨厌跟比自己强的人一起工作，也讨厌竞争氛围高涨的工作环境，他们喜欢能够充分发挥独有创造力的工作，崇尚与众不同的艺术类的创作。

如果在工作中，自己的观点没有得到尊重，四型人会在埋怨中偏执于自己的观点，而不是轻易妥协。

四型人比较尊重权威的地位，往往不会去冲撞，若是不得已冲突了公司中的权威，他们往往会快速的闪人。

他们没有自私自利的倾向，对自我感情的觉察力很强，但是他们往往不去控制自己的情绪，而是让情感自然流露，因此会常常发现四型人一副心事重重、无精打采的样子。

职场优势

四型人卓尔不群的审美情趣，让其他几种人格望尘莫及，同时他们感知情感的触觉极为敏感。四型人感情细腻，内心活动异常丰富，他们总能够像雷达一样迅速捕捉到对方传递的信息。

四型人情感细腻，习惯对世界进行幻想，喜欢活在自己多情的内在世界中。尽管敏感、随意，但在工作中亦存在值得他人学习的强势之处。

（1）善于捕捉别人的情绪，感知别人的情感。尤其在现代社会，每个人都不会把话说得太明白，只有靠各自的“悟性”才能生活有道，而四型人天生悟性极高，无人能及。

（2）拥有卓越的创造力和艺术感。对身边事物有着过人的洞察力与想象力，能够巧妙的抓取到其他人看不到的灵感。

（3）为人真诚、坦率，说话不会转弯抹角，也不喜欢奉承他人。

（4）能够犀利地抓取到商机，并且适应能力强、能担任各种工作。在心情大好的时候，会爆发出惊人的工作能力。

（5）重视真实，在工作中忠于自己的行径和心声，率性可爱。

（6）为了出色地完成自己的创意作品，会不断地自我察觉、自我反省，以及自我探索。

（7）敏感度极高，同情弱者。

职场劣势

四型浪漫者，因为太过于珍惜自己的爱和情感，对美好的东西有着真挚的追求，也因此会对悲苦的事情产生同情。尽管四型浪漫者独具优越的创造力，却也容易过分情绪化、容易沮丧或消沉，常觉生命是一个悲剧。对于四型浪漫者来说，浪漫显得不够给力，悲情却常常相伴其左右。

（1）遇到不顺心的事情的时候，容易自我封闭、甚至自我摧残。

（2）性情孤傲，不愿意融入任何一个组织或者团体。

（3）非常不愿意听到别人批评的话语。

（4）容易与他人进行比较，容易嫉妒比自己强的人。

（5）常常会产生自卑与愧疚的悲观情绪。

（6）如果自己的工作观念以及工作成果得不到认同的话，会记恨他人。

（7）最讨厌的就是一成不变的工作，认为没有任何兴趣上的挑战性。

职场心理操控

抑郁的感觉对于浪漫主义者来说，就像黑洞一样，使他们感到无助、无力，没有出路。生命好像停止了一样，他们躺在床上，盯着天花板发呆：

“如果不是这样就好了。”

“我犯了个大错误。”

……

每个人都会有不快乐和心情不好的时候，但长期抑郁会使人的身心受到损害，使人无法正常地工作、学习和生活。

为了身体健康着想，也为了更好地享受生活，浪漫主义者不妨参考以下方法消除抑郁。

1. 调节情绪，逐步改善心境，从而使生活重归欢乐

浪漫主义者要想消除抑郁情绪，首先应该停止对自身及周围世界的埋怨，明确自己的认知错误来源于以感觉为依据思考问题，因为感觉不等于事实。每当你焦虑、抑郁时，切记以下两个关键步骤：第一步，记录。把那些消极的想法记录下来，别让它们占据你的大脑。第二步，改变思维方式，调整心态。用更为客观的想法取代消极的认知，彻底驳斥那些让你自寻烦恼的谬论。

2. 扩大人际交往

悲观的人周围多是悲观者，而乐观的人身边亦多为乐观者，因此，要想改

变命运，你必须向乐观者学习。不要拘泥于自我的小天地里，应该置身于集体之中，多与人沟通，多交朋友，尤其多和精力充沛、充满活力的人相处。这些洋溢着生命活力的人会使你更多地感受到事物的光明和美好。

3. 学会宣泄

要善于向知心朋友、家人诉说自己的不愉快。当处于极其悲哀的痛苦中时，要学会哭泣。另外，多参加文体活动、写日记、写不寄出的信等，都可以帮助消除心理紧张，避免过度抑郁。

4. 良好的生活习惯——尽可能地使生活有规律

规律与安定的生活是浪漫主义者最需要的。早睡早起、按时起床、按时就寝、按时学习、按时锻炼等有规律的活动会简化你的生活，使你有更多的精力去做别的事情，保持身心愉快。而多完成一件事，就会使人多一份成就感和价值感。

5. 阳光及运动

多接受阳光与运动对于浪漫主义者有利，多活动活动身体，可使心情得到意想不到的放松，阳光中的紫外线可或多或少地改善一个人的心情。

职场读心术

想要读懂一个人是不是四型浪漫者，可以通过了解他的睡觉习惯推知。裸睡是许多人的习惯，喜欢裸睡的人向往自由和轻盈的东西，被束缚了一天的身体已经很疲惫了，当晚上回家后，他们就想到应该彻底解放自己。

从这种人的行为中可以感觉到，他们是个靠感性生活的人，一般处理事情时，他们会靠感性去做决定。例如，当这种人新结识一个人时，他们不是按照通常的方法去认识这个人，而是完全凭自己的直觉去判断这个人，看他是否值得自己去结识，所以成功和失败的经验是相差无几的。

这就注定了这种人会受到他人的指责，在工作和生活中，有人会批评他们缺乏理性，喜欢感情用事。但他们不为所动，认为过多的理性会使人丧失很多乐趣。

套用九型人格法，这种忠于自己的感受、凭感觉做事的行为，是浪漫主义者独有的，所以在一定程度上，喜欢裸睡的人多数具有四型人格。

四型上司的心理解读

四型上司的主打领导风格是浪漫、热情、偏执兼具仁慈。他们在管理中时常体现自己强烈的个人意愿，他们鼓舞下属能将工作注入情感与真实的深处，他们希望下属能够在工作上发挥出最大化的创意作风。

四型上司在领导中，最主要的力量和最大的弱点都来自“不会妥协自己的意愿”。四型上司一直在按照自己的心愿与追寻属于自己的梦想，为了实现心底的梦想甚至可以忽略赢利，也可以不去计较工作细节。

四型上司，总喜欢一味地追求所谓事情的真相，越是找不到的秘密，越有寻找的热情。于是，他们在工作中或者成为充满探索精神的激进者，或者成为倔强而又神经兮兮的失败的领导者。

四型上司的心情仿佛对他们的事业起着决定性的作用。如果四型上司在圈子里广受欢迎，具有很大的影响力，那是因为他们的心情、心态一直大好，对身边的任何人或者事都在尽心地打点着、维持着；如果有的四型上司被人埋怨、不好接近，这也是因为他们心情的原因。心情不好的时候，他们并不在乎自己说的话或者做的事是否得罪了人，他们只依照自己的心意在走。

另外，四型上司在工作中会太过执著于自己的风格，面对他人对作品的质疑，他们会坚定地说：“我的作品不能被修改，我坚持对艺术的掌控。”

如何与四型上司相处

与四型上司相处，最应该注意的是他们的情绪变化。

四型上司的情绪化很严重也很难以让人琢磨，他们会动不动就会对下属的行为发出一股无名之火，哪怕下属根本就没有犯错。这个时候，作为下属应该表示沉默，要明白即使上司向你发火，也不一定说明自己有错，因为四型上司天生就是个不懂得控制情绪的人。

最好不要让四型上司无故发火的行为影响了自己的工作进程，情绪化归情绪化，四型上司终归还是很在乎下属的工作表现。并且出色的工作业绩往往会让四型上司心情大好。

与四型上司相处的过程中，要时刻保持中立的态度。因为四型上司往往会与下属建立一种貌似朋友的关系，在他们难过、情绪不稳定的时候，非常希望自己的下属能给予疏解情绪的方法。这时候，如果下属不能够以客观、冷静、中立的态度给予上司关怀，容易导致陷入公私事情混杂的困境。

与四型上司讨论工作的时候，要时刻留意他们的情绪状态。如果他们心情不好，可以选择暂时回避一下，或者先给予情感上的关怀，再汇报工作。这样的汇报，会更容易得到四型上司的好感。

四型上司在潜意识里常常颠倒工作与休息时间，因此下班之后约他们吃饭或者健身是最好的沟通问题的时间。另外，四型上司在开始上班的前半个小时之内，都是心情不错的时间，这个时候可以多些讨论与交流。

四型下属的心理解读

四型下属在工作中容易表现出神经质的一面，心情好时大干特干、不知疲倦；心情不好，就俨然成为一个“霜打的茄子”，无精打采，完全没有工作活力。

四型下属不愿意融入一个团队中，他们认为即使融入团队也永远无法被团队所了解，与其浪费时间，步入尊重自己的感觉。四型下属比较孤高，不愿意把自己的生活与工作的权利教给任何人，只愿意跟随自己的心意做事、做人。

工作中，四型下属常常失落，不是因为工作的环境与自己内心的期望背离，就是因为工作的内容严重引发不了自己的兴趣。一旦工作中遇到了难以解决的问题，却会认为是自己的过失。

他们总是活在一种杞人忧天的心理负担中。这或许与他们曾经经历的生活变故有关系，昔日的创伤已经在他们的心中留下了阴影，让他们不知不觉甚至会诅咒自己的可怜、习惯生活的悲苦，而看不到生活的美好。于是，他们容易落寞，容易极端，容易陷入情绪的困扰而不能自拔。

如果四型下属突然拥有了很大的工作热情，那是因为他们的内心萌生了追求的渴望，并需要用工作业绩来实现。但是当达到了这个职场追求之后，四型下属又变得毫无兴趣。他们不会知足所拥有的，而会一直跟随自己变化着的渴望。

如何与四型下属相处

四型人是一群让人难以捉摸的人。因为他们的想象力太丰富，总是活在自己的内心世界，觉得“千金易得，知己难求”。这样的他们难以让人理解，也极易得抑郁症，总是容易表现出忧郁的一面，还容易产生悲观厌世的情绪。与他们和谐相处有点难度，但也不是一件多么难以做到的事情。

四型下属需要被人经常给予人文上的关怀，希望有人能倾听一下自己的心声，然后为自己找到一些解决问题的方法。

由于四型下属情绪化严重的特性，所以应该淡定对待他们敏感的表现，只要工作表现出色，可以对他们的小情绪装着视而不见一下，他们会感激你尊重他们的内心世界。

他们很喜欢讲一些生活中不开心的事情，作为倾听者，要有耐心。他们最讨厌的就是与别人交心的时候，会被泼一盆子冷水了，这样会让他们悲观的情绪又多添几分冷漠。

对于他们创造性的作品，首先要有肯定的态度，随后委婉地提出一点小建议，他们才可能会欣然接受。

他们在工作和生活中，非常注重跟随自己的感觉走。所以，对于他们在工作中的自我以及自恋的问题，只要不会影响工作，可以恰当的对其“为自己而活”的观念给予认同。

多跟他们探讨一些修心养性的哲学话题，从思想上慢慢引导他们走向乐观、豁达的生活。

职场成长吧

找准职场定位

职场中，情绪会严重影响四型人的职业生涯，对他们来说，并不是任何一个工作将就一下就可以的，他们需要在工作中追求自己的意愿，做自己想做的，才能成为心想事成的自己。

适合四型人的工作环境：由于四型人高超的创造性天赋，适合在创意性很高的环境中工作，比如广告设计、室内装潢设计师、文案策划等。另外，能够充分展现个人风格，并能够获得他人赞赏的工作也能让四型人有所成就，比如画家、音乐家等。

不适合四型人的工作环境：刻板枯燥、单调无奇、缺乏创意的工作是四型人最讨厌的。另外，四型人不适合服务性的工作，也不愿意与一些高能力的人工作在一起，因为那会给他们带来自卑感与落寞感。

职场影响力的打造

四型人尽管可能不是位高权重的高官或家财万贯的商人，但是在职场中，他们一定是最有人格魅力的一位，魅力的强大也就决定了其影响力的广大。

四型人若要扩大自己的职场影响力，还应学会对自己的性格特点扬长避短。

（1）懂得从看似普通的事物中看出不寻常，懂得想前人所不敢想，比别人更懂得多角度思考问题……一句话：懂得开辟新路。只有这样，自己才能比别人站得更高，比别人晋升得更快。

（2）能够听懂他人弦外之音，看透他人肢体语言，具有十分的灵性与悟性。

（3）拥有换位思考的习惯，这就使得他们更易捕捉到别人的心理活动，从而更为有效地解决问题。

（4）他们虽然不用技巧和策略去解决麻烦，但是他们诚心诚意为对方考虑的态度往往比任何技巧都有用。就像武侠小说中“无招胜有招”一样，他们胜在真诚体贴。

（5）不仅要想象，更要懂得行动。否则想象力再丰富，不去实践，到头来也只是空想。

（6）做情绪的主人，让自制力拯救自己。自制力太差意味着容易放纵自己，极易犯错。只有克服自身的这种缺陷，才有可能赢得更广阔的人生。否则，凡事都凭借“我高兴”、“我不在乎”而来，就不是你控制情绪，而是情绪主导你的生活了。适当抑制自己内心情感，是一种有修养的表现。

（7）既然现实无法改变，不如选择卓越的人生观。浪漫主义者通常给人的印象是敏感多情、多愁善感，他们善良“无公害”，却很容易悲观伤感。面对命运这串数不尽的选择题，我们唯有选择乐观与坚强，因为快乐是一天，不快乐也是一天，何苦为难自己呢？

职场成长的智慧点拨

●四型人成就职场的完美攻略

◆做自己想做的事，不要做情绪的奴隶。工作太压抑，就用放弃来解决。

◆积极发挥自己的创造力，对于上司布置的任务，用变通、灵活的方式完成会比老套的做法更加受到青睐。

◆在休息时间，多与同事交流。若要别人理解自己，首先学会主动去了解别人。

◆修炼当下的力量，不要悲观地缅怀于过去和未来的幻想之中。

◆接受平凡、融入平凡，不要因为自己有独特的创意，就可以凌驾于其他人至上，孤芳自赏的人往往得不到他人的欣赏。

◆明确定立自己的职场目标，不要让感觉冲淡了奋斗的方向。

◆要给自己设立远大的理想，不要太感性而又盲目的做事情，学着用理性来克制感性的随意。

◆每天找点积极、正面的事去做，播种开心，收获快乐。

◆珍惜拥有，不要被内心变化的渴望牵着鼻子走。

职场人脉经

自卑是人脉的绊脚石

在社会交往中，四型人时常会有一种羞愧感。当他们拿自己与他人比较时，当他们看到别人具有自己没有的优点，并赢得社会尊敬的时候，他们的自信心就会下降，羞愧感就会上升。

羞愧的四型人深深地自责，认为自己一无是处，其实，这是一种自卑的表现。

所谓自卑，就是自己轻视自己，看不起自己。自卑心理严重的人，并不一定就是他本人具有某种缺陷或短处，而是不能悦纳自己，自惭形秽，常把自己放在一个低人一等，不被自己喜欢，进而演绎成别人看不起的位置，陷入不能自拔的境地。

征服畏惧，战胜自卑，不能夸夸其谈，止于幻想，而必须付诸实践，见于行动。那么，四型人如何克服自卑呢？结合专家的建议，我们总结了以下7个秘诀：

1. 大哭一场

专家认为哭是对身体有益的。哭并不可耻，流眼泪不仅是伤心的表现，也是感情的发泄。即使悲痛在伤心事发生后一段时间才显露出来也没有关系，只要能发泄就行。

2. 找人倾诉

一旦决定“要好好过日子”，就要找个倾诉对象，跟他人谈谈也许有帮助。

3. 阅读

初期的震荡过后，应重新集中心神开始阅读。阅读书籍，尤其是教你自助自疗的书籍，会给你启发，使你放松。

4. 写日记

许多人把遭逢不幸之后的平复过程逐一记录下来，从中获得抚慰。此法可以产生自我治疗的作用。

5. 安排活动

要想到人生中还有你所期盼的事，这样想可以增强你勇往直前的信心。不妨现在就决定你拖延已久的旅行日期。

6. 学习新技能

选一门新课，找个新嗜好，可以学打球。你可以开始异于往昔的生活，可以借新技能加以充实。

7. 帮助他人

许多人挨过了创痛期之后，最终会感到必须有所为，也许是创设有关组织，或写书……在这个过程中会发现帮助他人是很有效的自疗方法，多参加群体活动以培养自己的能力，这样可预防因孤陋寡闻而产生的畏缩躲闪的自卑感。

运用你的人格魅力

在九种人格中，浪漫主义者最有绅士风度。他们认为，作为一名男士，无论在任何场合、任何情况下，都要在行动上从各个方面尊重、照顾、帮助、保护女士。遵从女士优先原则，不仅符合国际礼仪，也可以显示男子气质与绅士风度。正是因为他们的优雅风度，让他们的人格魅力无限增值，进而容易引起人们的好感。

一位四型人格者说："每当在公共场所出入或乘坐电梯时，我很自然地会为女士开门，让他们先行。"

在四型人格者看来，那些在行为举止上缺乏优雅的人，极度缺乏个人修养。与他们交往，总是有一种不舒服的感觉，不自然地就跟他们保持距离了。当然，浪漫主义者本身的优雅、绅士，也会不断得到同事等身边人的赞许以及青睐。

那么，在四型人格者看来，女士优先包括哪些内容呢?

（1）男女同行时，男子应走靠外的一侧；不能并行时，男士应让女士先行一步。

（2）在门口、楼梯口、电梯口及通道走廊遇到女士，男士应侧身站立一旁，让其先行。在需要开门的场合，男士应为女士开门。

（3）上楼梯时，女士走在前面，男士走在后面，下楼梯时相反。因为上楼时万一发生意外，男士可以设法保护走在前面的女士；而下楼时万一自己滑倒，也不会倒在走在后面的女士身上。

（4）去电影院看电影时，同行男士应坐在最靠近走道的座位上，电影结束时，男士应站在走道边等女士出来后，再一起走出电影院。如果电影结束时，因走道拥挤而不能并行时，男士应走在女士的前面。

（5）在社交聚会场合，男士看到女士进门，应起身以示礼貌；当客人见到男、女主人时，应先与女主人打招呼。

（6）就餐时，进入餐厅入座的顺序是，侍者引道，女士随后，男士"压阵"。一旦坐下，女士就不必再起身与别人打招呼，而男士则需起身与他人打招呼。

（7）点菜时，应先把菜单递给女士。

（8）出席晚会或宴会时，同行男士应先给女士找好座位，并等女士坐下后再坐下。如果没有专人服务，男士就应该为女士拉出椅子，等她站在椅子前的时候再把椅子稍稍往前移，直至女士就座。

（9）男士和女士一同上车时，男士应上前几步，为女士打开车门；下车时，男士应先下来，为女士拉开车门。在乘坐公共汽车时，看到年长或体弱的女士，应主动让座；聚会时，女客人进入聚会场所，先到的男士应站起来迎接；和女士一起外出，应主动帮助她拿一些沉重的东西。

职场修心坊

追寻自我的职场修心秘诀

生活在这个世界上，有多少人能够真正做到为自己而活？可是四型人却做到了，他们看重自己的内心，依据内心的需求行事，这是一种做人的境界，一种令人敬服的真实。只是，四型人对自我的"追寻"并不是很潇洒，否则四型人就不会总是纠结地活在负面期待的世界中。

（1）意识到世界的悲欢离合是平常事，认清楚自己并不是天生就是悲观的浪漫性情人，只是早年遭受了太多的悲伤，因此应该学会忘记已经过去的伤痛，心怀感恩之心去乐观地看待自己、看待世界。

（2）试着养成做事情有始有终，不要随性过头，要培养对任何一件事情的责任心。

（3）不要在失落的时候，只看到自己的错失与弱点，要善于发现自己独特的优势，爱自己更要相信自己。

（4）坦然接受伤感会比盲目追求快乐更难得，既然享受自我，那就接受自我的悲观、落寞吧，接受了自己的人才会更容易快乐。

（5）不要总是做着不可能实现的白日梦，要把自己的注意力多多集中在眼前的事业与生活中来，活在当下才是对自我提升的修炼。

（6）多参加户外运动或者常去健身房，锻炼有助于发泄并调节自己的情绪。

（7）多结识一些朋友，多与朋友在一起，学会将自己从忧郁的情绪中走出来。

(8) 如果有人比自己强，并不是什么让自己丢脸的事情，想要比别人更强就要多给自己“充电”，而不是嫉妒。

(9) 自我批评是件好事情，但是过度的自我批评即是对自己的否定。看不到自己的优点，容易让自己压抑，怀疑自己的能力。

(10) 既然一直渴望能够得到他人的指点，那就不要对别人的意见总是存在偏见，试着接受他人的建议，你会渐渐发现别人的观点也有很对的时候。

处事小辞典

四型人的行为哲理

四型浪漫者是喜欢生活在自己世界里的一族，他们遇到难题而受阻的时候，总习惯性地“退避三舍”，对于他们来讲“三十六计走为上”是最佳选择。然而，理性告诉我们当遇到问题的时候，迎面痛击比逃避要容易得多。

四型浪漫者常用幻想来自欺，也容易用高傲来自恋。殊不知做人最不能自欺，浪漫者爱幻想的毛病常常让他们觉得眼不见为净，背对着问题仿佛问题就能自动消失。这实在是天真而浪漫的想法，任何亟须解决的问题都得依靠你的大脑和双手才能化解。正如丘吉尔所说：“一个人绝对不可能在遇到危险的威胁时，背过身去试图逃避。若是这样做，只会使危险加倍。但是，如果立刻毫不退缩地面对它，危险就会减半。”所以，浪漫者应该勇于正视生活中的不公平，用一颗平常心去理解、去包容外面的世界，多还给自己一个乐观、快乐的心情。

何况，人能否过得快乐、幸福，往往取决于他能不能勇敢面对问题并走向自己选择的道路。对于想要改变自我的人，美国食品连锁业的传奇人物黛比·菲尔茨鼓励说：“记住，无论如何都要勇敢跨出第一步。你走过第一个最困难的风险，再一次面对风险时就容易多了。”

绝对不要逃避任何事物。面对风险，当你信心不足时，不必担心，大胆、及时迈出决定性的第一步后，只要妥当运用自己的智慧，接下来的难题都可以迎刃而解。

这是四型人需要记住的行为哲理，也是每一个需要改变自我、提升自我的人需要记住的行为启示。

与四型人的有效沟通

与四型人的有效沟通主要应该注意以下几点：

（1）应该注意到他们每时每刻的情绪变化，以及感觉状态，最好在他们心情好的时候进行沟通。

（2）对他们表示一下真诚的关心，如果他们感觉得到你的关心、你的支持，就会对你心怀感激，乐意与你进行交流。

（3）如果发现他们被不良情绪深深地包裹着，试着接近他们，让他们把心里的苦闷讲出来，并提供给他们一些发泄压抑的好方法。

（4）在与他们沟通的时候，尽量先让他们表明自己的观点，然后再表明自己的想法。

（5）要多多称赞他们，因为他们容易活在悲观的世界中不能自拔，容易自卑、对自己进行彻底否定。

（6）不要总是用理性去批评他们，听听他们的直觉，会让你惊异于他们的新颖与创意天分。

（7）不要试图是控制他们的行为举止，这是最让他们难以忍受的事情。

浪漫者中的血型名人

A 型浪漫者：姚明

A 型血的姚明对爱情有着特别的专一与浪漫。姚明手上的红线一直是人们津津乐道的话题。那是 2002 年 6 月，姚明在美国 NBA 成功当选状元秀。去美国前，姚明和叶莉两人都意识到今后会聚少离多，于是，叶莉编了两只红绳结分别套在姚明的左臂和自己的右臂上。她说：“红绳结象征我们的心永不分开！”

到美国后，无论睡觉、比赛，姚明时刻都戴着它，一看到它，就仿佛看到了叶莉甜甜的笑容。它成了姚明的护身符，保佑着他在NBA越打越好。当然，姚明也送了份让叶莉惊喜的礼物：到NBA后不久，叶莉的生日到了，姚明给她买了两大箱毛绒玩具。直到现在，她还用那只灰熊当枕头睡觉呢。她说只要看到这些毛绒玩具，再累心情也愉悦。

进入NBA，姚明并没有在金钱美人的浮华生活中迷失自己，对叶莉仍然执著，正如手腕上的那根红绳。无论在生活中还是赛场上，他从不取下。很多美国NBA球星都很花心，有很多女友，他们多次说也要帮姚明介绍美国女友，可姚明认真地告诉他们："我有女朋友了，是国内一名出色的篮球运动员。"姚明有辆蓝色宝马，特意改装了一番，把"YY－11"的标志镶嵌在车尾。"YY"是他和叶莉姓氏拼音的首个字母，"11"则是姚明在火箭队和叶莉在中国女篮的球衣号码。姚明想用这个向世人表明，虽然他一人在异乡打球，但他一点也不孤独，因为他和叶莉的心是相连的，姚明时刻都能感觉到叶莉的陪伴。

在这个充满竞争的时代，爱情有时也会被当作交易品被牺牲掉，但是姚明恪守着自己的爱情，始终如一。别让幸福在指尖溜走，爱情其实就是一根系在手中的红线，只要你自己不解开它，就没人可以解开。姚明的浪漫来自对爱情的专一、对生活的淡定。

B型浪漫者：三毛

B型的浪漫者深具感性与自由的特质，他们热爱自由，不喜欢被束缚，他们喜欢按照自己的心意来做事。浪漫感性的女作家三毛正是B型浪漫者的代表。

三毛的一生幸运却又带些凄凉，幼年时期的她就对书本表现出由衷的爱好，曾在初二休学期间深受父母亲在诗词古文、英文方面的悉心教导，随后先后跟随顾福生、韩湘宁、邵幼轩三位画家习画。三毛可谓是一位聪慧绝顶、灵性十足的女子。1967年留学西班牙，对自己的人生经验和语文进修有很大助益。3年后回国文大德文系、哲学系任教，却遭到了未婚夫猝逝的打击，伤痛之余，再次选择了去往西班牙。在这里她遇到了苦恋她6年的荷西。不得不说她与荷西的相恋、相许是浪漫的，他们于1973年，在西属撒哈拉沙漠的当地法院，与荷西公证结婚，结婚的时候荷西在沙漠中找到的物件当做结婚礼物送给三毛，竟让三毛感动不已。婚后他们定居西属撒哈拉沙漠加纳利岛，正是这时候三毛被当地的生活民情所打动，激发了自己的写作灵感，第一部作品《撒哈拉的故事》就是在这里完成的。

三毛生性浪漫，为了追寻心中的那棵“橄榄树”，她不辞奔波，踏遍万水千山。三毛从来不会刻意追求某一种技巧和风格，她在生活与写作中的一切都显得平实与自然。然而在她信笔挥洒之中，却又蕴涵无限，她是一个对自己随性、对生活随意的人，她是一个对爱坚守的人。

O 型浪漫者：肖邦

天才音乐家肖邦是好色而不淫的 O 型人，他的罗曼史一定要提。他身上带着 O 型人的浪漫气质，作为音乐人的他创作了非常多的颇具影响力的作品，其中很多都成就于与女人恋爱时期，因此人们称他为“在女人身上找音符”的音乐家。其行事风格在其成名后明显体现出 O 型气质特征，他有过多次恋爱体验。他的初恋情人是华沙音乐学院系的女生康丝丹彩·葛拉特柯夫丝卡。

24 岁的肖邦，一次偶然的机会，他在华沙观赏歌剧的时候认识了这位女生，并且对她一见钟情。但出于羞怯，肖邦一直隐藏着自己的那份感情，没敢向她吐露爱意，只是默默地一个人将感情憋在心里，甚至有一次差点因为想那个姑娘走神而撞车。肖邦在那个时期和朋友的书信中写道：“这半年来，我无时无刻不在想她，尽管我还不曾和她有过一言半语的交流，但我总能梦见她。我边想着她，边创作出了协奏曲中的慢板乐章。”这就是为世人所熟悉的 F 小调第二钢琴协奏曲。

后来，肖邦离开华沙，前往维也纳学习与演奏，不久便定居巴黎，随着时间的推移他渐渐地将康丝丹彩淡忘。就在他人生 25 岁的时光之际，肖邦和玛丽亚邂逅，两人在卡尔斯巴特共度了一段美好的寒假时光，即将分手之际，肖邦即兴弹奏了一首圆舞曲献给玛丽亚，这首圆舞曲就是后来被称为《告别圆舞曲》的降 A 大调圆舞曲。

此后，肖邦经人介绍在巴黎认识名作家乔治·桑。这时一个比他大 5 岁的魅力十足的女人，她喜欢女扮男装，行为举止十分奇特，起初肖邦对他的第一印象很不好，但慢慢地被她身上的独特气质和超人魅力所吸引，两人一起生活了 9 年。9 年中，肖邦为她谱写的名曲有很多，最为著名的就是降 B 小调第二奏鸣曲和 B 小调第三奏鸣曲，这些作品全是在乔治·桑位于诺昂那乡间别墅的生活写照。

这位O型浪漫的音乐才子，用自己的行动将好色而不淫的特质做了最生动形象的诠释。

AB型浪漫者：玛丽莲·梦露

玛丽莲·梦露是一个聪明的女子，就像是所有的AB型女生一样，她们对现实有着非常透彻的了解，她们知道人们需要什么，所以她们会摆出一副如是的样子。她总是给人一种金发尤物，但却胸大无脑的感觉，是个金发的笨笨姑娘，但其实她却是清楚的了解这一切，“如果有必要的话，我可以变得狡猾，但大部分的男人不喜欢这样。”她懂得该如何将自己笨笨的浪漫，转化成男人们的青睐。

尽管她获得了巨大的成功，但梦露并不相信自己所拥有的令人艳羡一切，她越被捧在高处，就越发的不安。在AB型的人心中潜藏了一方面对亲密无间关系的渴望，另一方面又希望极度的认真。这一对矛盾，花费了精力，有时还迫使她自己怀疑自己。她用几个小时来整理妆容，甚至只用来涂唇膏，她对每一张照片的挑选都达到了挑剔的地步。她害怕遭到拒绝，害怕被别人品头论足，害怕自己被他人否定，她的心理充满了不安全感。只有在与很亲近的人在一起时，梦露才会变得活泼，变回自己的本来面目，因为她得到了来自熟悉人的安全感。

表面上看玛丽莲·梦露非常有风度，游走于各种场合，其实并不是这样。AB型的人是一个会隐藏的人，他们不善于让别人看到自己狼狈的一面，所以他们总能维持出体面的形象。

最著名的是她在约翰·F. 肯尼迪的生日宴会上所唱的生日歌，其实就是娇娇滴滴地说了“生日快乐，总统先生”。虽然她一出场就吸引力所有男士的目光，但实际上，她怯场非常厉害，甚至不能走出宴会大厅。

天真与性感，智慧与美貌，总是缺乏安全感，容易沉溺于自己的世界中最后难以自拔，甚至毁掉了自己，这是多么典型的AB型浪漫者的性格。

职场趣味测试：你的工作效能如何

作为一名员工，只有敬业才能让工作产生最大的效能，取得最佳的业绩。那你的工作效能如何呢？通过下面的测试，就会有一定的了解。

下面的33道题，请选择一个与自己最切合的答案，在序号上打“√”。

1. 我能在规定的时间内完成工作。

A. 从不　B. 几乎不　C. 一半时间　D. 大多数时间

E. 总是

2. 我勇于承担责任。

A. 从不　B. 几乎不　C. 一半时间　D. 大多数时间

E. 总是

3. 我认为自己有责任把工作完成好。

A. 从不　B. 几乎不　C. 一半时间　D. 大多数时间

E. 总是

4. 我的领导对我很满意。

A. 从不　B. 几乎不　C. 一半时间　D. 大多数时间

E. 总是

5. 我能清楚地明白领导的意图，并努力执行。

A. 从不　B. 几乎不　C. 一半时间　D. 大多数时间

E. 总是

6. 我认为自己精力充沛，并富有竞争性。

A. 从不　B. 几乎不　C. 一半时间　D. 大多数时间

E. 总是

7. 我乐意听取一切有利于完成工作的建议。

A. 从不　B. 几乎不　C. 一半时间　D. 大多数时间

E. 总是

8. 我言行一致。

A. 从不　B. 几乎不　C. 一半时间　D. 大多数时间

E. 总是

9. 我把困难当成一种挑战。

A. 从不　B. 几乎不　C. 一半时间　D. 大多数时间

E. 总是

10. 我把错误看成是学习的机会，从中吸取教训。

A. 从不 B. 几乎不 C. 一半时间 D. 大多数时间

E. 总是

11. 我尽量找寻提高做事效率的方法。

A. 从不 B. 几乎不 C. 一半时间 D. 大多数时间

E. 总是

12. 我以团队为重，个人服从团队决定。

A. 从不 B. 几乎不 C. 一半时间 D. 大多数时间

E. 总是

13. 你认为工作是

A. 使命 B. 生存的方法 C. 介于 A、B 之间

14. 你曾以“这不是我分内的工作”为由来逃避责任吗？

A. 从不 B. 仅有 1 次 C. 至少 3 次

15. 你有过“每天多做一点”的想法吗？

A. 从不 B. 仅有 1 次 C. 至少 3 次

16. 你曾认为同事的升迁

A. 是幸运 B. 很平常 C. 是勤奋

17. 你经常第一个到公司吗？

A. 经常 B. 有时候 C. 从不

18. 你曾主动推后下班的时间吗？

A. 从不 B. 很少 C. 至少 3 次

19. 公司的地很脏，你会

A. 视而不见 B. 想扫又碍于面子C. 主动打扫一下

20. 你认为你的工作

A. 很伟大 B. 很平常 C. 不值一提

21. 一件工作完成后，你会

A. 坐等下一件工作的到来

B. 预测下一件工作是什么

C. 主动寻找下一件工作

22. 我做事讲究窍门，而不是一味蛮干。

A. 非常符合 B. 有点符合 C. 无法确定 D. 不太符合

E. 很不符合

23. 我给自己腾出足够的时间，处理最急迫的事情。

A. 非常符合　B. 有点符合　C. 无法确定　D. 不太符合

E. 很不符合

24. 我把所有的琐事积攒起来每月抽出几个小时一起处理。

A. 非常符合　B. 有点符合　C. 无法确定　D. 不太符合

E. 很不符合

25. 我保持桌面整洁，使我能随时入座办公，并把最急需处置的事情放在桌子正中。

A. 非常符合　B. 有点符合　C. 无法确定　D. 不太符合

E. 很不符合

26. 我一次只集中力量干一件事。

A. 非常符合　B. 有点符合　C. 无法确定　D. 不太符合

E. 很不符合

27. 我尽量减少一切“等候时间”。如果不得不等的话，我把它看做是“赠与时间”用来休息或干一点别的事情。

A. 非常符合　B. 有点符合　C. 无法确定　D. 不太符合

E. 很不符合

28. 我把上班时间的闲聊减少到最低限度。

A. 非常符合　B. 有点符合　C. 无法确定　D. 不太符合

E. 很不符合

29. 我试图每天摸索一种能帮助我节省时间的窍门。

A. 非常符合　B. 有点符合　C. 无法确定　D. 不太符合

E. 很不符合

30. 我把每天要办的事按轻重缓急列出单子，尽量把重要的事情早点办完。

A. 非常符合　B. 有点符合　C. 无法确定　D. 不太符合

E. 很不符合

31. 我尽可能早地终止那些毫无收益的活动。

A. 非常符合　B. 有点符合　C. 无法确定　D. 不太符合

E. 很不符合

32. 我不论做什么事，对自己和别人都提出时间要求。

A. 非常符合　B. 有点符合　C. 无法确定　D. 不太符合

E. 很不符合

33. 当我连续办完了几件事后，我将给自己休息时间和特别报酬。

A. 非常符合　B. 有点符合　C. 无法确定　D. 不太符合

E. 很不符合

结果分析

第1~12题，回答“A”得5分，回答“B”得3分，回答“C”得2分，回答“D”得1分，回答“E”得0分。

第13~21题，结合所选答案，按照以下计分标准，计算出自己的得分。

题号 / 得分 / 选项	13	14	15	16	17	18	19	20	21
A	6	6	0	0	6	0	0	6	0
B	2	3	3	3	3	1	3	3	3
C	3	0	6	6	0	6	6	0	6

第22~33题，回答“A”得5分，回答“B”得3分，回答“C”得2分，回答“D”得1分，回答“E”得0分。

如果得分在145分以上，说明工作效能很好，有较强的执行力，敬业、工作积极主动，更懂得如何珍惜时间，对工作充满热忱，这些都会是促使人成功的重要因素，只要保持这些良好的习惯，在职场上就会有很好的发展。

如果得分在115~144分，说明工作效能一般，知道工作效能的重要性，但做得还不够，工作效能虽不至于拖后腿，但也不是促使成功的动力。要想在职场中成功，就必须让自己拥有最大的工作效能：加强执行力，更敬业，更主动积极，更加珍惜时间，把更多的热情投入到工作中去。

如果得分在115分以下，说明工作效能很差，随时有丢掉工作的危险。现在所追求的不应该是高尚的理想、远大的目标，而应是脚踏实地地前行，让自己远离疏懒，前面两项就是最好的学习榜样。

五型观察者：100% 用理性做人

职场心理课

性格论证

●性格亮点

聪明、理性，分析能力强，见解深刻。

能够去做自己感兴趣的事情，不管有没有人支持。

能干，并具有革新的价值理念，能够与时俱进。

知识丰富，具有学者风范，思考力很有深度，做事情处变不惊、临危不惧。

很理性，不容易动感情，这样即使在重压之下，仍然能保持冷静的头脑和清晰的思维。

●局限和困扰

过于理性的五型人，常常给人冷酷、冷漠的感觉。

孤僻、自闭的个性，有时会将五型人置于孤立无援的境地。

用分析、推理的方法对感情求解，往往南辕北辙。

在逆境中，想法与做法往往会偏离现实的轨道。

虽在某一方面有所专长，但对基本技能的掌握程度往往显得拙劣。

想象力很丰富，却非常容易陷入恐惧的困境中。

职场特色

五型观察者都是非常理性的，他们有时候严谨得像一台电脑或机器。感情极少外露的他们，一生都在进行感性与理性的博弈。与二型的情绪化、四型浪漫主义者的过分感性相比，五型观察者简直就像是感性的“绝缘体”。

五型观察者热衷于寻求知识、增长才干、丰富自己的内涵，他们喜欢分析事物并探讨抽象的观念，非常期望自己能成为某一方面的专家。

由于五型观察者具有敏锐的洞察力，因此，在职场中他们很轻易地就能够看穿一个人。

五型观察者拥有深刻的理性，绝对不会让生活或者感情的事情来影响工作的心情。在工作中，公事与私事分得很开。

深度的思考力，让他们往往能够对一件事具有很好的预见性，进而能够周到、缜密地分析问题、处理问题。只是在工作中，他们非常需要私人空间来思考世界。

职场优势

在职场中，五型人最主要的职场优势如下：

（1）热衷于寻求知识、追求真理，喜欢分析事物及探讨一些抽象的观念，逻辑思维与分析能力都很高。

（2）对于工作具有明确的预见性、目标性与规划性，能保障工作在有规可循中出色完成。

（3）专注于工作，勇于创新，注重在工作中实现自我价值。

（4）时刻保持理性、客观的头脑来看待问题。

（5）学识丰富，能够针对工作的具体问题提出很有高度的想法。

（6）理解力强、重分析、好奇心强、有洞察力的人。

职场劣势

在职场中，五型人最主要的职场劣势如下：

（1）注意力不够集中，容易受到外界因素的干扰，而影响工作的进度。

（2）应对突发事件的能力不够强。

（3）内心潜藏着一种愤世嫉俗的倾向，因而容易造成对外界的远离，对自我的封闭。

（4）在工作中，有时候会夸大妄想，用幻想取代了行为的践行。

（5）不喜欢处理复杂的人际关系，也不愿意参加各种社交活动。

（6）容易产生空虚、内疚、自卑等负面情绪，进而导致工作状态不够积极稳定。

（7）喜欢按照自己的思考方式与习惯去开展自己的工作，不愿意受到任何权威的限制。

职场心理操控

五型人之所以叫“观察者”，是因为他们喜欢从一个旁观者的角度来关注自己和自己的工作。他们喜欢当“第三者”，喜欢将自己的情感与工作中的事件隔离。于是，感情极少外露的观察者表现出沉稳、冷静，这正是现代人所需要的。观察者的心理操控方法主要有：

（1）“宁静以致远”，克服浮躁的缺点。沉稳冷静是一个人思想修养、精神状态良好的标志。在生活节奏快速的今天，一个人只有保持冷静的心态才能思考问题，才能在纷繁复杂的大千世界中站得高、看得远。

（2）与人交往，保持适当的距离很必要，却不能将自我与外界隔绝。现代社会中，因自我封闭而倍感人际疏离的人越来越多，这不仅是人际交往的天敌，更是现代人孤独感、压抑感的来源之一。因此保持与人适当的沟通，可以缓解自己的压抑的精神压力。

（3）善于思考，乐于抓取到生活以及工作中的细节，才能无时无刻锻炼自己的思想，提升生活的智慧，正如爱迪生所说“不下决心培养思考习惯的人，便失去了生活中最大的乐趣”。

职场读心术

五型观察者不论听到或看到什么，甚至想到什么，都会尽力压抑自己的情感，不愿在脸上透露一丝一毫。他们的真实想法有时不太容易被人看出来。

不过，没有表情绝不表示没有感情。相反，没有表情其实最能显现一个人的感情。

例如，对一些人心怀不满而又不能发作时，通常他们就会面无表情。其实，无论他们如何压抑感情，旁人还是能察觉到他们的表里不一。正因为他们极力想要压抑内心的不满，所以仔细观察的话，就会发现他们的面部线条僵硬、扭曲而不自然。

一个面无表情的观察者，一旦紧张起来，眼睛就会不由自主地眨动，鼻头自然皱起，偶尔有脸部痉挛的情形。对于这样的人，正确的做法是不要去刺激他。有些上司还会不明就里，继续对着脸色苍白的下属说："你的脸怎么了？似乎在抽搐，有什么不满就说出来吧！"这无疑是在刺激这位拼命压抑感情的下属，是相当危险的。

面对与自己交流时面无表情的五型人格者，如果觉察到对方的紧张和不安，最好改天再找机会交谈，而不宜当场说破。

五型上司的心理解读

五型上司是个既不喜欢干涉他人、也不善于建立人际关系的管理者。他们不喜欢时刻监督下属，而是主张让下属独立去解决工作中的问题。五型上司非常注重工作细节，粗心大意、考虑不周全的下属，往往会讨得他们的反感。

理性、睿智的思考，是五型上司的主要特征。不要天真地以为他们拥有不轻易谈笑的沉稳甚至冷漠，就认定他们是个乏味、不愿与他人争抢权力地位的人。恰好相反，他们的内心也在觊觎着对权力的掌控。

五型上司在管理中，一定要求具备明确的计划，但是对于实现目标的方法则可以具体问题具体分析。由于他们思维的缜密、分析判断的到位，他们能够圆融的处理工作中遇到的很复杂的问题。

同时，不得不佩服的是，五型上司对资讯的掌握能力超强，这得益于他们对专业知识以及技能的熟练掌握。从这一点上看，他们比较欣赏在工作中有头脑与有真才实学的人。

如何与五型上司相处

与五型上司和谐相处，需要注意以下几点：

（1）与五型上司相处，要懂得在接到工作安排之后，就要立刻开始行动。

（2）当五型上司在安排任务的时候，要将不懂的问题尽快提出来，这样他们才会直截了当的给予指示、说明，否则在工作的过程中五型上司并不喜欢时常请教问题而不去自行解决的下属。

（3）工作过程中，需要与五型上司沟通解决的问题，最好实现发个信息通知一下，当得到应许之后再去找他们。

（4）不要担心五型上司会一直板着脸对待你，他们其实对谁都是这样，他们总喜欢用严肃来武装自己的外表。

（5）如果想要在五型上司面前表现自己的工作能力，就尽量搜集更多的材料，来全面分析工作的进程、目标，以及带来的意义。

（6）由于五型上司比较注重思想的共识，因此在讨论工作的时候，最好以部门会议的形式，对问题进行综合的探讨，并得出最终的解决方案。

另外，在请教五型上司的看法时，不要着急让他们立刻给你答案，要给他们多余的时间进行全面的考虑与分析。

五型下属的心理解读

五型下属习惯在自己与他人之间建立一堵心理的高墙，这样他们就可以荣幸获得让自己满足的安全感。

五型下属非常爱要面子，即使他们有什么不对的地方，尽量不要在公众场合让他们下不了台。否则，他们在心里很受伤的情况下，会对你产生隔膜。

如果在依靠他人与依靠自己之间做个选择，五型下属会坚决选择后者。他们在经历中领悟到想要成功，就应该让自己的思想与力量不断强大起来。

在与同事的相处方法中，五型下属不愿意与他人保持过热的交往，因为他们不会依赖别人做事，也不会对他人的帮助怀抱多大的希望，他们无所图又无所依，干脆就保持着不温不火的状态，何况这让自己很自在。

只是，五型下属习惯抑制感情，他们以减少自己的渴望和情绪为荣。他们对待工作的态度是冷静、沉稳，如果得到上司以及同事的认可，他们会发挥出更大的才能。

如何与五型下属相处

与五型下属和谐相处，需要注意以下几点：

（1）对于分配给五型下属的工作任务，要提前说明工作的要求以及预期达到的目标，以免他们会按照自己的思考方式进行工作，而与既定工作方向背离。

（2）给五型下属充分的信任，鼓励他们合理利用自身的思考力与分析力优势，向着工作目标勇敢迈进。有了上司的信任，五型下属必定会尽心尽力，以期待工作完成的尽善尽美。

(3) 对于五型下属在工作中的失误，尽量以客观、理性的态度去评判，并给他们改掉错误的机会，他们会在感激上司的宽容的同时，将会提交一份出色的业绩单。

(4) 对五型下属开展工作时，不妨多给他们发表自己意见的机会，他们往往具有丰富的知识底蕴与深刻全面的分析能力。

(5) 在工作过程中，要尽量减少或者直接避免让五型下属出席社交场合，因为他们对人际关系的处理总是很头痛。他们不懂得迎合他人，也不愿意与他人有过多的接触，若硬要让他们出席，会招致他们对你的埋怨，进而打击工作积极性。

(6) 对于五型下属的激励方式，除物质奖励外，还可以请他们吃吃饭、散散心。对于难得的假期，他们也会倍感珍惜。

职场成长吧

找准职场定位

五型人如果能够积极发挥自己的思维优势，冷静地分析、判断并选择出适合自己的工作定位，将对自己的事业成功有着不可或缺的重要意义。

适合五型人的工作环境：有足够时间去思考及分析，能够按照自己的判断去安排工作进度的工作环境。凭借其丰富的知识内涵以及理性的定力，适合在研究所等其他可以获取知识、提升实力的工作。五型人工作的地方最好人际关系不要太复杂，也不会有太多的规则限制。

不适合五型人的工作环境：公开竞争及对抗、变化很大、不够稳定的工作环境，常常令五型人缺乏思考的安静时间，让他们无所适从。

职场影响力的打造

观察者几乎都是观察家，他们敏锐的神经让他们能够准确地捕捉到有用的信息，触角多得几乎可以深入任何角落。这是他们的优势，也是别的性格的人无法与之比拟的地方。善于观察、勤于思考、喜欢总结是观察者们最好的写照。他们总是能够看到别人看不到的地方，他们缜密地思考，然后客观地下结论。与二型人的情绪化、四型人浪漫主义者的过分感性相比，五型人观察者简直就像是感性的“绝缘体”。

但是，绝大多数的观察者不善于与人交谈，宁愿独处，有心事的时候自言自语而很少找朋友倾诉。这样，他们何尝不是失去了一次别人了解他们的机会？下面主要介绍两种让观察者更具职场影响力的方式：

1. 痛苦因分担而减少，喜悦因分享而倍增

观察者是冷静自制的，这一点和完美主义者很相似，只是观察者更为冷漠，他们过多地关心自己的世界而不顾周围人的“死活”。“各家自扫门前雪，莫管他人瓦上霜”是他们的生活哲学，在为人处世中他们严格按照这一原则执行。

但是，痛苦会因为分担而减少，喜悦会因为分享而倍增，观察者或许该多放下一些人和事，而不是仅仅活在自己的小天地里。

我们珍惜自己的工作，也应该尊重别人的意志。我们应当了解别人与我们不同的工作状态，应当倾听别人的诉说，找出他们的长处，给予我们进步的空间。职场如人生，虽然偶有曲折，却富有生机，充满机会。人与人相处要创造双赢的唯一通道，是要懂得分享。

2. 如果没有改变世界的勇气，就一定要有适应它的能力

有一句很有智慧的话说：永远不要为打翻的牛奶而哭泣。确实，有的事情已经发生，不可逆转了，我们只能是接受它，并努力适应它。除此之外，别无他法，因为它不会因为我们的哭泣、懊丧而回到之前的状态。

换句话说，如果你没有改变世界的勇气，就应该要有适应世界的能力，而且这种能力更重要。对于观察者来说，他们因为长期观察世界，所以对社会常有不满情绪，他们很容易找出社会的各种弊病。这种不满的情绪常常困扰他们，所以他们与周围的一切保持一种淡漠的距离。也许他们应该明白适应一种改变虽然会阵痛，但过后总会有惊喜，另一种收获在等待我们。

工作作为生活中的一大部分，让自己真正满意的唯一办法，是做自己认为有意义的工作；做有意义的工作的唯一办法，是热爱自己的工作。你们如果还

没有发现自己喜欢什么，那就不断地寻找，不要急于作出决定。就像一切要凭着感觉去做的事情一样，一旦找到了自己喜欢的事，感觉就会告诉你。”

职场成长的智慧点拨

●五型人成就职场的完美攻略

◆不要太过吝啬时间。

◆让你身边的人知道你跟他们是同一战线，你支持他们的目标，你愿意去帮忙，他们反过来也会拥护你。

◆学会把握现在，而非只把自己投入知识的海洋中。

◆不要鄙视别人，每个人都有自己的弱点和长处。

◆容许自己去感受及体验一下身体的反应或情绪的波动，一味的“淡定”会麻痹自己的神经。

◆让自己多参加一些集体活动，多结识一些朋友，与大家共处，才能开阔眼界。

◆改掉在别人讲话时，却在想自己要讲什么这个不好的习惯。

◆主动表达自己的立场，主动表达自己的质疑。

◆讲出自己的想法，别人不能靠灵感去估计你的想法。

◆参加一些鼓励表达自己的活动，比如说演讲比赛。

◆多多接触和努力投入情感，别人与你不一样，他们更需要情感的沟通。

职场人脉经

职场成功 = 15% 的专业知识 + 85% 的人际关系。人生的舞台上没有独角戏，从生到死你都会与人发生各种关系。人际关系既是做人的道理，也可以说是做人的技巧。

距离产生人脉

常言道“一回生，两回熟，三回四回是朋友”，可这对五型人观察者来说无用。他们认为，外面的世界充满了危险和侵犯性，保护自己的最好方式就是与周围的人和世界维持一个安全的距离。他们总是一副不愿意与别人“深交”的样子，与任何人都是一种“君子之交淡如水”的交往习惯。

有的人天生喜欢和人“自来熟”，他们看不惯观察者这样的交往艺术，认为这是种冷漠。其实，保持距离是让友谊长久的“保鲜法”。

其实，距离是人际关系的自然属性，再亲密的朋友也不例外。你们成为好朋友，只说明你们在某些方面具有共同的目标、爱好或见解，但并不能说明你们之间是毫无间隙，可以融为一体的。过于亲近，有时会被刺伤，过于疏远，又感受不到友情的温暖，只有把握好相处的距离，才能让友谊之树常青。

例如，当你要去拜访别人时，要尽可能提前与对方联系好；在交谈中如果发现对方有“比较忙”的表示时，应尽快把话说完，迅速起身告辞；谈话中不要对人家的家庭情况像查户口似的问个没完没了；不要乱动人家的东西，等等。

有人以为，作为好朋友，就应该亲密无间，其实不然，好朋友之间见面和交往的机会虽然比其他人多，可是任何事都要有个“度”，超越这个度，你得到的就是相反的结果。

朋友有君子、有小人，交友也有君子之交和小人之交。君子之间的友谊平淡纯真，但真实亲密而能长久；小人的友谊浓烈甜蜜，但虚假多变，经不起时间的考验。

运用你的人格魅力

无论是公事，还是私事，没有预约就突然访问，不但容易让自己扑个空，还很容易给对方造成麻烦。

在这方面，五型人观察者做得很好。他们喜欢按计划行事，若有不速之客造访，打乱他的行程，就会变得异常烦躁，所以他们拜访其他人时，总会提前向对方打招呼。

在有关做客的诸项礼仪中，向所要拜访的主人提前打个招呼是首要的要求。除此之外，我们还要做到以下几点：

（1）尽管对方说“有空来玩”，但是不事先联系就登门拜访也是违反礼仪的。

（2）提前预约，能让主人事先打扫好房间，准备接待客人。

（3）拜访的时候，一般要提前 2~3 天打电话预约。即便是顺便来访，想临时见面，也要用电话联系，确认对方是否方便。

（4）去别人家里拜访时，必须注意时间，特别是留意吃饭时间。早上的访问应在11点之前结束，如果太早，就会和早餐发生冲突；如果太晚，又会涉及吃午饭的问题。如果临近中午，最好应选在10点半至11点之间。超过11点半的访问，是应当避免的。傍晚时，过了5点，一般家庭都会开始准备晚饭，因此最迟应在下午4点左右访问，并在5点之前离去。

（5）万一中途发生意想不到的事情时，预料将会延迟抵达或必须取消会面，应尽早与对方取得联系，以便重新约定见面时间，并且对于这一变故让对方尽早做出调整。

职场修心坊

冷静分析的职场修心秘诀

观察者最明显的人格特征是思考。他们靠思维跟世界沟通，思考是他们安身立命的工具，也是优越感的来源。五型人非常重视知识、资讯和信息的搜集与汲取，倾向于用理性去冷静地分析任何一个问题。尽管他们是典型的思考者，却会经常被多种不安的情绪所困扰。因此他们需要在理性的基础上，进行思想的重新开化。

（1）职场中需要理性的决断问题，却也应该拥有适当的感性。永远让理性的刻板牵制着自己，会让所做的一切失去了趣味。

（2）意识到自己一直渴望得到他人的认可，却又不希望自己浪费太多的时间和感情。实际上，想要得到什么，就应该首先付出什么。

（3）如果要让梦想尽快地变为现实，不妨学会应对突发事件，鼓励自己勇敢地去冒险、去求助于他人。

（4）经常思考一下自己独处时候的感觉与和他人相处时候的感觉有什么不同，从感觉的差异中体会与人相处之道。

（5）懂得将重要且难度较大的项目坚持完成，并且将项目成果公示他人。

（6）学会在思考问题之后，能够对简单的问题提出质疑。

（7）学会从自己的特殊研究理论中提取到值得学习的地方。

（8）不要总是相信自己高人一等。

（9）不要固执坚持自己孤独者的立场，不要逃避现实而追求不切实际的生活。

处事小辞典

五型人的行为哲理

五型人太过理性，理性的甚至有点冷血。但是，生活的经验告诉我们不能够完全理性地做事，也不应该百分百感性地生活，而应该用理性指导自己的言行，用感性领悟生活的真谛。

于是，从五型人的行为特点那里，我们汲取到了关于理性与感性之间的正确对待方法。我们明白了，过分理性的人并不见得就是好，他可能因为刻意抑制自己的感情而错过机会；过分感性的人也很糟糕，他同样可能因为感情太丰富细腻而受伤，也可能因冲动而犯错。

理想的状态自然是感性的生活中有理性的光芒，用理性指导自己的言行，用感性的心领悟生活的真谛。

不妨来看一下三毛对待理性与感性的态度，如果三毛是个过于感性的人，那么她很可能经受不住生活的打击而过早地离世；如果她是个十分理性的人，那么她就不会写出那么感人的文字，更不会用那样的方式结束自己的生命！没错，归根到底她是感性的，但理性光辉曾经闪现过，并真实地帮助过她的人生。五型人则相反，他们太会“精算”，很少“失算”。他们理性得让人觉得不太好接近，当然也并非完全如此，有的观察家还兼有浪漫主义者的人格特征。

其实人的一生就是不停地抉择，在判断一件事或选择一样事物的时候，总要进行理性与感性的博弈。美国著名思想家、第三任总统杰弗逊说：“情感固然是一切美德的源泉，但也是酿成许多灾难的始因。”情感的泛滥成灾，对情绪的不加控制必定会导致悲剧的发生。

一个拥有健全、完美人格的人，不会甘心沦为感情的奴隶。理性地对情绪加以引导和约束是为了能够达到一种平衡之美，而这种理性与感性的和谐之美就是生活的艺术与人生的哲学。

与五型人的有效沟通

与五型人的有效沟通主要应该注意以下几点：

（1）对待他们要亲切、友善，但是又不能过分亲密，五型人喜欢与他人保持一定的距离，不喜欢自己的空间被他人侵犯。

（2）他们在大庭广众往往显得紧张而不善于主动表达自己的观点，与他们在沟通的过程中应该尽量给他们积极性的暗示，比如一个微笑、一句鼓励，这将缓解他们的心理压力，提升他们的勇气。

（3）如果在沟通中需要他们做出最后的决定，请给他们留出独处的时间与空间来做出充分的思考。

（4）如果需要五型人给予自己帮助，沟通的时候尽量要用请求的态度而不是要求。

（5）与他们沟通，友善的身体语言，更容易博得他们的信任。

观察者中的血型名人

A 型观察者：吕不韦

观察者天生聪明、理性，具有高强的分析能力与独到而又深刻的见解。A 型观察者做事更加小心谨慎、一丝不苟，一贯走的是保守与安全主义道路。他们对于金钱更是精于“算计”。他们认真思索每个细节的开销时，要把自己当做事件的中心参照物，主要是对自己有利还是有害，有多少利和有多少害，想清楚之后再进行操作。

A 型观察者精于“算计”，精通商道，吕不韦就是一个典型。吕不韦，战国末年著名商人、政治家、思想家，后为秦国丞相，他从年少就对商业表现出了独有的天分。

战国时期，秦昭王四十二年（公元前 265 年）的一天夜晚，吕不韦向以经营珠宝为生的父亲请教经营珠宝生意的经验。尽管父亲滔滔不绝地向吕不韦讲授着，但是吕不韦其实早已经身怀商技，他善于运用从商之道，令父亲也为之汗颜。当时吕不韦问了父亲这样一个问题，他问道："耕田能获利几倍?"父亲答道："十倍多。"吕不韦再问："那经营珠宝生意能获利几倍?"父亲回答说："百倍多。"吕不韦接着又问，说："那如果辅佐一国之君主，请问父亲大人能获利多少倍呢?"父亲回答："那将是无法估量的啊。"正当父亲想要责问不韦为何出此诳语的时候，不韦兴高采烈地对父亲说："费力耕田，却仅能够保证吃穿；忙于经商，所获之利亦不能稳定；而辅佐一国之君，所获之利将千古流传。这种对自己百利而无一害的事情，为什么不去做呢?"

这就是 A 型观察者从商投机的精明之处，他们可以理性而又现实地把钱财、名利都看得很重，他们懂得如何投机能够使自己的利益达到最大化。

B 型观察者：濮存昕

濮存昕是典型的 B 型人，他，性格平和、自我调节能力强，因此比其他血型的人们都健康，之所将濮存昕归入观察者之列，是因为他对健康知识的见解深刻，并热衷于寻求知识、丰富自己的内涵，喜欢分析事物，期望自己能成为某一方面的专家，这与观察者的性格特色不谋而合。

作为一个颇具影响力的知名人物，五十多岁的濮存昕一直以健康的形象出现在公众面前。面对他那阳光般温暖而帅气的微笑，极少有人知道，他小时候曾受过病痛的折磨。两岁那年，他得了小儿麻痹症，医治后留下了明显的后遗症。整个年少时代，他遭受了很多人的耻笑，被同学讥讽。"……对我影响很大，总觉得自己不行，特别自卑。我当时特别崇拜体育好的同学，看着他们，我总是有一股强烈的愿望——我要健康。这种力量支撑我，在以后的生活中，每一分每一秒我都提醒自己：不能让人看出我腿不好。"

濮存昕没有气馁，为了能增强自己的体质，他经常思考方法，于是"我拼命地跑啊，打篮球啊，我好运动，什么都爱玩，我跟人比试，我羡慕体育明星。"在他的潜意识之中，健康成了他当时最大的追求，在这样一种求生和自强的毅力下，濮存昕积极锻炼自己的腿，让自己变得更加健康。

"健身应该是从十几岁开始的，其实是男孩子很自然的一种心态，一种成长过程中比较力量的心态。比如说我小的时候觉得自己很有力量的事就是我能挤车了、能在双杠上游走自如了、有点二头肌了。坦率地说，就是从那个时候起觉得自己有点力量了。”在健康方面卓有研究与分析的他曾说道。

濮存昕经常对女儿说一定要锻炼，不锻炼整个人就没有速度感，没有节奏感、没有人和自然之间那种接触感。这是他的心里话，也是对年轻人最诚恳的指点。

O 型观察者：赵雅芝

曾有人对赵雅芝在演艺高峰隐退不解，具备 O 型血的她可谓家庭事业双丰收，对于在事业的高峰归隐，她却这样解释“家庭才是她最大的幸福”，这就是集浪漫优雅以及理性于一身的著名香港演员——赵雅芝。虽说观察者不太容易动感情，但只要动了感情却是无比的真切。

赵雅芝这个名字，曾传遍大江南北，她几乎出演过的每部电视剧都能轰动整个华人世界，其扮演过的很多角色都深入人心，她的成功有一半是幸运，但更多的是努力。她于 1955 年出生于香港，祖籍河南开封，20 世纪 70 年代的赵雅芝曾担任过日本航空公司的空姐，两年后，19 岁的赵雅芝毅然决然地辞去了航空公司的工作，参加了由香港无线电视台举办的第一届香港小姐选拔赛，赵雅芝以清丽脱俗的容貌，富有智慧的谈吐，获得当届香港小姐第四名，之后与香港无线电视台签下了合约，从此走上了影视之路。

在完成合约期后，赵雅芝决定投身往台湾发展，首次出演林语堂佳作《京华烟云》，主演主角姚木兰，她把这个角色刻画得入木三分，并将 O 型女子骨子里透出的贤淑展露无疑。1991 年她应邀和当时香港一线小生郑少秋合作开拍清宫古装戏《戏说乾隆》。在剧中，她分别饰演三个角色，她对于这三个人物的性格、心理拿捏得非常到位，表演得恰到好处；与剧中饰演男一号的郑少秋配合默契。这部电视剧又一次迎来了空前的收视高潮，传遍大江南北，轰动了华人世界。

赵雅芝有着 O 型的罗曼蒂克和强烈的现实性格，一般 O 型人非常注重事业发展，在工作中冲劲十足，尽管如此 O 型人有别于工作的另一面，就是对家庭生活的向往，和对感情的追求。在众多艺人里，赵雅芝算得上在家庭和事业上双丰收的典型。

AB 型观察者：沃伦・巴菲特

要说 AB 型观察者的典型代表，则非著名的投资大师沃伦・巴菲特莫属。他以天生的聪明、不断进取的精神、冷静敏锐的头脑，创造了股市神话，书写了AB型人的传奇。

巴菲特认为，投资这一行是一项要求人们动脑筋的、有趣的游戏，而且又不大难赢。在他的神话宝典里，除了满腔的热情和兴趣之外，还要有耐心。首先要确定企业值多少钱，再决定每股股票值多少钱，然后决定买不买。因为你投资的前提是企业真正的价值。所以，只要公司真正有价值，股价便宜，买好后就不应该担心，即使证券市场关闭几年也无关紧要。

独立思考的能力也至关重要。千万不要因为他人而轻易动摇，在信息不充分的情况下，你最好不要做决定。一旦你的信息正确，自己的判断也准确，就无需担心。

借债投资是巴菲特所鄙弃的。投资者不爱钱则没有动力，但太爱钱，也会导致失败。所以，巴菲特认为投资者应该保持希望赚钱，但贪欲不应过重的心理状态，要注重投资过程而不是钱本身。由于很难发现好的公司，所以，发现后就不要轻易卖掉。不能贪图便宜去买不好的公司，也不能为了占一点便宜而把手里的好公司卖掉。要长期持有股票，但也要灵活机动，发现不好就卖掉。

巴菲特堪称世界级的“天才理财家”。他经常说，一个优秀的投资者应该像企业经理那样考虑问题，而一个优秀的企业经理在思考问题时，也应该像一个投资者才对。在从事投资管理的专业人士中，巴菲特的机智和学问很少有人能与之匹敌。他经营的资金有100亿美元。他有9个助手，办公室里没有电脑，也没有显示股价瞬间变化的电视屏幕，但他的同事说他的思考速度比电脑还快，谁都跟不上。

职场趣味测试：你的情绪是否稳定

有的人情绪稳定，从不大喜或大悲，而有的人则喜怒无常，情绪时好时坏。喜怒无常的人容易失去健康。可见，情绪的稳定对健康的影响很大。那么，你的情绪是否具有稳定性呢？下面这份自我测验就能帮你弄清答案，请如实作答。

1. 看到自己最近拍摄的照片时，你有何想法？

A. 觉得不称心　　B. 觉得很好　　C. 觉得可以

2. 你是否想到若干年后会有什么使自己极为不安的事？

A. 经常想到　　B. 从来没想过　　C. 偶尔想到过

3. 你是否被朋友、同事、同学起过绰号、挖苦过？

A. 常有的事　　B. 从来没有　　C. 偶尔如此

4. 你上床以后，是否经常再起来一次，看看门窗、炉灶等是否关好？

A. 经常如此　　B. 从不如此　　C. 偶尔如此

5. 你对与你关系最密切的人是否满意？

A. 不满意　　B. 非常满意　　C. 基本满意

6. 你在半夜的时候，是否经常觉得有什么害怕的事？

A. 经常　　B. 没有　　C. 极少

7. 你是否经常因梦见什么可怕的事而惊醒？

A. 经常　　B. 没有　　C. 极少

8. 你是否曾经有多次做同一个梦的体验？

A. 有　　B. 没有　　C. 记不清

9. 有没有一种食物使你吃后呕吐？

A. 有　　B. 没有　　C. 记不清

10. 除去看见的世界外，你心里还有另外一种世界吗？

A. 有　　B. 没有　　C. 不清楚

11. 你心里是否时常觉得你不是现在的父母所生？

A. 时常　　B. 没有　　C. 偶尔如此

12. 你是否曾经觉得有一个人正在爱你或尊重你？

A. 是　　B. 否　　C. 说不清

13. 你是否常常觉得你的家人对你不好，但是你又确知他们的确对你好？

A. 是　　B. 否　　C. 说不清

14. 你是否觉得没有人十分了解你？

A. 是　　B. 否　　C. 偶尔

15. 你在早晨起来的时候最经常出现的感觉是什么？

A. 忧郁　　B. 快乐　　C. 讲不清楚

16. 每到秋天，你经常的感觉是什么？

A. 秋雨霏霏或枯叶遍地　　B. 秋高气爽或艳阳天　　C. 不清楚

17. 你在高处的时候，是否觉得站不稳？

A. 是　　B. 否　　C. 有时如此

18. 你平时是否觉得自己很健康？

A. 否　　B. 是　　C. 不清楚

19. 你回到家后是否立刻把房门关上？

A. 是　　B. 否　　C. 偶尔

20. 你坐在小房间把门关上后是否觉得心里不安？

A. 是　　B. 否　　C. 不清楚

21. 当一件事需要你做决定时，你是否觉得很难？

A. 是　　B. 否　　C. 偶尔如此

22. 你是否常常用抛硬币、玩纸牌、抽签之类的游戏卜测凶吉？

A. 是　　B. 否　　C. 偶尔

23. 你是否常常因为碰到东西而跌倒？

A. 是　　B. 否　　C. 偶尔

24. 你是否需用一个多小时才能入睡，或醒得早？

A. 经常如此　　B. 从不这样　　C. 偶尔如此

25. 你是否曾看到、听到或感觉到别人觉察不到的东西？

A. 经常如此　　B. 从不这样　　C. 偶尔这样

26. 你是否觉得自己有超出常人的能力？

A. 是　　B. 否　　C. 不清楚

27. 你是否曾经觉得因有人跟踪你而心里不安？

A. 是　　B. 否　　C. 不清楚

28. 你是否觉得有人在注意你的言行？

A. 是　　B. 否　　C. 不清楚

29. 你一个人走夜路时是否觉得前面潜藏着危险？

A. 是　　B. 否　　C. 偶尔

30. 你对别人自杀有何想法？

A. 可以理解　　B. 不可思议　　C. 不清楚

评分标准：

以上各题的答案，选 A 得 2 分，选 B 得 0 分，选 C 得 1 分，然后相加算出总分。

测试结果：

得分越少，说明你情绪越佳，反之越差。

总分 0 ~ 20 分：说明你情绪稳定，自信心强，具有较强的美感、道德感和理智。你有一定的社会活动能力，能理解周围人的心情，顾全大局。你是个性情爽朗、受人欢迎的人。

总分 21 ~ 40 分：说明你情绪基本稳定，但不深沉，对事物的考虑过于冷静，处事淡漠消极，不善于发挥自己的个性。你的自我受到压抑，办事热情忽高忽低，瞻前顾后，踌躇不前。

总分 41 ~ 49 分：说明你情绪极不稳定，日常烦恼太多，自己的心情时常处于紧张和矛盾之中。

总分在 50 分以上：这是危险信号，你应该去看看心理医生了。

六型怀疑者：我怀疑故我存在

职场心理课

性格论证

在六型怀疑者眼中，只有危机感强烈的人才能生存。所以，他们凡事做最大的努力，做最坏的打算，注意力总是放在那些不安全或者不可控制的事情上，对风险、潜在危机、不确定因素非常敏感，常常处于焦虑、担忧的情绪中。他们总是怕出差错，怕生是非，怕自己力不从心，怕人虚伪，怕事与愿违。

怀疑者所看到的世界是充满威胁和危机的，所有事物都难以预测、难以肯定。他们坚信“君子不立危墙之下”，凡事要谋定而后动，做什么事情前，一定会尽量想清楚，计划好，从而逃避、远离抑或是面对、冲破那份危险。

●性格亮点

怀疑者认同的是那些被压迫者的事业，他们愿意为了一个理想而付出忠诚、不求回报的努力。为了履行自己对他人的责任和义务，他们愿意做出大量的自我牺牲。

怀疑者能够洞察深层的心理反应。他们愿意为了内心的追求去冒险、去牺牲、去忍受痛苦。

怀疑者尽忠职守，也忠于家庭，遵守纪律。

●局限和困扰

因为极度没有安全感，总是怀疑危机的存在，使得神经过分紧张。

对危机的恐惧过于强烈，有时候让怀疑者产生逃避的心理。

做人太过谨慎，因此有时过分敏感。

做人循规蹈矩，不容许自己的言行有所偏差，也不喜欢人家不遵守游戏规则行事。

职场特色

六型人在职场中是典型的“逆流而上者”。他们喜欢在充满挫折与困难的环境中英勇挑战，却不习惯在安逸的环境中郁郁寡欢。对于他们来说，安逸就意味着不真实的感觉，会让他们在忧心忡忡中失去斗志。

他们拥有丰富的想象力，这给他们带来机遇的同时，也给他们带来了多疑的世界观。于是，在职场处事中，经常出现紧张、焦虑的工作状态。

六型人的内心非常脆弱，尽管他们在外人面前极力掩饰，但是他们掩饰的背后却是歇斯底里的崩溃。因此，他们在工作中的表现很容易受到外在因素的干扰。

有趣的是，在任何行动中，六型人都希望能够听到反对的声音。如果没有反对，他们就该怀疑是不是哪一个环节又出现问题了。

职场优势

六型人如果能够正确对待自己的性格劣势，将对鸡毛蒜皮小事的疑来疑去，转化为对工作的专注，那么相信六型人的事业将会在挑战的摸索中更成功。总结六型人的性格特色，得出以下主要几点职场优势。

（1）忠诚于公司权威，忠诚于团体，循规蹈矩、踏踏实实地做事。

（2）感官敏锐、警觉性高，能够觉察出职场中潜伏的危机。

（3）分析能力强，并对自己的职场能力充满自信。

（4）责任心强，组织能力强，能带领团队共同完成任务。

（5）维护团体价值、乐于付出，主张与他人平等合作。

（6）在危机与劣势中，能够不畏艰险、勇往直前。

（7）富有同情心、谈吐中透露着风趣幽默、很讨人喜欢。

（8）想象力丰富，能够给自己设定一个美好的未来展望，供自己在奋斗中追求。

职场劣势

六型人虽然在职场中具备不错的工作能力，却应该对自己的弱势力量加以重视，重视之余加以改正，方可提升自己的职场的竞争力。六型人在职场规划中的主要弱势表现有：

（1）工作不能够善始善终。

（2）对权威的态度很极端，要么绝对顺从与忠心耿耿，要么坚决反抗。

（3）焦虑、猜疑，不轻易信任他人，对于他人的示好总是在揣测是否存在不良企图。但一旦找到可以依托的对象，又会不分青红皂白地盲目崇拜。

（4）总是怀疑他人的动机，特别是权威人士的动机。

（5）不善于控制自己的情绪，经常会把自己的怒气发泄在他人身上。

（6）拒绝接受新的观点、主张。

（7）疑心太重，给自己的精神带来了沉重的负担，容易导致精神疾病。

（8）最怕被别人比较，尤其是和比自己强的人比较会让自己出现失落感。

（9）看问题、做事情太过于纠结，心态放不开。

职场心理操控

怀疑论者，他们感情细腻、多愁善感，看到红叶落下便会悲叹生命的可悲；他们有一颗特别谨慎小心的心，当你说“今天的阳光真灿烂”，他们也要想一下："这话有其他意思吗？"他们做起事来很少有果断干脆的时候，因为对未知的怀疑和想象，他们的口头禅一般是"虽然……但是"和"如果"。实际上，无论是在生活还是工作中，需要肯定来享受真实的乐趣。

（1）不要把事情坏的方面无限放大，而一直沉浸在悲伤和难过中。否则会造成自己内心的胆怯、孤单，常把心中的创意和感情压抑。

（2）每一种性格都有各自的优点，也都有各自的缺点。因此，要想成为一个受人欢迎的人，怀疑论者就要想方设法克服性格上的缺陷，不要对任何事情都疑神疑鬼，这样会增加心理压抑程度。心理压抑，又怎会积极的处理好事情呢？因此，怀疑论者应该放宽心，还自己一个坦荡荡的轻松世界，快乐将会如影随形。

（3）打破心态牢笼，走出自我困境。疑心重就像是幽暗角落中的一条蛇，它无声无息，却让怀疑论者的生活备受影响。怀疑论者开始做某件事前，常常先怀疑自己能否成功，认为自己"做不到"，这只是一种错觉，是一种消极的心理暗示。其实，一旦他们正视困难，就会发现事情并非他们想象的那么难。因此，无论面对的问题有多么困难，都不要犯最愚蠢的错误——自己给自己找不愉快，要相信只要迎头而上，困难就会迎刃而解。

职场读心术

具有怀疑型人格的人整天忧心忡忡，无论做什么事、说什么话，都觉得有人在评论自己，议论自己的一举一动，甚至总感到有人在跟自己过不去。生活经验告诉我们：与这类人交往，说话、做事应格外小心，稍有不慎，不仅会伤害对方的自尊心，更会令彼此的关系恶化。

那么，芸芸众生中，我们如何看出哪些人具有怀疑型人格呢？通过一个人的外貌体征，我们可以识别：

1. 头发自然卷曲

这类人事事患得患失、猜疑心重、自以为是、目中无人，喜欢独断独行，没有通融心。

2. 三角脸

这类人头脑灵活，记忆力强，做事有很强的目的性与爆发力，但生性多疑，易冲动。

3. 眉毛斜挑

这类人常常处于怀疑状态，扬起的那条眉毛就像一个问号。

4. 断眉叉眉

这类人比较多疑，内心压抑，容易对周围的人产生敌意，为一点小事斤斤计较。他们往往人缘很差，喜欢独来独往，难以沟通。

5. 下嘴唇往前撇

人的下嘴唇往前撇，表明他对接受到的外界信息持不相信的怀疑态度，并且希望能够得到肯定的回答。

六型上司的心理解读

六型上司做事负责任、细心、谨慎，对下属要求高，能带领团体共同完成任务。只是他们对自己的情绪不够克制，他们容易冲动、容易固执。这或许与他们早年的创伤经历有关。

六型上司习惯逃避面前的一切，尽管他们对出现的状况费心应对，但是却不能够很好的鼓舞人心。由于他们天性不善于发挥自我权威，因此许多六型人并不善于扮演上司这种公众角色，而更适合做个严厉的军纪官，可以不在意他人反对的呼声，只按照自己的命令行事。

六型上司在管理中善于使用“柔术”，他们希望避免责骂属下，而运用温和的方式，来警告任何来自于同事、客户、媒体或公司程序的压力所造成的不悦。

另外，六型上司往往要求制定严明、清晰的公司方针，谨慎地使用权威却又忠诚而体贴地对待同事与属下，用最周密的思虑和最坚定的意志，引领公司上下众志成城，创造良好的业绩。

如何与六型上司相处

与六型上司和谐共处，需要遵循以下几点“一针见血”式的富含实用价值的建议。

(1) 六型上司的心理特征很独特，对于存在问题的事情反而更加放心。因此，在向他们汇报工作的时候，应明确说明工作中出现的问题，以及如何进行有效解决的方式。

(2) 与六型上司相处，一定要坦诚相待。如果说话总是一副扭扭捏捏、拐弯抹角的样子，容易让他们怀疑你是不是在隐瞒什么、企图什么。

(3) 在工作中，不要总是和同事窃窃私语，这样会被他们看做是一种潜在的威胁。有什么说就大声说出来，哪怕是娱乐八卦，坦率胜过于一切的伪装。

(4) 六型上司对自己的团体充满忠诚，因此也希望自己的下属能够全心全意地为公司做事，如果发现有下属损害了公司利益，他们一定会严惩不贷。

(5) 向六型上司交工作报告等文件性资料的时候，逻辑层次一定要分明。对于在工作中发现的问题也要及时汇报。

(6) 当六型上司在做决策出现犹豫不决的时候，作为下属不要出现不耐心的表现，更不要告诉六型上司说他的顾虑是多余的，否则六型上司会认为你考虑不够周全且在否定他的管理方式。

六型下属的心理解读

“我怀疑那样做是否有用。”

“听起来很有危险，我要等等看下面的情况如何。”

“是的，但是……”

“如果这样做，出错了该怎么办?”

……

这些都是怀疑者经常对自己说的话。

怀疑者总是以怀疑的目光看待周围的一切。做事前他们可能拥有一个很好的想法，但在付诸行动过程中，其思想慢慢取代行动，因为他们的注意力渐渐从开始的好想法转移到了对这个想法的质疑上。他们会担心有些人不同意这个想法，并站在反对者的角度提出质疑。

由于怀疑者在思想上对自己的想法总是抱着质疑的态度，因而他们迈向成功的步伐断断续续。尤其在工作中，他们总会留下一些没有完成的任务。

怀疑者过度猜疑的性格，多数是因为他们曾经在信任感失落、阴谋及勾结的侵扰下，形成的感情困惑，使他们感觉到了外在世界的变幻莫测。于是他们懂得了做事情必须依靠自己，别人不会完全忠诚于自己。于是他们发誓一定要加强锻炼自己的思考与分析能力，让自己对所有的认知都能够保持一份高度的怀疑与警惕。

如何与六型下属相处

与六型下属实现和睦相处，需要注意以下几点建议。

（1）一定要信守承诺，特别是对于六型下属的利益争取方面，一旦被他们认为是不守信用的人，就很难让他们服气。

（2）分配工作任务的时候，一定要清晰明了地表达工作要求以及想要达成的目标，以免让他们耽误很多不必要的时间，来怀疑工作应该怎么做才能让上司满意。

（3）六型下属渴望得到他人的理解与支持，尤其是来自领导的鼓励。得到领导的认可，他们会迸发出更多的热情与动力。

（4）不要对六型下属关注负面情况的行为或对事情的过分担忧表示不耐烦，要充分利用他们逻辑分析的特质，让他们提出解决问题的有效应急方案，这样一方面会得到六型下属的感激，另一方面会激发他们潜在的能力。

（5）当六型下属做出了不错的工作成就的时候，应该多给予他们一些赞赏和鼓励，来自权威者的支持和信任，是他们最渴望的安全感与成就感。

职场成长吧

找准职场定位

在职场中，定位决定职位，职位影响出位，为了更好地发挥出自己的职业才情，应对工作环境进行谨慎选择。

适合六型人的工作环境：六型人适合在有规划感以及安全感的环境中工作，也喜欢权力、责任和问题都一清二楚的工作。比如会计、采购、销售等。另外，从事警务工作、研究生攻读、建立客服数据或是精密筹划、计算风险等产业也是不错的选择。

不适合六型人的工作环境：六型人不适合有强大的工作压力与竞争力，人事关系复杂，钩心斗角情况严重，以及工作指示不够明确的工作。

职场影响力的打造

怀疑者是最不相信他人也最不相信自己的一群人，正因为如此他们是最有责任感的一群人。责任感让他们的职场影响力得到了扩大，除此之外，有助于提升怀疑者影响力的途径主要如下：

（1）怀疑者通常因为害怕不成功，害怕出差错，而会不断检查和修正，并在修正的过程中发现问题，防患于未然。

（2）在工作中，敢于担当，在工作中恪尽职守，因此得到别人的尊重。

（3）要时刻提醒自己“用人不疑，疑人不用”，疑心太重必将贻误大事，再多的努力，在关键的时刻，只需一个“疑”字便会前功尽弃。这将会严重影响自己的职业生涯，所以推倒疑心那堵墙，才能看到更好的工作局面。

（4）做事未雨绸缪，方能赢得世界。因此，考虑问题要尽量周全、多思、多疑在这个时候并不是坏事。

（5）与其战战兢兢地生活，不如放开自己。多一点走出去的胆量，别再像个胆小鬼般畏首畏尾，胆量大一点时，困难就会小一点。

职场成长的智慧点拨

●六型人成就职场的完美攻略

◆打断自己对他人的观察，不要总是强调他人是否言行一致。

◆不要让怀疑使自己关上帮助的大门。

◆不要总是与他人划清界限，不要总是询问他人的立场。

◆不要用思维取代感觉和行动。

◆增加娱乐和运动，用平和的心情去看待世界。

◆要懂得欣赏自己，要懂得相信自己。

◆对于朋友给予的建议虔诚接受，并通过朋友做一次真实的自我检讨。

◆对于没有根据的猜疑，请选择果断放弃，不要让无所谓的怀疑扰乱了自己的心情。

◆多培养自己对别人的信任，俗话说欲先取之，必先予之，平时不妨多给他人一些真诚与信任。

◆意识到自己的性格优点以及性格弱点，一分为二地看待自己的性格，去粗取精。

◆与他人发生争辩的时候，反问一下自己争辩的理由，并审视一下他人的观点是否在理。

◆虽然做出决定的时候略显犹豫不决，但是只要做出了承诺，就应该尽力做到。

◆合理运用自己的想象力，去理解和幻想正面的结果，不要总把注意力放在最糟糕的结果上。

职场人脉经

朋友就是平坦的路

俗话说："多个敌人多堵墙，多个朋友多条路。"人活在世上，每天都和不同的人打交道，和别人有一种互动的关系，彼此互助才能生存发展。因此，谁都应该多交朋友，少得罪人。

但六型怀疑论者认为，世界之大，得罪了某个人或某些人又何妨，其他的路又没有堵住。其实，这种想法是错误的，一行有一行的圈子，得罪了某一个利益相关人，或者事情没处理好，往往就意味着在这个领域里失去了信誉，失去了帮助。由于对方在本行业领域的影响力，其他人可能因为不愿意得罪他，在帮助你时也会有所顾虑。

如果得罪君子，最多大家就是各走各的路，互不相干；如果得罪了小人，则是给自己埋下了一颗定时炸弹，也许平时不会对你怎么样，到了关键时刻他可能就会出手制造麻烦。如果因为得罪小人而使自己下不了台，该办的事没办成，是非常不值得的。

因此，怀疑论者应尽量避免得罪人，有时候不是因为"怕"谁，而是因为代价太大。只要平时言行谨慎一些便能避免的麻烦，又何必去惹呢？

运用你的人格魅力

现实的工作、生活中，若一个人总以怀疑的眼光盯着你，另一个人则对你面带笑容、温暖如春，他们同时向你请教一个工作上的问题，你更欢迎哪一个？显然是后者。你会毫不犹豫地对他知无不言、言无不尽，而对前者，恐怕就恰恰相反了。也许你会想：难道他在质疑我的能力？

一个人面带微笑，远比他穿着一套高档、华丽的衣服更吸引人，他也更容易受到别人的欢迎。因为微笑是一种宽容、一种接纳，它缩短了彼此的距离，使人与人之间心心相通。喜欢微笑着面对他人的人，往往更容易走入对方的天地。难怪学者们强调："微笑是成功者的先锋。"

微笑有一种神奇的魔力，它能把忧虑一扫而光，它还能让快乐弥漫心房。有时，仅仅是一个微笑，就能化解误会，还能滋生情谊。所以，常常微笑，别人看到的你也是亲切温和、自信而充满魅力的。

对六型人格者而言，学会微笑并不难，只要试着尝试以下方法，就能渐渐消除自己对他人的疑虑：

（1）微笑要发自内心，这样才是情感的真实流露。

（2）微笑要自然适度，指向明确，有时要与语言相结合。例如，微笑的同时可以说声"你好"。

（3）微笑要注意场合，掌握分寸，不要在不该笑的地方笑。

（4）别把讥笑、嘲笑当微笑。无论什么时候都不该讥笑或嘲笑他人。

职场修心坊

理性安稳的职场修心秘诀

心理学家通过研究发现，敏感多疑的人常常使自己处于忧心、焦虑的心理状态之中，总担心自己会遭到别人的伤害，并不断给自己的心理加压，以至于终日处于紧张、焦虑的心理状态之中，最终导致心理崩溃，自信心丧失，出现种种"心衰"症状。可见，理性安稳的修心秘诀对六型人来说何等重要。

（1）做事情的时候要及时给予自己心理暗示，提醒自己要果断，做了就不后悔，后悔就不做。

（2）坚信自己的选择是正确的。俗话说"仁者见仁，智者见智"，别人的想法不见得比自己深刻。

（3）在行事时的考虑要周全，但不是琐碎、瞻前顾后、畏首畏尾。

（4）要用平常的心态和信任的眼光看待周围的人和事，不要总觉得时时处处都有人在注意你，认为别人在与你作对，把小事看得过大或把自己幻想出来的感觉当成真事。

（5）不要对潜在的帮助表示怀疑，学着接受他人的帮助，并给予他人帮助。

（6）不要妄自尊大，不把别人的能力看在眼里，也不要把简单的问题考虑的过于复杂。

（7）对于他人的好意和恭维，即使不相信他们是真心的，也不要用猜疑来折磨自己。

（8）认识到自己往往只会想起糟糕的事情而不是快乐的经历。提醒自己多去回忆开心的事情，学会遗忘痛苦。

处事小辞典

六型人的行为哲理

世界上最愚蠢的事情莫过于给自己限定高度，人生的高度我们无法得知，但是若在起跳之前就给自己定一个不算太高的高度，不是务实而是白白浪费了自己的才华与天赋。怀疑论者不仅怀疑别人，还怀疑自己。他们字典里的第一个词汇是“不可能”，这倒也说不上是什么不自信，只是他们思考问题时充满疑虑。他们总是怀疑自己能否做到，也怀疑最坏的结果属于自己，因此他们不会给自己的人生设定很高的高度。因而限制了自己潜能的发挥。

自我一旦设限，就会让这些限制伴随你一生。时代在改变，生命在改变，思维也应该随着社会而改变。自我设限，把自己放在原地，就不可能突破自我，甚至连本来可以做到的事也做不到了。这种思想是一个真正的杀手，它不等同于谦逊。如果你做不到某件事情，你可以说“我可以试一试”，但不能说“我不行，我不是这块料”。

美国前总统罗斯福说："没有你的同意，没有人可以让你觉得你低人一等。"如果你觉得低人一等，那是你自己决定的，你本来并非如此。我们常常会把自己看得太过渺小与卑微，这或许是我们至今还没有到达一个更高水平的原因。

画地为限的思想把我们放在一个不属于自己的低水平上，命运究竟如何，全靠我们自身的努力。或许在过去的经验中，怀疑者的"怀疑"确实被验证过，但是别忘了，那是因为你原本就没有将最好的结果放在考虑之列。我们想要搞砸一件事情是轻而易举的，想要做好一件事情却显得费心费力，因为好的结果需要我们付出更多的努力。怀疑者该换个角度思考问题了。你觉得自己可以做得更好，你就可以做得更好。你觉得你应处于什么位置，你就会停在什么位置。一位哲人说过："从某种意义上来说，人的一生基本上符合他自己的设想。"

人的追求在哪儿，他的人生也就在哪儿，一旦在心里为自己预设一个追求的高度，你的人生就会在一个小圈子里打转。不可否认每个人都有懒惰的情绪，但更糟糕的是偷懒还要找借口。

与六型人的有效沟通

六型人在柔和冷静的表面之下往往有阴郁的一面。六型人一个重要特征是总爱把自己假定为"受害者"，好像全天下的人都对不起他们，也都要对他们不利。在这种心理的支配下他们往往敏感多疑。针对这样的个性，与六型人的有效沟通主要应该做到下面几点：

（1）六型人作为典型的多疑之人，不愿意听到也不会相信他人那些赞美的奉承话，若希望获得六型人的信任，就应该多倾听他们的心声，支持并理解他们的观点。

（2）六型人最讨厌表里不一的人，做事情当面一套、背后一套，他们认为那既是对他人的不尊重，也是对自己的不忠诚。因此，与六型人沟通，重要的是言行一致。

（3）不要对他们的多疑进行讥笑或批评，容易让他们缺乏信心，失去沟通的兴趣。

（4）除了做事情坦诚之外，说话也要坦诚。因为六型人很容易从你的言行中感觉出你的心理变化，说谎会让自己顿时暴露。

怀疑者中的血型名人

A 型怀疑者：曾国藩

A 型怀疑者最显著的特征就是低调、谨慎，是思想派的典型代表，无论做任何事都力争周全，不允许出现纰漏。他们平日里不张扬，韬光养晦，往往以较低的标准面对所发生的种种事件，往往会从较坏的方面进行审时度势，看到潜藏着的危险。湘军统帅曾国藩就是这样的典型。

曾国藩，字伯涵，道光年间考中进士。同治二年，曾国藩做了浙江巡抚，打下南京后又被封爵。55 岁时上书请求解除本职，注销爵位，仅以退休人员身份“留营维系军心”。曾国藩为清政府立下了汗马功劳，威望如日中天，当时满清王朝的半壁江山掌握在他的手中。可谓是位及三公、权倾朝野，但他处处谨小慎微，内心充满忧患意识。他懂得功高盖主可能导致的悲惨下场，于是急流勇退，告老还乡。他一生享受荣华富贵，占尽了福禄寿喜，这一切都得益于 A 型赋予他的谨慎小心的个性。

曾国藩的成功不是一朝一夕，而是暗蓄力量、厚积薄发的结果。他一生谨慎，时刻不忘修身养德，以孔孟思想做为自己的精神力量。在尚未出人头地之前，他能屈居人下、伺机而动，绝不锋芒毕露、争强好胜。他从不当众树敌，懂得与不同类型的人周旋，很会保存实力。即使在位高权重、声名显赫之时，他也保留一贯谨慎、节制的行事风格。正因如此，他得到了众人的拥护，也规避了很多权臣盛极而衰的宿命式悲剧，得以善始善终。

B 型怀疑者：苏格拉底

苏格拉底是著名的古腊哲学家，且是很注重提倡怀疑精神的哲学家。因此是 B 型人中典型的怀疑者。

有一次哲学家苏格拉底在课堂上向学生们展示了一个苹果，那是一个普通的苹果，却蕴含着不普通的哲理。他要求自己学生们闻闻空气中的味道。有一位同学踊跃的举手答道：“我闻到了苹果的清香味。”苏格拉底笑了笑，然后举着苹果走下了讲台，走过了每个同学的身边，并补充说：“大家再好好的闻一下，空气中到底有没有苹果的香味呢？”这个时候，教师里接近半数的同学们积极地举起了手，并对苏格拉底的问题再次做出了与第一位同学差不多的回答。然而只有一位同学没有举手，苏格拉底走到这位同学的身边，问道："你为什么不举手呢?"这个学生肯定地回答说："可是我什么味道都没有闻到啊。"这时候，苏格拉底向大家宣布说："他是正确的，因为我手里拿的是一只假苹果。"这个敢于质疑的学生就是后来大名鼎鼎的哲学家柏拉图。

苏格拉底自己从小就具备怀疑的精神，才能在哲学理论上不断有所创新与突破。他也正是通过自己的言传身教，来向人们告诫科学的怀疑精神，即"去伪存真"的、独立的批判性思考。

O 型怀疑者：爱因斯坦

爱因斯坦是典型的O型怀疑者，他既具有O型人的实干精神，敢想敢做，又具备怀疑者勇敢挑战传统的气魄。如果没有爱因斯坦对原有基础理论的大胆猜想与怀疑，就不可能有《广义相对论的基础》的问世，也不可能有宇宙空间有限无界的假说等伟大理论的诞生。

在爱因斯坦看来，怀疑是人类对于自我意识的一种超越与升华，是一种对现阶段事物规律的合理性反思，是进行科学探索与实现创新的动力。爱因斯坦在科学的探索道路中，每时每刻都充满了对权威与经典的怀疑，他自己也曾经说过他取得的伟大成就不是因为他具有非凡思考能力的大脑以及特殊的才华天赋，而是由于他强烈的好奇心和刨根问底的怀疑精神。

由此可见，怀疑能够在向陈旧的事物发起挑战的同时，也能够推动新生事物的出现于壮大。需要注意的是，对固有事物的怀疑不同于对任何琐事的狐疑，如果将怀疑的敏感神经用在琐碎的事物之上，耗费精力不说，还会让自己心力交瘁。

AB 型怀疑者：白岩松

AB 的人，往往由于性格的矛盾，通常出现多变的性情。但是他们往往工作效率高，拥有冷静的头脑，理解速度快，且统计力和创造力都比较强。

AB 型怀疑者则善于待人接物，追求为人处世中的平衡关系，做事情讲求合情合理、真实牢靠，具有强烈的换衣与批评精神。白岩松的处事风格正是如此。白岩松对自己在处理问题的要求是：先假设自己是错的，然后试着证明之。敢于对自己的处事方式进行怀疑与否定，才会让自己不断取得理论与方法的进步。

白岩松的主持风格想必大家都不会陌生，他表情凝重、紧皱眉头，用的是标新立异的修辞以及咄咄逼人的口吻。在他睿智的思想下，他对任何的新闻事件都具有学者一般的反问。正是这样的反问与质疑让听众们对新闻事件的印象更加深刻不说，也引起了听众们的思考。在主持风格中坚持的探索与怀疑让他的思想更深邃，更沉稳，让他的一身正气感染无尽的观众。

职场趣味测试：你的抗压能力如何

生活中，总会发生始料不及的事情，正如“欲渡黄河冰塞川，将登太行雪满山”所说，我们有时会身陷艰难的处境，压力会不时向自己袭来，在此情况下，我们要学会承受压力。要学会承受压力，就要先了解自己承受压力的指数。下面我们来做一下测试吧！

请问“奇异果”给你什么感觉？

A. 在阳光照耀下，好像黄金水果般可爱

B. 小巧可爱

C. 青涩香甜

D. 害怕外皮刺到舌头

E. 毛茸茸的外皮很可爱

F. 想把它当成球，可以丢，可以玩

G. 喜欢它是因为它营养丰富

H. 点缀甜点时非常漂亮

I. 毛茸茸的外皮不太好看

J. 奇怪的水果，不像是真的

测试结果：

选 A：承受压力指数为 10 分。你不在乎生活压力时，什么都可以看得很开，你的人生永远在追求完美和理想，只要能帮助你成功，或顺利达到目标，你的苦干精神无人可比。你的快乐是单纯而自然的，能时时知足，又懂得不断去追求。

选B：承受压力指数为9分。诚恳地对待他人，使你能透视这个世界，找到纯真善良的一面，充满自信又肯上进。你的特长是能找到许多机会，创造健康快乐的人生，能与人和平共处，人缘极佳。

选C：承受压力指数为8分。你生命力旺盛，能快速了解别人的需要，善于理解复杂的人际关系，容易成为富贵中人。品位高，条件好，重视个人成长，是一个极有智慧的人。

选D：承受压力指数为1分。你有很神经质的外表，如同非常神经质的内心。常有深藏不露的心事，不能与任何人分享，而忘记了自己为什么有烦恼。你知道自己需要别人的谅解和可以信赖的爱情，但是当爱来临的时候，你又猜疑它。

选E：承受压力指数为7分。你有帅气十足的性格，活泼、浪漫、天真，像未失童心的人，永远能陶醉在欢笑声中，快乐时会欢呼或手舞足蹈，你不会让痛苦或枯燥的生活打扰你欢愉的心情，是典型的适者生存者。

选F：承受压力指数为5分。你的个性孤独又不能被他人肯定，使你不喜欢了解自己的缺点，像被丢掉的石头，不知道它的价值何在。别人欠你的钱，你也懒得追讨，以不变应万变的心态应付许多生活难题。

选G：承受压力指数为4分。容易为生活琐事担心，不在乎物质生活，只强调生活品位的重要，能理性分析事情，但又因缺乏感性生活而十分无奈。你需要同时兼具理性和感性的人生，才能感到满足。

选H：承受压力指数为3分。你喜欢简单朴实的人生。诚恳的生活态度，使你有自信和安全感。你会全力以赴地去照顾和体贴心爱的人和所有好友。多愁善感是你的致命伤。

选I：承受压力指数为6分。个性细致，敏感度很高，适合从事有创意的工作。工作能力很强，能主动关心许多事物，即使相貌平凡也能露出纯朴实在的气质。你永远都会把感情和事业放在非常重要的位置。

选J：承受压力指数为2分。你将创造一个适合自己的可爱人生，使别人不了解你真正需要的是什么。其实，你是会编织梦的人，不喜欢制造麻烦和引来烦恼的人，而喜欢能帮助你编织梦想的朋友。

七型享乐者：乐人之乐，人亦乐其乐

职场心理课

性格论证

对七型人而言，最重要的事情是兴趣和乐趣。他们爱好广泛，多才多艺。七型人最会玩也最爱玩，他们十分看重新鲜的体验。他们的内心没有疆界，只要是好玩的东西都能对他们产生吸引力。同时，七型人是非常聪明的人，头脑敏锐，学习能力强，一旦发现他们感兴趣的事物，总是能学得很快。例如，一个七型人学跳舞，别人至少要一个星期才能找到感觉，七型人也许一两天就能跳得有模有样。但是由于他们非常活跃，所以注意力很容易被其他的事物吸引。也许舞还没有跳几天，七型人又发现玩壁球很有趣，于是改玩壁球去了。七型人兴趣广泛，懂的东西很多，但大都不精。

●性格亮点

七型人对那些创造性的事物永远充满兴趣。他们喜欢帮助他人，为他人带来新的想法。

在工作的初始阶段，七型人的作用尤其明显。他们愿意去尝试，有很多新的理念。

七型人乐观，能带动周围人的积极情绪。

七型人对于冒险的计划充满了兴趣和能量。

●局限和困扰

善变，没有毅力，注意力容易被吸引和分散。

执行力不强，无法将好的点子付诸实践，使其产生价值。

适应性差，总是追求自由、乐趣，而对日常的工作感到乏味、排斥。

职场特色

九型人格者各自工作的目的不一样：一型完美主义者觉得不劳动就不配有收获；二型给予者觉得工作能够帮助别人，有一种成就感；三型成就者觉得今天的工作是为了明天的名利……只有七型享乐主义者将工作视为一种“可有可无”的享受，因此，也只有他们最单纯、最快乐，不会觉得工作很累。

七型人对自己不是一般的自恋，在工作中也经常保持一副乐观的自信模样，他们热情洋溢、精力旺盛，喜欢融入集体、与人合作，因此在办公室中很受欢迎。

他们喜欢在变化的环境中，不断地创新自己的观念，喜欢追求流行文化，但是却在工作中严重缺乏耐性以及严密的计划性。偶尔，七型人也会对自己的观点顽固不化也说不定的。

职场优势

享乐者多才多艺，他们就像是上知天文、下知地理的“全能”之人，总能与不同领域的人找到合适的话题。除了艺多之外，享乐者的身上还潜藏着更多的职场优势。

（1）富有创造力与活力，且丰富的创意较容易在商业中获得良好的回报。

（2）善于铺排、累积人际关系，凭借高度敏感的天赋，能很快便辨识出对自己有帮助的人。

（3）乐观、开朗、好动的个性，能招到各种人的喜欢，因而能够拥有很多的朋友，且由于表达能力良好，在公关方面会很出色。

（4）身上时刻带着一种快乐的气质，懂得幽默，常常会给人们带去一箩筐的快乐，有助舒缓各种紧张气氛、进而带动团队的气氛。

（5）具有卓越的办事能力，只要他们能有耐性坚持下去，可以同时兼顾多项不同类型的工作并且干出令自己也令他人满意的成绩。

(6) 虽然看似单纯幼稚，但是他们却不会让自己的生活远离现实，不爱幻想，不爱唱高调，很容易与人相处。

(7) 不爱对任何事情都疑神疑鬼，坚持自己正确的选择。

(8) 乐于追求工作价值以及高速的工作效率。

(9) 不爱讲大话、空话，注重实事求是、理论与实践的双重结合。

职场劣势

这个世界上就不可能存在无懈可击的完美，七型“快乐精灵”也不例外。在职场中，七型人的事业成就往往会被下列的劣势所限制。

(1) 朝三暮四，注意力容易分散，不重视对承诺的兑现。

(2) 在办公室中由于话太多，工作热情容易懈怠，工作量一般不会按时完成。

(3) 对事情的考虑不够周密，往往会对工作的难易程度把握不到位。

(4) 缺乏忍耐力、不肯吃苦的本性极易阻碍他们的成就。

(5) 对常规的工作和细琐的事物非常不具有耐心。

(6) 工作中不会认真聆听别人的问题，会避开一切难题和痛苦，好像与他们无关似的。

(7) 期待着在工作中有捷径可以走，妄想不劳而获。

(8) 不愿意遵守规则，行为举止有时候很幼稚、有时候略显不成熟。

职场心理操控

安妮宝贝说，不自恋的人不可爱。因为只有自恋的人才会疼爱自己，发现自身独有的价值和特征，把最完美的自己呈现和发掘出来。每个人都需要有一点点健康的自恋，但是过度沉迷于自身的独特性中，而对于一些反映客观真相的建议视而不见，很容易变成自大狂。享乐主义者就是这样的人，他们坚信自己卓尔不群，只寻找那些支持他们观点的环境和人。

七型人性格者总是对自己信心十足，经常在别人面前夸耀自己，认为自己是整个宇宙的中心，认为自己才华出众，认为自己什么事都能办成。他们不合理地要求赞扬、特殊的优待，要求别人顺从他，却从不设身处地为别人着想。别人比他优秀时，他妒忌；别人不赞同他时，他就认为别人在妒忌自己，认为自己只能被同样特殊的人所理解。

试问，这样的人怎能和他人友好相处呢？因此，具有自恋心理的享乐主义者需要从四方面调整自己的心态：

（1）接受批评是根治自恋的最佳办法。自恋者的致命弱点是不愿意改变自己的态度或接受别人的观点，接受批评即针对这一特点提出的方法。它并不是让自恋者完全服从于他人，只是要求他们能够接受别人的正确观点，通过接受别人的批评，改变过去固执己见、唯我独尊的形象。

（2）与人平等相处。自恋者视自己为上帝，无论在观念上还是行动上都无理地要求别人服从自己。平等相处就是要求自恋者以一个普通社会成员的身份与别人平等交往。

（3）提高自我认识。要全面地认识自我，既要看到自己的优点和长处，又要看到自己的缺点和不足，不可一叶障目不见泰山，抓住一点不放，未免有失偏颇。认识自我不能孤立地评价，应该放在社会中考察。每个人生活在世上都有自己的独到之处，都有他人所不及的地方，也有不如人的地方，与人比较时，不能总拿自己的长处去比别人的短处，把别人看得一无是处。

（4）要以发展的眼光看待自恋。既要看到自己的过去，又要看到自己的现在和将来。辉煌的过去标志着你过去是个英雄，但它并不代表现在，更不预示你的将来。

职场读心术

如果你发现有些人在与他人谈话时目不转睛地看着别人，尤其在聚会上，这类人也常常盯住一个人不放，而并不是看上了谈话人，那么这类人大多是享乐者。

这类人的支配欲望很强，大多数时候他们确实又都有某种优势，因此，只要有机会，他们就会向别人表现自己。总之，他们占不到天时、地利，就一定能占到“人和”。他们时常看起来像花花公子（很多时候是事实），但有一点值得肯定，他们选定了人生目标就一定会去努力实现。

这类人不喜欢受束缚，经常我行我素。另外，他们比较慷慨，因此他们周围总是有一些相干和不相干的人在一起。当然，有真心的，也有看中“酒肉”的。

无拘无束的生活从来都是他们追求的方向与目标。

七型上司的心理解读

七型人是快乐的接受者与缔造者，他们轻松愉快，不愿意给别人压力，也害怕别人给他们施压。他们的生活、工作的哲学是：人生不如意之事十之八九，何不开心快乐点？这样的世界观与价值观，给七型上司带来了自己独特的领导风格。

七型上司重视工作氛围，不愿意让权力扰乱工作的兴趣，因此他们在管理方式上不会选择集权，而是授权给下属，让下属能自由的规划自己的工作目标。

七型上司拥有很多创意的点子，他们就是通过自己的点子以及快乐的气质，来轻松铺排自己的人际网络。

七型上司对待下属比较亲和、轻松，也往往善解人意，对下属们的工作乃至生活上的问题比较在意，能够及时给予理解与支持。

七型上司追求的是工作的乐趣，他们讨厌压抑自己的员工，讨厌公司没有了生机与活力，更讨厌总是用物质来衡量一个人的成就。

如何与七型上司相处

与七型上司和谐共处，主要应该注意以下几点：

(1) 态度要真诚、坦率，出现错误的时候要坦白承认，并主动承担责任。否则会引起他们对你人格的否定。

(2) 不要被七型上司轻松愉快的态度所蒙蔽，如果你的工作一直达不到他们的要求，他们肯定正在计划着让你离职。

(3) 在七型上司手下做事，应该时刻注意保持高工作效率，否则他们会因为心急而对你的工作态度进行怀疑。

(4) 工作态度要端正，如果在他们面前总是得过且过、放松工作要求的样子，无论你有多幽默、有多会处理人际关系，他们都会考虑辞掉你。

(5) 与七型上司相处，要时刻提醒自己保持积极乐观、进取的干劲，七型上司最看不惯的就是过于保守、太过沉闷、又缺乏业绩的下属。

（6）对于七型上司的计划与新创意，不要一味地支持和认可，七型上司更加青睐有自己的思想与创意的员工。

（7）切忌在办公室构建任何的派系，由于他们很在乎工作的人际和谐，追求一种不分你我、平等的人际关系。

七型下属的心理解读

七型下属在职场中的表现总是轻松、坦然、乐观，其实他们只是没有让别人看到他内心的忧愁而已。

他们为了维持世界一切美好的伪装，尽心告诫自己去回避生活与工作中的失落、悲剧以及那些遥不可及的渴望。这是因为他们大多数经历过痛苦忧伤的往事，他们不愿接受痛苦的感觉，于是他们反其道而行之，决定在未来的日子里要笑着面对一切。

在工作中，他们虽然精力十足，经常一口豪言壮语，但是他们往往因为无法察觉自我心灵面而缺乏内涵，并努力避免着去承担责任与义务的压力。

他们聪明伶俐，大多时候能够应对工作中的磨炼与苦难，只是也会犯一个自视清高的错误，即把自己看得过于聪明，而轻视了他人的才智。

如何与七型下属相处

与七型下属和谐共处，主要应该注意以下几点：

（1）对于七型下属的新奇的创意以及各种奇思怪想，要懂得以欣赏的态度认可并激励他们为公司的决策提出新颖的建议。

（2）试着放手让他们自主开展工作，给他们在工作方法上种种尝试的机会，这样会最大化的挖掘到他们的创造力潜能。

（3）多与他们进行轻松、愉快的沟通，让他们感受到人际关系上的融洽，他们才会更加全心全力的投入工作。

（4）给七型下属布置工作以及管理他们正在开展的工作时，一定要明确提出对工作结果以及完成时间的要求，这样可以督促他们按时完成。

（5）接受七型下属各种新创意、新想法的时候，应先给予肯定与表扬，然后要以客观、理性的态度，提示他们创意中可能面临的问题，以给他们提供完善创意的空间。

（6）开展工作的过程中，善用他们“开心果”的角色，让他们担当一些团队建设或企业文化宣传的任务，以便消除人与人之间的陌生感，提升员工心中的融合度与团结力。

职场成长吧

找准职场定位

七型人由于其贪图快乐、灵性十足、缺乏耐性的性格特色，并不是什么样的工作都能够适应、都能够做好。因此找准职场定位，对七型人的才能发挥、事业前途意义重大。

适合七型人的工作环境：兴趣是七型人工作进取的动力，七型人适合在充满冒险、创新与自由的环境中工作。再加上七型人不错的人际交流与沟通能力，适合在酒店、旅游、公关、顾问、创意等的行业发展，并有很大的希望成为出色的编辑、作家以及网络工作者。

不适合七型人的工作环境：七型人最讨厌的就是朝九晚五、日复一日，没有任何工作新意的环境，同时他们在压力大、困难多、受约束的工作环境下也很难有上进的动力。

职场影响力的打造

享乐主义者在职场上的影响力，想必是心态大于能力。但是，享乐主义者太随不了苦难，他们认为人生苦短，还是及早寻欢为好。作为享乐主义者的七型人也并非不能吃苦，只是他们习惯逃避苦难。这样的他们常常让周围人觉得“玩世不恭”，不能够挑重担。这是七型人格者的短处，也是其应该正视的。李敖曾经说过“怕苦，苦一辈子；不怕苦，苦半辈子”的话。

事实上，很多事情如果真的降临到七型人的头上，他们在刨除畏惧心理之后一定能够做得很好。七型人在职场的影响力主要应该这样打造。

（1）学会使用人生的第一笔财富——苦难。若我们纵观全世界伟人的成长史，就不难发现：几乎伟人都在苦难中成长。可以说苦难与伟大常相伴，简直就是一对孪生儿。吃苦也许算不上是乐趣，但是当你实现你的目标之后，你会笑对人生，会感慨曾经吃的苦是一种乐趣和财富。

（2）不为金钱所累，工作自然快乐。让金钱为我所用，为人所用，而不要成为不肯花钱的可怜的守财奴。人生是一次没有返程票的旅行，只有摆脱金钱的累赘和捆绑，才能品尝到工作的意义与人生的快乐。

（3）做个洒脱的快乐人，成为他人最轻松的朋友，不会给周围人带去任何压力，这将会让越来越多的人喜欢你。

（4）做事不要虎头蛇尾，要有恒心和耐心。如果三心二意，没有自己的主见，也没有坚持梦想的勇气，那么成功就不会轻易垂青于你。

（5）要培养自己宠辱不惊的淡定力。宠辱不惊，是一门生活艺术，更是一种处世智慧。生活中有褒有贬，有毁有誉，有荣有辱，这是人生的寻常际遇，不足为奇，更应该坦然面对。

职场成长的智慧点拨

●七型人成就职场的完美攻略

◆考虑学习静坐冥想，明白成长过程也有沉闷的一刻，接受这是人生的一部分。

◆练习完成一件事后再开始另一件事。

◆学习着坦然地接受批评及矛盾。

◆学会控制自己要解决问题的冲动。

◆不要小看那些比自己差的人，或自以为比一些不够活跃及乐观的人强。

◆明白乐趣只是故事的一半，提醒自己可能只知道事情的一半，或许要清楚什么是痛。

◆不要被层出不穷的意念所吞噬，学习慢一点去欣赏每一件事的起、承、转、合。

◆学习自律，做事要有条理，编排好工作优先次序。

◆小心自己那自圆其说的习惯，特别是解释自己的失败或道德操守的失误。

◆学习聆听，而不用想好下一句你将会说的是什么。沟通并非一定要赢过别人，重要的是能易地而处。

职场人脉经

“吹”出来的“万人迷”

“万人迷”这个词语用在享乐主义者的身上再合适不过。他们非常合群，而且能说会道；他们魅力十足，喜欢享乐。无论你提议干什么，他们都想干；无论你提议去哪里，他们都想去。享乐主义者热情直率，他们习惯于用夸张的肢体动作（如拥抱、拍打或抚摸等）来表达自己的情绪。

不过，在成为“万人迷”的同时，他们逃避问题及避开不利处境的性格倾向常常使他们成为名副其实的吹牛大王。心理学家解释说，享乐主义者喜欢夸大自己的能力和身份，实际上是出于心理补偿。吹牛既是为了弥补落差，在心理上达到理想自我的境界，也是出于让自己充满吸引力、希望得到其他人的崇拜和爱慕。他们期望借助大话提高自信、降低内心的恐惧和焦虑，当对手向自己进行挑战时，就可以通过吹牛在刻意“蔑视”对手的同时，增强自信心。

了解了享乐主义者惯于吹牛的原因，与其交往，我们就可以做到有的放矢：

1. 给他们自我展示的机会

例如，明明知道他们在吹牛，也要认真倾听，适时赞美；在参加集体活动时，鼓励他们表演节目，适当表现自己。总之，利用一切办法满足他们自我表现的欲望。当他们认为别人已经看到自己的价值时，自然不再会用吹牛的方法来吸引别人的注意力。

2. 不要对他们进行过分的夸奖

过度的夸奖，易给享乐主义者带来心理负担，使他们朝两个方向发展，要么变得焦虑，遇到困难容易退却；要么产生“我比谁都强”的心理，不允许或不能接受别人超过自己的事实。每当这种情况出现时，善于逃避现实的享乐主义者便开始编织一个又一个理想中的情景来麻痹自己。因此，在夸奖他们时一定要实事求是，不要夸大其词，在表扬的前提下指出不足之处。

3. 以身作则，树立好榜样

俗话说："近朱者赤，近墨者黑。"如果我们平常就把牛吹得满天飞，当别人发现事实并不是那样的时候，就会产生一种被欺骗的感觉，继而自己也陷入吹牛的旋涡。所以，自己一定要以身作则，为别人树立一个良好的榜样。

运用你的人格魅力

随便打断别人说话或中途插话，是有失礼貌的行为。但七型人存在着这样的陋习，结果往往在不经意间就破坏了自己的人际关系。

七型人总是在别人津津有味地谈着某件事的时候，在说到高兴处时，冷不防地半路杀进来，让别人猝不及防，不得不偃旗息鼓。他们不会预先告诉你，说他要插话了。他们插话时有时会不管你说的是什么，而将话题转移到自己感兴趣的方面去，有时是代替你把结论说出，以此得意扬扬地炫耀自己的光彩。无论是哪种情况，都会让别人顿生厌恶之感，因为随便打断别人说话的人根本就不知道尊重别人。

培根曾说："打断别人、乱插话的人，甚至比发言冗长者更令人生厌。"打断别人说话是一种无礼的行为。但是在社交场合中，要想提高自己的影响力，就必须插话。

如何恰当地参与他人的谈话，并表达出自己的观点？七型人需掌握以下技巧：

1. 发言适时

发言要善于见缝插针，首先要抓住交谈节拍。抓住节拍，插话就显得协调、合拍，就等于驾驭了交谈局面。其次要把握时机，等别人把话说完后，在交谈的空隙处及时发话。

2. 恰当自然

交谈是多边的交流活动，作为谈话中的一员，谈话内容应服从统一话题，不能岔开话题，兀自弹琴。插话可以从前面的谈话中抓住一点作为源头，将别人的话做一小结，然后发表自己的意见，把话题推向实质性阶段。

3. 以商谈的口气

插话应以交换意见的语气进行，谈自己的认识多用"我以为"、"我觉得"等词语，可以增加交谈的探讨气氛。

4. 观点独到

插话应选择独特角度，发表独到的见解，力求给人耳目一新的感觉。插话能激起大家的兴趣，并把话题引向纵深，才能给人以深刻的印象。

职场修心坊

追求快乐的职场修心秘诀

情绪不仅是一种心理体验，也是一种物化过程。悲观不仅会给身体带来很大的伤害，也会给精神带来极大的负担，而乐观则会给身心都带来很大的欢乐享受。生活中，并非人人都是享乐主义者，即使是七型人，也并非每时每刻都感到愉快。那么，应该如何培养乐观情绪呢？不妨试试以下方法：

（1）体会成功的喜悦。成功是培养乐观情绪非常有效的手段。

（2）要有一个心理安全带。凡事都应设想一下可能出现的最糟糕的结果并制订出应变计划，以便到时从容不迫地应对。

（3）多与有成就者和乐观者交往。

（4）利用镜子，露出一个很开心的笑容，挺起胸膛，深吸一口气，然后唱一小段歌，如果不能唱，就吹口哨，若是你不会吹口哨，就哼哼歌，记住自己快乐的表情。

（5）坚持微笑待人。

（6）学习运用幽默。幽默是能在生活中发现快乐的特殊的情绪表现，可以从容应付许多令人不快、烦恼，甚至痛苦、悲哀的事情。

（7）正确对待消极念头。出现消极念头时不要急于摆脱，接受它，并用下一项工作来克服它。

（8）保持良好的身体状态，多进行体育锻炼。

（9）注意修饰外表。

（10）多参加有益的社交活动。

处事小辞典

七型人的行为哲理

七型人喜欢与他人分享、合作，他们不很在乎领导说什么，更希望听自己的同事说“你真好”、“你太棒了”。由于他们不断地与人分享，因此他们常常是办公室里最受欢迎的人。七型人是不折不扣的办公室宠儿。

老王是典型的享乐主义者。他学历不高，薪水也不是很高，他最大的特点就是特别爱和别人分享一些自己的事情。例如，他爱人生了女儿，他一大早就冲到公司对大家喊：“我当爸爸了！”每个月发了奖金，虽然他拿的比别人少，但是他总会买些零食回来：“来来来，发奖金了，我请客。”每次擦自己的办公桌，他总是帮那些不在的同事一起收拾干净。别人有什么困难，只要是他能帮得上的，二话不说，马上过去帮忙。在老王的带动下，整个办公室的人都十分开朗，大家的集体活动比较多，下班后经常一起出去玩，而不是像其他部门那样各回各家。在这样的环境下，大家的工作效率自然提高了很多。

懂得分享是一种聪明的生存之道。当我们摒弃自私的行为，为别人付出的时候，从某种程度上说就是帮助了自己。因为，在这个崇尚合作的环境里，没有一个人能担当全部，一个人价值的体现往往就维系在与别人互助的基础上。许多时候，与人分享自己拥有的，我们才能找到自己的位置和方向。

职场中，只有让自己的才华、热情融入整个团队，学会与别人分享、合作，才能实现工作上的双赢。

与七型人的有效沟通

西方人说：“与人交谈，犹如弹弦一样，当别人感到乏味时，便要把弦按住，使它停止振动、发声。”每个人都有一块属于自己的领地和空间，应该在沟通的时候懂得尊重他人的感受。与人交流需要讲究技巧，尤其是与同样爱说话的七型人交流。

（1）与七型人建立好感的第一步是用轻松愉快的方式和他们交谈，因为他们非常讨厌与一个沉闷、压抑的人在一起。

（2）七型人是个话匣子，即使你很爱讲话，但是为了不发生冲突，你还是应该学会倾听他们，并对他们的观点表示出兴趣，这会让他们开心自己的思想没有白白分享。

（3）如果你对他们的观点不是很认同，不要以高姿态方式批评他们，建议、委婉的态度，才能让他们更容易接受。

（4）当你对他们提出不一样的见解方案时，他们或许当时会不同意，但是他们并不是不懂思考的类型，不妨多给他们时间考虑一下，如果你的观点是正确的，他们最后还是会赞同你的方案。

（5）当发现他们心思恍惚、逃避问题的时候，要记得提醒他们先保持冷静，把问题慢慢地重新分析。

享乐者中的血型名人

A 型享乐者：林依晨

A 型血的林依晨一直是个独立、乐观、执著、积极、懂得感恩的快乐女孩。她多才多艺，歌手、演员、主持无一不通；她具有广泛的兴趣爱好，在日常生活中爱看电影、游泳、看书、听音乐、旅行、表演等等。林依晨是个乐天派，自己开心也很会招人喜爱。A 型的林依晨喜欢快乐、享受快乐，是个具有积极思想与情绪的姑娘，是较有代表性的 A 型享乐者。

林依晨对幸福很看重，她认为幸福就是要珍惜当下。她很自信，坚信自己能够有勇气去迎接和面对每一天的挑战，她认为人活着就应该活得不平凡，所以她需要明星光环的点缀。现在的她是这样看待自己的：现在的我比较能快乐地面对每个人、每个角色。这就是将快乐进行到底的 A 型享乐者：林依晨。

B 型享乐者：徐熙媛

徐熙媛作为 B 型人，崇尚简单的生活方式，即使遇到再复杂的事情，都喜欢用“简单”来处理，所以 B 型人很容易得到快乐。享受生活的每一天，让每一天都灿烂明媚，其实就是 B 型人内心最大的幸福与快乐，因为只有沉着、淡定的心灵，才能在纷繁的世界中体会并抓住最真实最有价值的东西。

在四种血型中，B 型享乐者生活得比较洒脱、自由、快乐。徐熙媛在情感中往往选择按照自己的心路来走，她敢爱也勇敢地承受伤痛的洗礼，但是她绝对不希望勉强的情感。正如当她在与周渝民相处的时间中，感觉周渝民并不适合与自己结婚的时候，她会选择立刻分手。在他人看来，徐熙媛仿佛有玩弄感情的嫌疑，其实她是太注重幸福，她说“如果前面没有路的话，为什么不在这边停？我认为在这种状况下结束感情是最好、也是最幸福的事情。”在徐熙媛看来，凡是与快乐无缘、与幸福无关的情感就应该果断放手。这就是 B 型享乐者的随性与洒脱。

O 型享乐者：姚晨

时而现实时而浪漫，时而安于传统时而追求个性，时而好强时而柔弱，多面性格的 O 型人给人太多的不同印象。他们热衷新鲜事物，但是又保有依恋传统的情结，就好像现代的返古风潮一样，那在风中飘荡的红领巾和 hello kitty 的文具盒都是她们藏留在心底最美好的童年记忆。O 型人非常具有开拓和进取精神，却也富含浪漫主义的特质。O 型血的浪漫主义不是追求形式浪漫，而更多的是一种实质浪漫。她（他）们不求情人节的花朵，不求肉麻的短信，只求失败时一个温暖的拥抱，失落时一个坚定的目光。所以说，O 型女生和男生是非常务实的伴侣。姚晨就是典型的 O 型享乐者。

姚晨在出演了情景喜剧《武林外传》后而一炮走红，她青春、欢乐的声调成为缓沉闷都市气氛的良药。现实生活中，姚晨更是十分崇尚快乐哲学，她随时都会向自己身边的人展示那如春风般亲切的笑容。在言谈举止间，她是个很懂得生活幽默的人，因此总能给别人带去轻松的愉悦。姚晨的快乐不是虚伪、不是做作，而是一种心灵的宁静与生活的态度。

AB 型享乐者：瞿颖

瞿颖，是典型的 AB 型享乐者。她曾经这样对自己评价道：“我嘛，生性乐观、心地善良、性格爽直、重视友情、有时懒惰、有时脆弱，虽然有很多面，挺复杂的，但都很容易探透，挺直的。”

瞿颖作为模特、唱歌、演员、主持、等多栖明星，从小就爱好文艺表演。当被人问到：“你当过模特和主持人，又拍电影、电视、出唱片，这么多行业都尝试过，最喜欢哪一行？瞿颖平静的回答：“我并不觉得有名有什么好，这个世界上有名的人太多了，我一直渴望的是学到很多东西。我是个没有什么野心的人，很随性。我对物质也没有特别高的追求，我穿衣服不追求名牌，我吃东西很简单。我还想学很多别的东西，比如画画、钢琴、写作、摄影、服装设计，这些我都想学。”

正是因为拥有了这样简单的人生观与价值观，所以她整天一副大大咧咧、乐呵呵的模样，与她相处也着实让人快乐无比。

职场趣味测试：你是否拥有一个健康的生活态度

你是个乐观主义者，还是个悲观主义者？你是透过亮丽的镜子，还是灰暗的镜子来看待人生？做完这套试题，你就明白了。不过这里要向明了自己性格的人们进一言：乐观者切勿过于冒险而多了祸事，悲观者切勿过于保守而少了进取。

1. 如果半夜里听到有人敲门，你会认为那是坏消息，或是有麻烦发生了吗？
2. 你随身带着安全别针或一根绳子，以防衣服或别的东西裂开吗？
3. 你跟人打过赌吗？
4. 你曾梦想过赢了彩票或继承一大笔遗产吗？
5. 出门的时候，你经常带着一把伞吗？
6. 你会用收入的大部分买保险吗？
7. 度假时你曾经没预订宾馆就出门了吗？
8. 你觉得大部分的人都很诚实吗？
9. 度假时，把家门钥匙托朋友或邻居保管，你会把贵重物品事先锁起来吗？
10. 对于新的计划你总是非常热衷吗？

11. 当朋友表示一定会还时，你会答应借钱给他吗？

12. 大家计划去野餐或烤肉时，如果下雨你仍会按原计划行动吗？

13. 在一般情况下，你信任别人吗？

14. 如果有重要的约会，你会提早出门以防塞车或别的情况发生吗？

15. 每天早上起床时，你会期待美好一天的开始吗？

16. 如果医生叫你做一次身体检查，你会怀疑自己有病吗？

17. 收到意外寄来的包裹时，你会特别开心吗？

18. 你会随心所欲地花钱，等花完以后再发愁吗？

19. 上飞机前你会买保险吗？

20. 你对未来的生活充满希望吗？

评分标准：

每道题答“是”得1分，答“否”得0分。

测试结果：

0～7分：你是个标准的悲观主义者，看人生总是看到不好的那一面。身为悲观主义者，唯一的好处是你从来不往好处想，所以很少失望。然而，以悲观的态度面对人生，却又有太多的不利。你随时会担心失败，因此宁愿不去尝试新的事物，尤其遇到困难时你的悲观会使让你觉得人生更灰暗。解决这一问题的唯一办法，就是以积极的态度去面对每一件事和每一个人，即使偶尔会感到失望，你仍可以增加信心。

8～14分：你对人生的态度比较正常。不过你仍然可以再一进步，只要你学会以积极的态度来应付人生的起伏。

15～20分：你是个标准的乐观主义者。看人生总是看到好的一面，将失望和困难摆到一旁，不过，过分乐观也会使你对事情掉以轻心，反而误事。

八型领导者：没有魄力，就没有领导力

职场心理课

性格论证

八型人乐观自信、果断、行动力强，爱伸张正义。他们认为世界充满挑战和不平，只有做一个强者才能战胜环境、助强扶弱、贡献社会，他们就是这样的强者。正是因为他们有匡扶正义、帮助弱者的理想，所以他们认为最重要的事情就是掌握权力、控制局面。

八型人有一种强大的自信和意志力，自强不息的信念一直在驱动着他们，无论遇到多大的困难、挑战，他们都相信一定能解决，一定能冲过去。

八型人是敢说敢做、直来直去的人，他们完全相信自己的能力，一般不会变通或迂回。八型人有时候为了达到目标，可能会忽略行为的后果而付出代价。

●性格亮点

八型人天生就喜欢权力和控制。他们追求权力不仅是为了保护自己，同时也是为了帮助他人、维护正义。

八型人是典型的“困难领导者”，越是面对困难、障碍时，他们越是表现出对领导权的忠诚，越能脱颖而出，直接面对挑战。

八型人充满力量和热情，慷慨大方，在团队中能给人力量和安全感。

●局限和困扰

八型人选择做事的方法一般是最硬的一种，喜欢白刃战，缺乏弹性。所以，在公司里，他的有些决策会消耗资源。

八型人给自己的压力很大，总认为做一件事情就要拼命才可以。当他看到外界（其中包括竞争对手）的变化时，他就会很敏感，会想尽一切办法来增强自己的控制能力。当局势不在自己的控制范围内时，八型人会非常沮丧。

由于八型人在压力大的时候脾气会很暴躁，因此容易得罪人，造成企业内部人员不和。

职场特色

职场中，八型人注重细节与速战速决。这类人做决定的速度很快，但性子急、想法太过天真、缺乏深思熟虑的一面。拥有领导者的特质，但过于独断，并且不相信别人，且有“凡事求快”、“不想落于人后”的竞争心。

由于经历得多，感悟也会多，他们懂得什么是人生的追求，善于明辨是非，相信“善有善报、恶有恶报”，正义在他们身上得到了最大的展现。

他们敢于迎接工作的挑战以及克服困难，尊重诚信且有实力的对手。想问题、做事情追求公平、公正。

职场优势

在职场中，八型人最主要的职场优势如下：

（1）富有领导才能、组织力，能激励团体中的成员全力以赴，为目标奋斗。

（2）能够以身作则，富有决断力，不会出尔反尔。

（3）不畏艰难，遇到问题立刻思考解决方法。

（4）不为情绪所左右，可以在极大的精神压力下处理很大的危机。

（5）有开创力，不会因循守旧，在事业上能够出位。

（6）目标明确，处事效率极高。

（7）斗志旺盛，永不言败；维护正义，不平则鸣。

（8）对合作者忠诚。

职场劣势

在职场中，八型人最主要的职场劣势如下：

（1）太过极端，认为只有自己的观点是最正确的。

（2）对权力的控制欲很强，不懂适当下放权力。

（3）位居高位的时候，容易自大，也容易树敌。

（4）直接表达自己的情绪，看不惯的人或者事物，坚决反对。

（5）工作中出现差错的时候，首先责怪的是他人。

（6）专横跋扈，复仇心重，没有同情心。

（7）在工作中，不会顾及他人的感受，并习惯干涉他人的工作。

（8）激进、偏执、一意孤行，具攻击性、煽动性。

职场心理操控

八型人具有突出的领导特质，在生活与工作中一直充当着了不起的角色，他们渴望保护他人、给他人带来安全感；他们追求公平与公正，希望能让自己的力量为更多人带去稳定的福音。但是八型人却经常感到失落，经常觉得心里面存在着一种令人压抑的负重。于是，八型人需要认知并学习操控心理的必要性。

（1）不要一味地追求公平。实际上，绝对的公平并不存在。在生活中由于受到公平的心理影响，当公平没有出现时，就会感到愤怒、忧虑。但是许多不公平的经历是无法逃避，也是无法选择的，我们只能接受已经存在的事实并进行自我调整，抗拒不但可能毁了自己的职业生涯，而且可能会使自己精神崩溃。因此，在面对无法改变不公和不幸的厄运时，要学会接受它、适应它。

（2）与他人沟通时，不要习惯性的用指导性语言去教导、指正别人。虽然，有时善意的指导确实对别人有益，但动不动就要以“自己很棒、很厉害”、“我来指导你”的态度来指正对方，则常会引来别人的反感与厌恶。

（3）懂得对他人的敬重，懂得让自己谦逊。当一个人位居高位时，谦恭只会让他的形象更高大，而傲慢无礼只会让他显得卑微，别人会用各种各样怀疑的眼光怀疑他是否有领导者的素质与修养。有一位名人说过：“伟大人物的伟大之处往往体现在他对待小人物的时候。”

职场读心术

所谓细节决定成败，若想知道谁是八型领导者，不妨从生活细节入手。生活经验告诉我们，一般说来，具有以下特征的人具有领导能力：

1. 速战速决

这类人做决定的速度很快，由于他们生性很急又很要强，凡事都不愿意落在他人的后面。所以当他们接到项目之后，往往在没有经过深思熟虑的情况下就已经开始着手进行了。

2. 领带黑色、衬衫白色的人

黑白分明是对于阅历丰富之人的形容，所以喜欢这种打扮的人多为稳健老成的八型人。他们喜欢庄重、穿着正式，常常用简单的黑白配色来凸显自己的领导气质与知性的才学。

八型上司的心理解读

八型上司是一个很有魄力的领导者，他们倾向于用权力与威信来威吓到别人。他们脾气暴躁，但不会在意别人对他们的暴躁有什么看法，他们这样回答："没有脾气，怎么来的威力？"

他们拥有很强的控制欲，因此难以下放权力。他们可能会大胆地利用权力去追求利益。他们善于以消除歧见来让他人与自己达到一致的默契。他们的强势领导风格，却隐含着对公平的追求，因此会受到人们的欢迎。

八型上司的处世态度是要改变不安定以及未知的环境，以此来追求一种稳定的统一。他们鄙视心智懦弱的人，而欣赏能够与自己公平竞争的对手。在八型上司看来，真正的强者是不惧怕挑战与失败的，因为不管这二者的结果如何，都会给自己带来一种新的提升。

如何与八型上司相处

与八型上司和谐共处，主要应该注意以下几点：

(1) 作为八型上司的下属，千万不要任何小事都跑去向他们汇报，因为他们讨厌没有处理工作能力的弱者。

(2) 向八型上司汇报工作，要简明扼要，他们是分秒必争的人，如果因为你的啰唆而浪费了他们的时间，他们会对你产生极大地不耐烦。

(3) 与八型上司相处，一定要注意维护他们的权威，在外人面前给足他们面子。因为八型上司很自尊，也挺自以为是。

(4) 当有意见要提的时候，要试探着用商量或者征询的口吻来向八型上司表达质疑。以免让他们感觉到你在针对他们的决策。

(5) 与八型上司相处，最好不要阿谀奉承，他们欣赏不是只会说好话、空话的人，而是坦诚、率真、能干、追求上进的人。

(6) 八型上司是“吃软不吃硬”的典型，因此与他们沟通的时候，应保持大方坦然、温和低调的态度。

(7) 当表达自己的观点的时候，应该清晰、直接、肯定的表达，切忌说话吞吞吐吐，态度上犹豫不决。

(8) 即使受到了八型上司的责骂也不要太放在心上，因为他们很快又会像什么都没发生一样的亲和的对待你。

八型下属的心理解读

八型下属能给身边的同事带来独一无二的安全感。他们习惯并且也热衷于捍卫弱者、保护他人。他们独自奋斗的时间较多，因为他们本身的能力很强，他们有远大理想、有正义感，有勇也有谋。

当八型人处于下属位置的时候，他们会尽量忽视被人领导的事实。他们不喜欢自己的领导总是一副高高在上的姿态，否则他们会对领导的权威进行挑战，八型下属是个永远都不会畏惧挑战的人。

八型下属这种强势的自我，并非天生。他们多数经历了比其他人更多的大起大落，在困境中他们领悟到软弱会让自己显得如此渺小，也让自己被厚重的羞辱感所包围。于是，八型下属毅然决定做强者。因此，他们会鼓励自己去面对各种挑战，他们欣慰于从每次挑战中得到能力的提升。

如何与八型下属相处

与八型下属和谐共处，主要应该注意以下几点：

(1) 懂得尊重他们，不要在公众场合批评或对他们的想法提出反对意见，否则容易引致他们的逆反心理。

(2) 给八型下属提建议的时候，注意要把建议重点放在工作结果上，即通过要求达到的工作成果，而提出事实案例进行描述。这样他们不会感觉自己在被“掌控”。

（3）与八型下属交流，表达方式尽量亲切、和善，委婉的表达比正面的批评更有效。

（4）作为八型下属的上司，也应该具备强硬的工作能力与领导素质，这样才会让他们臣服。

（5）激励八型下属的最佳方式是充分信任他们，并给予他们相对的权力，让独立处理工作中的问题，这样会激发他们的热情以及出色的组织和管理能力。

职场成长吧

找准职场定位

对于八型人来说，在职场中摸爬滚打是件很刺激也很值得享受的事情。在多数情况下，八型人都能够很好的体现自己的工作能力、实现自我的工作价值。

适合八型人的工作环境：能够独立作业、容许自己领导、控制、组织团队的环境，以及具有挑战性、具有压力的工作，比如经理、销售、业务员等。

不适合八型人的工作环境：不适合与人分享权力的工作，更不愿意在被他人操纵的环境中工作。

职场影响力的打造

八型人领导者永远像雄狮一样充满威严、尊贵而勇敢，他们是最有勇气的人，也是最能捍卫利益的人。他们往往具有很大的职场影响力，而扩大自身影响力的途径主要有如下：

（1）他们对强权从来不会屈服，而是积极地投入战斗。无论这利益是他们自身的，还是他们所希望保护的人的，只要他们认定了，他们就一定能够坚持到底。孟子说的“威武不能屈”正是八型人领导者的勇猛形象。

（2）一位伟大的哲人说：“勇气很有理由被当做人的德行之首，因为这种德行保证了其余的德行。”作为最有领导天赋的人，很容易志得意满，刚愎自用，进而听不进别人的忠告，尤其是下属的建议，于是往往因为太过自信而错失良机。殊不知，职场影响力的打造，离不开倾听与谦逊的德行。即善于听取忠告是增强领导者魅力的重要方式之一。

（3）除了倾听之外，八型人领导者还应努力控制一下自己的情绪。在所有的负面情绪中愤怒是最激烈的一种，并且也是影响最大的一种。愤怒的情绪除了能伤害他人外，也能伤害自己。破坏自己在他人心目中的形象。

（4）让权利的疆域与责任的重量成正比。权力越大责任越大，没有无责任的权力，正如丘吉尔说，伟大的代价是责任一样，权力让我们向往，但责任也如影随形，它们一胞双生。只有认真承担了相应的责任，才可能赢得他人的敬重。

职场成长的智慧点拨

●八型人成就职场的完美攻略

◆学会接受他人的帮助，这并不是软弱无能的表现。

◆尊重你制定的规则，因为权力无须靠破坏规则来证明。

◆启动自己的内在感觉，认识到自己的弱点。

◆努力发现他人行为的逻辑性和正确性，允许他人坚持不同的观点。

◆学会延迟情感的表达，在准备发火之前，先在心里倒数 10 下。

◆不要总是从外界寻找问题的根源，学会从自己身上找问题。

◆学会承认自己的错误。

◆问自己这件事情值不值得做，问自己愿不愿意承担事情的后果。

职场人脉经

别让“命令”吓跑人缘

许微是领导型人格的一个典型。最初她在一所中学当老师，离职后，转任人寿保险公司业务员。由于性格所致，在与同事、客户说话时，她常不自觉地说："我这样讲，你懂不懂？"或是："你懂我的意思吗？"有时，她也会脱口告诉朋友："哎呀，你衣服不能这么穿啦！"

后来，有个男同事对她说："我们是你的同事，不是你的学生，拜托你讲话时，不要一直问我们'懂不懂'好不好，好像我们都很笨的样子！"

的确，八型领导者与周围人沟通时，习惯用指导性语言去教导、指正别人。不管自己懂不懂，也不管自己做得好不好，他们都习惯指导别人该怎么做。

虽然有时善意的指导确实对别人有益，但对不熟、刚认识的人，或在公开的场合，动不动就要以"自己很棒、很厉害"、"我来指导你"的态度来指正对方，常会引来别人的反感与讨厌。

因此，具备领导型人格的人，千万不能使用过多的指导性语言，因为这些语言如果用得不恰当，或用得太多，就会变成批评，甚至是找碴。指导性语言通常带有上对下的教训口吻，对方听起来就会不高兴，这有违平等交流的原则。因为不管是名流显贵还是平民百姓，作为交谈的双方，他们都应该是平等的。

对你身边的人多加一些关心的问候语，他一定会先感到惊讶，然后喜形于色，说不定这一问候语就是你俩友谊的开端，能让你们成为无话不谈的好朋友。这比令人生厌的指导命令性话语好得多。

运用你的人格魅力

八型人总是喜欢戴着有色眼镜看人，对自己喜欢的人十分看重，无论对方做什么，他都认为是对的；而对自己看不惯的人，则不屑与其交往。

事实上，不管是喜欢的人，还是不喜欢的人，都应该尊重他们，这是人和人之间交往时最基本的准则。我们可以不喜欢某个人，但没有理由不尊重他，除非他是一个品德败坏的人。因此，八型人应该提升自己的人格魅力，果断地将看人的有色眼镜摘掉，才能赢得更大的号召力与影响力。

当你发现自己戴着有色眼镜看人时，可以这样提醒自己：

（1）喜欢与尊重是两个不同的概念，你可以不喜欢很多人，但你一定要尊重所有人。

（2）尊重他人是一种美德，尊重是人际交往的前提。

（3）除了要尊重家里的长辈、学校的老师、亲戚朋友，还要尊重那些为我们提供各种服务的人。不管他们从事什么工作，我们都应该对他们表示尊重。

职场修心坊

有勇有谋的职场修心秘诀

八型领导者多数狂妄自大，因为他们得意于过人的领导才能。一个人有能力有才华多半会显得自信，自信和自负仅有一字之差，也很容易越位。因此，领导者仍需要在实力中修炼勇敢与谋略的力量。

（1）意识到自己喜欢将对抗看做是发展信任的一种方式，喜欢寻找竞争对手。这是一种敢于挑战的心理。

（2）意识到当自己感觉到很厌烦的时候，实际上是在掩饰其他的不良情绪。应注意在烦闷的时候，将郁闷适当的发泄出来。

（3）能够感觉出自己的气度与包容，即允许他人坚持不同的观点，喜欢从他人那里学习优点。

（4）有时候为了表现自己的威严与自信，往往习惯将真实感觉压抑在心底，殊不知逃避负面情绪，却让自己更加压抑。不妨勇敢地面对自己的情绪，学着做情绪的主人。

（5）应该多反思一下自己为什么总是不愿意看到自己的缺点，试着用于承担错误、敢于担当。

（6）试着向他人的真理妥协，并不是只有自己的想法才是正确的。

处事小辞典

八型人的行为哲理

从八型人的为人处世，我们得到了这样一句哲理：永远不要用权威去压制真理。

在九型人格中最易怒的是八型人与一型人，他们的愤怒来自不同的事情：通常，八型人喜欢发号施令，当听到反对的声音时，他们就会容易变得暴躁易怒，他们习惯将权力（即权威）等同于威信（影响力）。而一型完美主义者一般是看到别人不能很好完成事情，或者所做的事情不符合他们的原则，那么他们会变得易怒，然后指责一番自己再动手。曾有智者说过人性中最大的两个弱点是愤怒与欲望。

狂躁易怒的性格，会破坏自己在人们心中的形象，因此会失去很多机会。遗憾之余，让人想起了一句话：性格决定命运。权威与威信的最大不同在于，前者要依靠权力的实行来保证事情的进行，所以被“命令者”常常会感到不被尊重，心不甘情不愿；后者的实行则完全在于人的内心情感，你可能没有手握权力，但是你一样可以号令天下，这种被“号令者”心甘情愿的心态正是权威者所没有的。

九型人格中八型人以其卓越的领导力与远见卓识让他常常成为中心人物，但是也正是因为如此，八型人很喜欢用命令的口吻让别人替他做事情，尽管这可能是他分内之事，他也不会客气，仿佛理所应当。这种个性上的风格带到管理中或者与他人的交往中，时间长了很容易造成“怨声载道”、“众叛亲离”。

八型人这样的天生的领军人物很容易自负，看不清自己的毛病。一旦他们能够自省，懂得最简单的管理道理——权威不代表威信，那么他们将会成为备受欢迎的领袖。

与八型人的有效沟通

与八型人的有效沟通，需要知道的技巧：

（1）保持眼神的交流，多寻找一些亲切的话题。

（2）对八型人的鼓励与支持胜于赞美，因为八型人对自己的实力很清楚，不需要他人的提醒，而且对爱说奉承话的人会产生不信任。

（3）沟通过程中，说话要尽量说重点，否则八型人会对你产生严重的不耐烦感。

（4）不要害怕与八型人在沟通中产生冲突，因为冲突对他们来说或许是进一步沟通的开始。尤其是当他们发现你是个正直、诚信、值得结交的人的时候，他们会对你的勇气赞赏有加。

（5）不要对他们说谎，更不要试图玩弄权术、操纵他们，他们最痛恨的就是不够真诚与光明正大的人。

（6）给他们提意见的时候，应该直接将八型人的缺点指出来，而不是取笑或讽刺，否则A型人发起脾气是不留任何情面的。

领导者中的血型名人

A型领导者：福特

A型领导者有一种一如既往，坚忍不拔的个性，一旦决定了目标，就会不遗余力地去行动。他们一般自有一套答案与做法，不管与他人讨论、研究什么问题都不采纳他人的意见，给人一种目中无人、我行我素的感觉。A型领导者即使受到打击被逼入困境当中，也会以超凡的毅力忍耐着，而不愿变更自己设定的想法，非常之顽固。所以他们即使失败，也不会表现于言辞与表情。总体而言，具有A型特质的人，其责任感总是异常强烈，一旦感到未尽到完全的责任，内心的自我责备比任何人都严厉，对自己相当严谨苛刻。汽车大王亨利·福特就是A型领导者的典型代表。

亨利·福特是福特公司的建立者。在福特13岁那年的夏天，无意中看到了无轨蒸汽机，他十分感兴趣，开始研究内燃机。具有A型禀赋的他经常一个人独自探索研究，经过多年的反复实验，他终于发明了一台牵引机。凭借着第一次成功的探索，福特决心开创自己的事业。尽管创业的路程起伏坎坷，充满了不尽的困难，但福特没有轻言放弃，又凭着自己顽强毅力，数年之后在图纸上发明了汽车。之后，福特到爱迪生照明公司当工程师，他总干夜班，以便有更充裕的研究时间。那时他生活很是拮据，月薪仅有四十五美元。为了做实验，他到处去搜集自己需要的材料。后来，福特辞去了有稳定职务和收入的爱迪生照明公司的工作，开始了公司创业的风险路途。他如愿以偿地但任了由底特律政府和有钱人共同出资建立的汽车公司的机械主管和总工程师。这就是A型领导者不畏惧挫折、勇于挑战、敢于担当的气魄。

B型领导者：阿德南·哈肖奇

要问当今世界到底谁是全球头号大富翁，答案不是人们所熟知的比尔·盖茨，而是沙特阿拉伯的阿德南·哈肖奇。他靠当军人交易中介商拿佣金起家，是当今世界上第一号军火掮客，也是个大实业家和国务活动家。他挥金如土，但财源总是源源不断地滚来。他的一生充满了传奇与冒险双重色彩。在他的身上，我们不难发现B型领导者中精明过人、胆大冒险、慷慨大方等特点。

哈肖奇很小就聪明绝顶，他从不花费精力在功课上，但成绩却不差。在上学期间，他的把心思都放在了赚钱上，尤其注意同学中那些家里做生意的，他把他们家做什么生意、经营什么货物、开办什么公司以及公司设立的地址等，都记得清清楚楚。靠此给有购货销货需要的同学提供有用的消息，充当中介角色赚取佣金。

后来，父亲认为他不务正业，又把他送到了美国学习，但他的心思仍放在做生意赚钱上。他利用父亲给他的购车费和生活费买了两辆大卡车，然后靠出租收取租赁费。当他还是18岁的大学生时，就已经成了美国西雅图卡车制造公司的代理商。在开展自己的业务过程中依靠自己尽管会遇到很多的困难，但是他勇于克服，不会被困难所吓到，再加上他注重人脉的积累，促使哈肖奇变成了西方大公司的抢手人物，在阿拉伯世界中的地位和影响力也越来越大。

O型领导者：张曼玉

O型领导者是一群有魄力、有实力的人，他们具有采用切实方法解决疑难问题的能力。很多人在问题面前手足无措，一旦自己和O型人接触，便不由自主地钦佩他们解决问题的能力。

张曼玉作为O型领导者，是这样解决疑难问题的：

刚进入演艺圈的时候，张曼玉只想在银幕上扮靓，只肯演妩媚动人的少女。演了几部电影之后，却没有得到预期的效果。在屡遭挫折的情况下，张曼玉痛定思痛，放弃了那些无意义的坚持，决定改变戏路。她终于明白了，演戏首先要选对适合自己的戏路，更重要的是要不断地创新。一个演员可以把一个角色或一类角色塑造得很完美，但这并不是一个好演员，在张曼玉看来“一个好演员，什么角色都能胜任”。要达到这个要求就必须在角色中不停的注入新鲜的血液，只有这样，才能让角色更有新意，更加鲜活。

于是张曼玉不再固执的拘泥于一类角色之中，努力塑造不同类的人物。即使是一类角色，也力求演出新意。在张曼玉的精心打造下，一个接一个全新的角色就出现了。她因此也受到了众多人的喜欢与追捧。张曼玉相信“方法总比问题多”。在形形色色的问题面前，在人生的每一次关键时刻，带着思想的人会灵活地运用智慧，做最正确的判断，选择属于自己的正确方向。

AB型领导者：默多克

作为AB型领导者，做事情更加具备冒险精神。AB血型的矛盾性刺激着他们不断地冒险、渴望从平凡生活中脱离出来。AB血型的默多克就是一个典型的冒险家。

默多克作为国际知名的传媒大亨，在他22岁时从父亲手中过了的阿德莱德《新闻报》，凭借自己的创意以及敢想敢做的气魄，他在很短的时间里就将名不见经传的《新闻报》迅速扩展成为一个囊括澳大利亚、美洲、欧洲、亚洲在内的传媒帝国。他甚至一生都在做着令金融界瞠目结舌的事情，但是他没有为存在的困难与危险所吓到。于是在1988年，他又成功地以30亿美元接收了三角出版公司，完成了对他来说最宏大的工程。

默多克总是雄心勃勃、爱好冒险、有过人的胆识与远大的眼光，因此他可以如此成功。

职场趣味测试：你具备亲和力吗

亲和力是一个领导者必备的素质，是领导和下属之间的黏合剂。想让下属认同你，追随你，就要具备亲和力。要想知道你是否具备亲和力，赶紧来测试一下吧。

1. 近期工作很多，你的下属却在此时提出请假，而且是因为私人的事情（对他来说很重要），你会怎么做呢？

A. 由于太忙，不予批准

B. 告诉他你很想帮助他，但现在实在是太忙了

C. 给他一定的时间，让他安心处理好事情，尽可能地给予帮助

2. 假如你是刚上任的部门经理，你会怎样处理与下属的关系？

A. 公是公、私是私，不与下属有过多私人交往

B. 新官上任三把火，对下属严格要求，树立自己的威信

C. 主动与下属交朋友，参加集体活动

3. 作为经理，在实施重要计划之前，你认为：

A. 先取得下属的赞同　　B. 自己要有魄力决定一切

C. 由下属决定一切

4. 你对下属的看法是：

A. 对能力较差的下属应多监督　　B. 亲近能力较强的下属

C. 以平等的态度对待每一名下属

5. 如果你是位经理，你的下属生病请假了，你会怎么做呢？

A. 利用业余时间去照顾他，希望他早日康复

B. 打个电话问候一下

C. 一听说他生病了就去看他

6. 你是经理，一位下属向你提出有关提高效率的建议，他的建议是你过去已想过并打算实施的，那么，下面哪种方法较好？

A. 告诉他你真实的想法，但也对他给予充分的肯定

B. 闭口不提你以前的想法，只赞扬他的合作精神

C. 告诉他这是自己早就想到的，并且正准备实施

7. 你是经理，你的下属在工作中出了错误，给公司带来了很大的损失，公司上层准备严肃处理，此时，你会怎么办？

A. 让下属认识事情的严重性，让他作自我检讨

B. 安慰犯错的下属，告诉他谁都可能犯错

C. 与下属一起思过，主动与下属一起承担责任

8. 你希望一位执拗的同事按你的建议去做，应怎么办？

A. 尽量使他认识到建议至少有一部分出自他的头脑

B. 尽量找出他建议中的问题，让他主动放弃

C. 说出自己建议的优点，让他接受

9. 假设你是鞋店老板，有位女士来你店中买鞋，由于她右脚略大于左脚，总也找不到她能穿的鞋，你觉得应该如何解释？

A. “女士，你的右脚比左脚大”　　B. “女士，你的左脚比右脚小”

C. “女士，你的两只脚不一样大”

10. 关于对下属进行赞扬和批评，你的看法是：

A. 对犯错的下属要严厉批评，以免重蹈覆辙

B. 经常赞美下属，使他们积极工作

C. 慎用赞美，以免下属过于骄傲自满

测试结果：

1. C　2. C　3. A　4. C　5. B　6. A　7. C　8. A　9. B　10. B

答对6题以下：说明你的亲和力较差。你缺乏领导者的素质，你现在不应做成为领导者的美梦，应该在生活中、工作中多多培养自己的亲和力。与人为善、平易近人，应是你的座右铭。

答对6~8题：说明你的亲和力一般。你也许能成为领导者，可你不会是一个优秀的领导者。不必气馁，在工作中你应与同事打成一片，和他们建立深厚的友谊，如此一来，谁能说你不具备亲和力呢？

答对8题以上：说明你具有较强的亲和力。如果你成为领导者，你会注意与下属交往时的话语。你关心下属、勇于承担责任，你与员工之间存在着浓厚的友情，在你的领导下，团队内部气氛和谐。可以说，你会是一位受下属爱戴、敬仰的平易近人的领导。

九型调停者：学一分退让，讨一分和气

职场心理课

性格论证

九型人和平、友善、随和、宽容和忍耐。他们最重要的就是要维持人与人之间的和谐，维持自己外在环境的和谐，他们不喜欢争吵和冲突。当看到同事之间发生争吵和冲突的时候，他们会出面协调。他们有很强的系统能力和直觉能力。他们常常注意一件事情对整体的意义，注意整体中各个部分的协调关系。

为了追求和谐，九型人首先将自己磨得很圆，没有任何棱角。他们和善、易相处、没有太多主见，因此不爱做决定，别人说什么他们都说好，谁也不得罪，也不轻易给别人建议。九型人是生活的润滑剂，是忠实的聆听者。

●性格亮点

九型人能够提供有力的支持。九型人支持的目的，并不是让事情朝着有利于自己的方向发展，而是希望去调停、去维持和平的环境。

九型人能够倾听他人的观点，能理解他人。更重要的是，九型人能够感受到他人生活中真正重要的东西。

●局限和困扰

九型人太关注未来，太关注一件事情的意义和模式，对当下的事情看不到或者不愿意看，所以，对于眼前、当下的事情处理得不太好。

九型人的思维属于跳跃型的，容易发散，思想的速度很快，决策和行动却很慢。

当意义消失时，或兴奋点转移到更有意义的事情上，九型人会快速放弃原来的事情，行动上出现“盲动”。

人事影响决策，九型人管理者往往会陷入人事困境。

职场特色

九型人之所以被称为调停者，因为他们是非常善于利用关系来办事的一群人。他们在面临重大问题的时候总能找到“能用”的人，他们清楚周围人的强项与短处，懂得怎么用人。九型人的职场特色可以用历史人物刘邦来说明。

九型人的代表人物刘邦，取得天下后，深刻总结了自己成功的经验：“夫运筹帷幄之中，决胜千里之外，吾不如子房（张良）；镇国家，抚百姓，张饷馈，不绝粮道，吾不如萧何；连百万之众，战必胜，攻必取，吾不如韩信。三者皆人杰，吾能用之，此吾所以取天下者也！”

刘邦的个人能力也许不强，但是他能将最强的人留在自己身边，并统领他们，这种能力是九型调停者的突出地方。

调停者不会是某个领域的专家，但他是最有可能将各路英雄聚集起来的那一个人。

九型人在工作的规划中，却往往容易造成主次不分明的状态，即会先去完成不重要的事情。出现问题的时候还喜欢去指责别人，而不愿意先冷静地反思一下自己的失误。再加上他们热衷于组织、调和的特质，常常会自己给自己带来很多的事情，感觉已经超负荷运转了，却还对别人的事情乐此不疲。

职场优势

在职场中，九型人主要的职场优势如下：

（1）能够轻易观察出别人的才干和潜能。

（2）做事情有耐性，乐于倾听别人的疑难，并有能力稳定他人的情绪。

（3）只要与身边的人合得来，工作的热情异常高涨。

（4）对待同事处处表现关怀及支持，与大多数人相处得很好，投射正面积极及友善的形象。

（5）善于累积资讯、注重工作细节。

（6）思考问题平和冷静，不会对任何事情妄下断语。

（7）作为出色的调停者，能够平等对待不同身份以及不同类型的人，希望并试图维护好友好的工作氛围。

（8）工作非常自觉，工作效率也很高。

（9）能够平静接受公平的批判，但通常在别人责备之前已做了自我批判。

职场劣势

在职场中，九型人主要的职场劣势如下：

（1）不能集中注意力，总是太关注细节和次要的东西，而忽略了主要问题的作用。

（2）对他人的纠纷付出太多，忽视了自己与家人的感受。

（3）容易出现自贬、懒散、懈怠的不良情绪。

（4）虽然对团队的和谐非常关注，却不善于把团队中出现的问题以及建议大胆地讲出来。

（5）做事情的立场不够坚定，容易被他人的理论影响。

（6）遇到问题的时候，习惯逃避而不是积极面对。

职场心理操控

调停者是九种人格中最看重和平的人，他们因为能够理解各种人的观点而具备“和事佬”的能力，正因为能够认同各方的观点而导致做事情没有了自己的主见。没有了主见，调停者的心理难免会有慌乱与不安的感觉。为此，调停者需要在反思的心态中，了解一下如何才能做到操控自己的心理。

（1）正视自己优柔寡断的缺点，认清自己的长处与短处，再具体决定做哪一件事、怎样做，并做到扬长避短。

（2）克服优柔寡断，还要懂得选择与放弃，选择自己的优势所在，放弃不现实的追求。对于已经选定的事情，应立即投入行动，只有这样，才不会坐失良机。

（3）明白快乐来源于对生活的满足，而不愿与人争斗的个性虽然能带给自己美好的心情，但是如果调和不够周到，也会招致他人的反对与批评。因此，调停者要注重在生活中修炼自己的处世之道，多看一些相关资料，多研究一些人们的心理，这样将会有助于实现调和身份的公正。

职场读心术

如果你看到一个人经常两脚并拢或自然站立，双手背在身后，那么他们多数具有九型人格。他们大多在感情上比较急躁，经常看到他们对一个人猛追紧缠，也经常听到他们发誓不娶，如果让他们去经受爱情的长期考验，则大多数会成为爱情的逃避者。

他们与别人相处一般比较融洽，很大的原因是由于他们很少对别人说“不”。

他们在工作中不会有什么开拓和创新的精神，但踏实到毫无反对意见的地步。他们不是“拍马屁”的高手，甚至他们不知道该怎样“拍马屁”，但他们经常“拍到马屁”，应该说是他们运气很好。

他们的快乐来源于他们对生活的满足，而不愿与人争斗的个性既带给他们美好的心情，也带给他们愤怒。

九型上司的心理解读

九型上司是一个懂得放权、善于用技巧与下属沟通的人。他们在管理中不依靠权威、不借助直接命令，而是凭借亲切的态度，以及与他人建立的默契来激励人心并推动管理。

九型上司会坦然地放权给自己的下属，因为他们相信下属有能力处理好。他们在工作中习惯于把注意力集中在大目标上，而把细节不分留给他人处理。

九型上司还善于与员工进行沟通，以便及时了解员工对工作的看法，进而不断改进工作的决策。同时，为了不与员工发生正面冲突，九型上司常常采用暗示的技巧，让员工注意到自己的不足之处。

在工作中，当出现问题的时候，九型上司通常会制订出有系统的解决方案，然后授权给员工来完成，对犯过错的员工，九型上司一般会用宽容的姿态鼓励他们继续努力，为公司作出贡献。

如何与九型上司相处

与九型上司和谐共处，主要应该注意以下几点：

(1) 在九型上司手下做事，要懂得安守本分，以安稳的状态完成工作任务。

(2) 不能够暴露很多本部门的工作和日常的信息，因为这会分散九型上司的精力与注意力，会给上司制造压力，九型上司也会因此会对你不满。

(3) 开展工作时，要懂得与身边的人都建立一种和谐、融洽的关系。因为九型上司很注重员工的人际和谐状态。

(4) 时常提醒自己要保持一种平和、稳定的工作状态。

(5) 切记不要在九型上司管理工作的过程中，表现得很富有野心，虽然他们并不担心你会威胁他们的地位，但是他们却很担心你会因此影响团队融洽的氛围。

九型下属的心理解读

温和的九型下属常常给人一副好脾气的印象，他们不轻易发火，他们永远温文尔雅。但是不要被他们这不温不火的个性所迷惑，那只是他们将不满放在了心里，等到无可忍受的时候，他们就会发泄出来。

九型下属在职场中善于运用中庸之道，即能够与各个意见不统一的组织产生共鸣，尽管这个时候他们是在压抑着自己的感受，但是为了维护和平的环境，他们宁愿牺牲个人的感受。

这种压抑自己的需求、见解、渴望和意志，而成就他人的做法，与其在早年的生长环境有很大关系。那是一种不能够完全按照自己的意志生存在环境，在严厉的规则下，九型人学会了向现实的屈服，进而习惯了克制自己的意愿。

如何与九型下属相处

与九型下属和谐共处，主要应该注意以下几点：

(1) 在工作安排和部署任务时，应该明确地告诉九型下属所要遵循的要求以及所要完成任务的质量以及期限。

(2) 需要帮助九型下属指出哪些工作是主要的，哪些是次要的，以免他们走上主次分配不清的道路。这样可以提高他们的工作效率，进而保证完成最终目标。

(3) 对九型下属的工作要多表示鼓励和支持，这远比施加压力更有效。因为他们会感激上司对他们的信任，同时他们本身就具有不错的工作能力和工作自觉性。

(4) 在向九型下属征询意见的时候，要耐住自己的性情，给予他们足够的时间来思考。

(5) 注重给九型下属营造一个具有安全感的氛围。

职场成长吧

找准职场定位

对于九型调停者来说，他们的头脑或许过分简单，坦白说，他们最大的愿望是追求心灵上的平静安稳。对于办公室中发生的很多冲突和权力斗争，他们常常感觉到费解，如果大家互让一步，和和气气，工作或许能更出色地完成。所以调停者没有太大的野心，工作在他们看来只不过是用来支持尊严和生活而已。

适合九型人的工作环境：朝九晚五、工作稳定且有明确的日程安排，另外调解性、细节性的工作也比较适合九型人。具体的工作选择有：财务人员、行政人员、办公室职员等。

不适合九型人的工作环境：变数很大，压力很大，环境不稳定，人际关系复杂，没有明确安排，且不注重细节与结构的工作，如销售、保险行业等。

职场影响力的打造

九型人从来不缺少好主意，但是他们面对那么多人提出的建议常感到无所适从。他们一方面觉得谁的话都有道理，另一方面又会觉得无法抉择，因为他们谁也不想得罪。在职场中，他们既不会像一型完美主义者那样吹毛求疵，也不会像二型给予者那样黏人，更不会像七型人享乐主义者那样潇洒。他们永远温文尔雅，像个英国绅士一样礼貌周到，但是你不要被他们这不温不火的个性所迷惑，他们虽然"喜欢"听别人的建议，却也在悄无声息地注重打造自身的影响力。

九型人虽然不会是某个领域的专家，但是他们最有可能将各路英雄聚集起来。就像武侠小说中的少林寺方丈一样，他们往往并不是武功最强的，却是最有影响力、最有包容力的，所以最后的"武林大会"只能由他们来主持。九型人身上这种独一无二的优势使得他们能够花极少的代价取得很大的成就。

Look！九型人的职场影响力是这样打造的：

（1）拥有一个不抱怨的世界，能够兼容并包他人的观点，认为每个人的建议都有其独到之处。工作中，他们不会把宝贵的时间用在计较与忌恨他人的时间上，他们看穿了人性中势利与无奈的一面，学会了宽大为怀，因为懂得，所以处处慈悲；因为慈悲，所以受众多人尊敬。

（2）擅长调动各种力量，促使事业在融合中走向巅峰。九型人之所以被称为协调者是因为他们非常善于利用"关系"办事，他们在面临重大问题的时候总是能够找到"能用"的人，就像是下棋，他们知道怎么走，也知道该用什么子。进而促使各方面的作用充分发挥，从而使自己成为一个战功卓越的领导者。

（3）把自己的个性找回来，用坚定的决断力强化自己的影响力。九型人绝对是能听取他人意见的一群人，他们的协调能力非常罕见，他们能够让各方面都坐下来谈谈各自的想法，但是你若是问他们的想法是什么，他们常常茫然无知。没有个性、没有主见成为他们的魔咒。因此，九型人应在日常点滴中锻炼自己的主见，遇到任何问题都勇敢地表示一下自己的看法，都要多思考一下为什么会出现问题，该怎样解决问题。

职场成长的智慧点拨

●九型人成就职场的完美攻略

◆不要让举棋不定的困惑取代自己的真实感觉和愿望。

◆要保留自己的意见，把它说出来。

◆学会一心一意地完成任务，不要被其他事情分心。

◆当负面情绪出现的时候，不要把注意力转移到不必要的替代品上，例如食品或电视，积极地面对它。

◆既能从他人的立场上考虑，又能从自己的立场上行动。

◆关注眼前的下一步，而不是最终的目标，因为最终的目标需要一步一步地实现。

◆适当地释放自己的怒气和怨气。

◆每天都以计划开始。每天上班前用 15 分钟写任务清单。写出清单后，你就会清楚地知道，哪些工作是今天必须完成的，哪些工作是今后几天内要完成的，哪些是长远的目标。

◆不在工作时间干私事。私事会蚕食工作时间。如果你将很多时间用于与工作无关的事情，那么加班就不可避免了。

◆早工作早离开。加班加点地工作到很晚可能会引发恶性循环——工作到很晚通常会使自己起得晚，然后又导致要工作到很晚，如此循环。早点开始工作能够使你每天有完成计划的时间，从而提高工作效率。

职场人脉经

吃亏不一定是福

生活中，最难说的字是“不”，尤其对很容易就受到他人情感影响的调停者来说，说“不”是相当困难的事情。在调停者看来，对他人说“不”就如同自己遭到拒绝一样难受。他们更愿意对他人点头，同意他人的观点，而不是公开表达自己的怒火，因为他们害怕发怒会导致分离。

但是不懂得拒绝，对方便会再次提出使你让步的要求。如此一来，原本属于自己的时间、精力、金钱恐怕会被他全部夺去，那时再后悔已于事无补了。

某教师分配到某中学工作，市教委向该校抽人，对全市的中学实地考察，写出调查报告。因这位教师还没有安排授课，就抽了他一个。起初，他感觉为难，认为自己刚刚走出校门，不仅对本市教学情况不熟悉，就是对教育工作本身也知之甚少。他本不想参加，无奈校长已经开口，想要推掉实在不好拒绝，只好勉强服从。

一个半月过去了，别人都按分工交了调查报告，唯有他，由于不谙世故，又缺乏经验，对自己分工调查的三个中学连情况都没摸准，更不用说分析了。市教委主任为此很恼火，责备校长怎么推荐这么一个人。这位教师面子上受不了，又是气又是羞愧，一下子病倒了，在床上躺了两个星期。

这位教师由于当初不好意思拒绝，或者害怕因拒绝会引起上司不高兴而接受下来，他的处境我们可以想象。所以，无论做什么，都要量力而行，遇到自己感到难以做到的事，要鼓起勇气，说声："对不起，我实在无能为力，您是否可以另找别人?"或者说："实在抱歉，我水平有限，只能让您失望了。我想，如果我硬撑着答应，将来误了事，那才对不起您呢。"否则，将来丢脸的人肯定是你。

对于别人的恳求，你可以用一种肯定的表达方式："我需要考虑一番，很快就会给你答复。"这时，你就需要考虑这件事自己能不能办得到、办得好。把自己的能力与事情的难易程度以及客观条件结合起来统筹考虑，再做决定。

三思而后行，让自己有充分的时间做出正确的决策。在你未准备妥当之前，不要立即答复"不"或"好"。

运用你的人格魅力

人人都希望有一个倾诉对象，也希望别人了解自己，但是，如果两个人都希望倾诉和被了解，却没有一个人愿意去听对方的话，这样两个人就很难达成共识。认识到这点的九型人，常常成为一个倾听者，其中也包括他人的批评和指责。

玫琳凯在《玫琳凯谈人的管理》一书中，对倾听的影响做了如此说明：

“我认为不能听取别人的意见，是自己最大的疏忽。”玫琳凯经营的企业能够迅速发展壮大，其成功秘诀之一是她相当重视每个人的价值，而且很清楚员工除了需要金钱、地位外，还需要一个真正能“倾听”他们意见的知心人。因此，她严格要求自己，并且让所有的下属铭记这条金科玉律：倾听，是最优先的事，绝对不可轻视倾听的能力。

倾听各种批评与指责时，调停者认为：

（1）听取别人的意见，不是一味地盲从，不是别人说什么你就要做什么，而是要有自己的判断，从中选择正确的意见。

（2）当别人向你提意见的时候，应该用眼睛望着对方认真倾听，不时地点头微笑，必要时最好用纸笔记下来。

（3）如果你觉得别人的意见不对，也要听对方把话说完，明白对方的意思，然后再把自己的想法表达出来。

（4）听取别人的意见，不一定是你最崇拜的人，可以是你的父母、亲友、同事等。

职场修心坊

与世无争的职场修心秘诀

有的人奔跑着生活，一天到晚忙得不可开交，根本没有时间放松和休闲；而有的人悠闲自得，成天无所事事。性格不同，生活的态度、生活的方式也大相径庭。九型调停者则属于“无事忙”的类型，常常忙得团团转，却又不知道自己在忙什么。看来，调停者仍需持静修心。

（1）注意到自己总是想办法获得他人的积极评价，以此来证明自己的价值。

（2）为自己工作项目的完成设定期限，让有目标的计划来帮助自己集中精力。

（3）不能只善于从他人的立场上行动，更应该了解并实践自己的立场。

（4）学会独立思考、理性做决定，不要总向他人寻求答案的决定权。

（5）当愤怒的时候，可以通过想象力来缓解，比如想象他人对自己的认可和尊重。

（6）当面对压力的时候，不要总是顽固，即使感受到了来自他人的压力，也应该积极把问题拿到桌面上来。

（7）对待工作应该端正态度，要认真负责，也要明白收获的多少来源于付出的多少。

（8）要时刻注意到内心真正的需要，看待问题分清主次，不要让琐事占据过多的注意力。

（9）不要总是没事找事，如果感觉有很多事情要做，却又不知道该从哪里做起的时候，是因为自己缺少了目标性与计划性。

（10）学会让自己开始进入慢生活的修行中，即让“节奏慢下来”、“效率提上去”、“心态平下来”、“健康升上去”。慢生活追求的最佳心理状态是“工作再忙心不忙，生活再苦心不累”。

处事小辞典

九型人的行为哲理

由于调停者非常不善于将拒绝他人的话说出口，因此会给自己带来很多不必要的烦恼与压抑。我们从调停者那里深深地体会到，做人不能够一味地顾虑他人的感受，要多尊重自己的意愿；做事也不能够绝对的顺从，要勇敢地说“不”。

因此，我们必须掌握一些拒绝他人的技巧，做到有效拒绝他人且不失礼节。

1. 巧妙转移法

不好正面拒绝时，可以采取迂回的战术，转移话题也好，另有理由也罢，主要是善于利用语气的转折——绝不会答应，但也不致撕破脸。比如，有人邀请自己参加聚会，如果你不想参加的话，不妨如此说：“真谢谢你的邀请。不过，碰巧我有重要的事情要办，没有参加的机会了，真是遗憾。请代我向大家问好。”这样的说法很得体，不至于影响到双方的关系。

2. 幽默回绝法

这也是一种很好的方法。幽默拒绝是希望对方知难而退。钱钟书在拒绝别人时用了一个奇妙的比喻。一次，钱钟书在电话里对想拜访他的英国女士说：“假如你吃了个鸡蛋觉得不错，又何必认识那只下蛋的母鸡呢?”他用下蛋的母鸡比喻自己，不但巧妙生动，而且表现出了和蔼可亲的性格，幽默风趣地拒绝了对方。

3. 以攻为守

换言之，就是“以他人之矛，攻他人之盾”。如有熟人找你借钱，但对方做的是一些不正当的事情（如赌博），这个时候你可以在对方说请求之前率先地提出自己的要求：“这么巧呀！正好碰到你，我正准备去找你借点钱……”对方如果听到你这么说，自然就不会再向你开口借钱了，可能他还会懊悔自己找错人了呢。

4. 肢体表达法

一般而言，摇头代表否定，别人一看你摇头，就会明白你的意思，之后你就不用再多说了。面对推销员时，这是最好的拒绝方法。另外，微笑中断也是一种拒绝的暗示，突然中断笑容，便暗示着对方无法无法认同你的观点或拒绝。类似的肢体语言包括：采取身体倾斜的姿势，目光游移不定，频频看表，心不在焉……但切忌伤了对方的自尊心。

总之，委婉拒绝不仅是一种策略，也是一门艺术。委婉地说话，正是待人诚挚的表现。作为一个现代人，应当有这种文明意识，并掌握这一有利于人际交往的语言表达方式。

与九型人的有效沟通

与九型人的有效沟通，需要知道的技巧：

（1）与他们交谈的时候，多倾听他们，并鼓励他们说出自己的观点。

（2）对于他们的亮点，要懂得给予认同与赞美，要他们意识到自己的优点与重要性。

（3）当看到他们在赞同某件事的时候，很多时候是在迎合，因此不妨多让他们发表一下自己的看法。

（4）要想从他们那里得到最真实的意见或者想法，不应该在沟通中表现出急切的神态，要在随意的谈话中引导。

调停者中的血型名人

A 型调停者：松下幸之助

A 型人从总体来说，往往是这样一群有着丰富知识、远大理想、以及强烈使命感的人。他们既拥有着出众的魅力，却也不乏偶尔犯点小错，具备谦逊、低调的品质，却也时刻坚守着自己的性格。A 型调停者则更加具备服务意识，善于照顾他人；态度良好，不易受骗，能察言观色；不会甜言蜜语，有公德心，行为得宜有节制；富有团队精神，有责任感，工作认真。日本著名跨国公司“松下电器”的创始人松下幸之助则是 A 型调停者的典范。

松下幸之助为人友善、随和、宽容，无论见到谁都会点头致意，他曾用一句话概括自己的经营哲学：“首先要细心倾听他人的意见”。他很注重维持人与人之间的和谐，平衡自己与外界的和谐。喜欢将自己的团队打造成凝聚、团结、和睦相处的一家人。为此，松下幸之助一直注重加强对员工的培训与教育。每周都会为员工做激励的演讲，并为维护员工之间的秩序与和睦而制定了一系列的员工守则，甚至还特地创作了松下的歌曲，使每个松下员工都以自己是松下的一员而骄傲，进而促使松下团队凝聚力大大提升。同时，他的谦和也让他在员工们心目中的威信大大提高。这就是 A 型调停者“以和为贵”的处事思想。

B 型调停者：田中角荣

田中角荣，B 型调停者，是日本历史上为数不多的亲华派首相。1972 年 7 月，他任日本首相和自由民主党总裁。1972 年，这是中日友好活动达到新高潮的一年，敌视中国的佐藤政府倒台，日本各界进一步掀起了中日邦交正常化的热潮。9 月 25 日，刚上任两个月的田中角荣和外务大臣大平正芳访问中国。

9 月 29 日，中日两国总理和外长发表《联合声明》，宣布两国在和平共处五项原则基本上建立和平等友好关系，结束两国之间的战争状态，正式恢复邦交。

1972 年田中角荣的访华可以说是一次破冰之旅，大大改善和促进了中日的友好发展。其实，在田中角荣之前和之后的不少首相都意识到与发展同中国和东南亚等国关系的重要性，但因为历史和政治等多方面的原因，始终没有能够亲自实现与中国关系上的突破性进展。如果按血型来分析，可能主要是因为 O 型和 A 型人性格中小心谨慎、不敢轻易改变、恪守教条等因素，政治和外交上的保守束缚了他们的行动。而作为 B 型人的田中角荣则不然，他参考民众的呼声，顺应历史潮流，思想上并不受过多条条框框的约束，敢于作出大胆决定，果敢地迈出了走向中日友好的一步。可以说，B 型调停者个性在田中角荣身上的是比较明显的。

O 型调停者：马云

O 型血属于人类最基础的血液类型，具有追求浪漫表现与理想诗人的气质，好理论且善说教，自我防卫本能及生存欲望强烈，喜欢呼朋唤友自成组织，反对权力的压迫与威胁。这与调停者的性格特点不谋而合。O 型调停者中，马云比较具有代表性。

马云，阿里巴巴集团的主要创始人之一，他的成功背后离不开一个团结一致团体，也离不开他对团队的用心呵护与经营，因为他知道团体的力量有多很重要。作为 O 型调停者，他有能力有大爱，有忍耐力也有宽容力。马云曾经这样表明自己的人生观说："判断一个人，一个公司是不是优秀，不要看他是不是有名望，是不是标准，不要根据里面有多少名牌大学毕业生，而要看看这帮人干活是不是发疯一样干，看他每天下班是不是笑眯眯回家。"

AB 型调停者：林语堂

林语堂是著名的作家、学者、中西文化交流大使；他一生著作颇丰，门下的弟子众多；他性格幽默、言语诙谐——他就是大名鼎鼎的才子林语堂。

林语堂是典型的 AB 型，淡泊名利、与世无争，并有强烈的优越感。此外，这种血型的人性情温和，想象力丰富，用时下潮流的话来说，比较"小资"。他们的缺点是缺乏豪爽气概和责任意识，面对问题时，多选择逃避。

AB 型人在交际中多比较幽默。林语堂曾在一次巴西演讲中说了段流传甚广的笑话："世界大同的理想，就是住在英国的乡村，屋子里安装有美国的水电煤气管子，有个中国厨子，日本太太……”此言一出，全场哗然。

他的诙谐幽默不仅体现在演讲台上，还生活中时时闪光。曾有一位朋友来探望他，开玩笑地说：“林语堂，你是谁?”他不紧不慢的回答：“我也不知道我是谁，只有上帝知道。”

他的这种幽默风趣、举重若轻的性格，征服过无数人。他的处世态度和行事风格都带着AB型人的特质，故了解他崇拜他的人评价说“林语堂的幽默充满了东方民族的睿智和机警”。林语堂曾这样解释幽默的涵义：“人生是这样的舞台，中国的社会、政治、教育、时俗，甚至是一场把戏，不过扮演的人正正经经，不觉滑稽而已……”

职场趣味测试：你有没有被炒鱿鱼的危险

本想不再跳槽，就在这家公司好好干下去了，可没想到还是要在担惊受怕中熬日子，因为公司裁员的警报已拉响，据说还列出了裁员的“黑名单”，大家都面临裁员的危险，在没有正式公布之前，人人自危。其实，聪明人都能够及早发现职场中的“红灯”，想一想这类问题，防止你离开的时间比你预期的要来得早，以便早做安排。请做下面测试，看一下你被公司淘汰的危险指数，只对每题回答“是”或“否”即可。

1. 你的能力使你成为你所在工作岗位“非你莫属”的人物吗?

2. 你是有敬业精神、认真工作的人吗?

3. 你和你的工作团队合拍吗?

4. 你的老板是个不爱挑剔的人，他（她）对你的态度很好吗?

5. 你与顶头上司是否很合得来?

6. 如果你以前一直被邀请参加重大决策的讨论，那么现在还被邀请吗?

7. 你的上司做决策时还征求你的意见吗?

8. 你的公司培养你担任一个更好的职务，并告知你是下一个人选，而且他们最终选择担任这个职务的人还是你吗?

9. 你仔细想想，最近管理层是否发生了人事变动？你属于新管理层想任用的自己人吗？

10. 你的老板告诉职员说，他欢迎大家提意见，但是，他对你的建议是否持欢迎态度？

11. 好差事总是分配给其他人，每次有挑战性的任务，明明你是专业人选，上头总是分派给别人，而让你在部门中担任低级别的工作吗？

12. 管理层的每个人都没有向你透露消息，但他们看见你的时候是否有点神秘兮兮，甚至绕路而行？

13. 以前，你总是因为出色的工作受到表扬，而现在，每当你完成一个项目，是否会被告知没有达到预期效果？

14. 你对工作不再充满乐趣，向别人透露过吗？

15. 你是否属于上班偷偷聊 QQ、经常请假的人？

16. 公司里，你是否属于那种“只是低头拉车，从不抬头看路”的人？

17. 你是个精英，周围嫉妒你的人不少，其中有和管理层相处甚密的人吗？

18. 你是否不停地提出对本部门的改进意见，结果却都石沉大海？

19. 公司调整工资，你觉得自己业绩不错，却没给你加薪，你发过牢骚吗？

20. 你所在的部门里有专门挖掘“黑色隧道”的办公室小人吗？

评分标准：

1～10 题答“是”得 1 分，答“否”得 0 分；11～20 题答“是”得 0 分，答“否”得 1 分。然后将总分计算出来。

测试结果：

0～7 分：说明你已经没有任何挽回的余地，就等着被炒鱿鱼吧。未雨绸缪是你明智的选择，如果你不改正自己的问题，就很危险了。

8～14 分：说明你在模棱两可之间，也有危险，也许通过争取，有留下来的余地。但是你要很好地反思，吸取教训，及早处理好工作中对你不利的问题。

15～20 分：说明你暂时还没有危险，但是面对风云变化的职场，你也不要掉以轻心，要垒实自己的职业生涯和坐稳眼前的位置，金饭碗抓住了才是你的。